Militärische Handwaffen

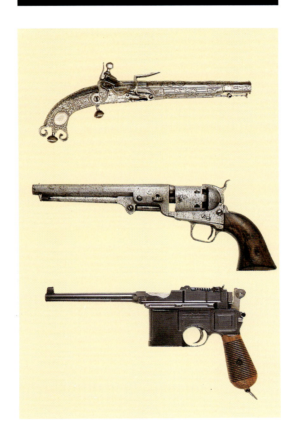

GRAHAM SMITH
VORWORT UND EINLEITUNG VON IAN V HOGG

DEUTSCHE ÜBERSETZUNG UND FACHLICHE BEARBEITUNG
VON BERND ROLFF

Militärische Handwaffen

Revolver, Pistolen,
Maschinenpistolen, Sturmgewehre,
Maschinengewehre

Vom 17. Jahrhundert bis heute

Verlag Stocker-Schmid
Motorbuch-Verlag

DIE AUTOREN

Ian V. Hogg diente 27 Jahre in der britischen Armee und nahm unter anderem am Koreakrieg teil. Danach begann seine zweite Karriere als Schriftsteller. Er hat mittlerweile zahlreiche Bücher verfaßt und ist ein Waffensachverständiger geworden, der auf der ganzen Welt anerkannt wird. Er ist der Herausgeber des bekannten Jahrbuches Jane's Infantry Weapons.
Graham Smith ist freischaffender Schriftsteller und hat für eine Reihe von Fachverlagen für Militärliteratur gearbeitet. Zu den von ihm geschriebenen Büchern gehören ein Werk über die Geschichte des 2. Weltkrieges und ein Fachbuch über moderne Handfeuerwaffen.

© Copyright für die deutschsprachige Ausgabe
by Verlag Stocker-Schmid AG, Dietikon-Zürich, 1995
ISBN 3-7276-7120-3

Die englische Ausgabe erschien 1994
unter dem Titel «Military Small Arms»
© Copyright by Salamander Books Ltd, London

Deutsche Übersetzung von Bernd Rolff
Lithografien von Hong Kong Reproduction Co.
Gedruckt und gebunden in Italien
Nachdruck, Übersetzungen, Vervielfältigungen oder
Mikrofilme sind, auch auszugsweise, verboten.

Berechtigte Lizenzausgabe für Deutschland:
Motorbuch-Verlag, Stuttgart. Eine Abteilung des Buch- und
Verlagshauses Paul Pietsch GmbH & Co KG.

INHALT

Vorwort 6

Einleitung 8

Frühe Pistolen 14

Frühe Revolver 28

Moderne Revolver 50

Selbstladepistolen 86

Frühe Musketen und Büchsen 120

Repetiergewehre 142

Selbstlader und Sturmgewehre 158

Maschinenpistolen 180

Maschinengewehre 198

Blick in die Zukunft 228

Index 236

Danksagung 240

MILITÄRISCHE HANDWAFFEN

VORWORT

Im Jahre 1756 kam John Muller, Professor für Festungsbau an der Königlichen Militärakademie in Woolwich, zu einer höchst bemerkenswerten Erkenntnis: «Ursprung und Weiterentwicklung des Festungsbaus basieren ohne jeden Zweifel auf einer zunehmenden Degenerierung der Menschheit». Er hätte das gleiche ohne weiteres auch für den Bereich der Waffenentwicklung behaupten können, sofern das zu seinem Ressort gehört hätte. Ich kenne nämlich nur eine einzige nennenswerte Entwicklung auf dem Waffensektor (das Perkussionsschloß), die nicht aufgrund militärischer Anforderungen, sondern als Folge der Forderungen von Sportschützen entstanden ist.
Ebenso nachdenklich stimmen sollte uns die Erkenntnis, daß die Feuerwaffen zwar schon seit ca. 1326 bekannt sind und benutzt werden, daß aber fast alle wichtigen Erfindungen auf diesem Gebiet erst in den letzten 150 Jahren gemacht worden sind, wobei wohl meist die zahllosen Kriege und Spannungszustände dieser Zeit der Auslöser waren.
Wenn ein Arkebusenschütze aus dem 16. Jahrhundert mit den im frühen 19. Jahrhundert gebräuchlichen Feuerwaffen konfrontiert worden wäre, dann hätte er kaum bemerkenswerte Unterschiede an ihnen festgestellt. Ein Soldat aus dem Burenkrieg in Südafrika dagegen würde schon sehr große Augen machen, wenn er die heute verwendeten Waffen sehen würde. Dieser technische Fortschritt ist es, der in diesem Buch dokumentiert werden soll.

Unten: Britische Soldaten mit L85 A1-Gewehren in «bullpup»-Konfiguration. Bei diesem Waffentyp befindet sich das Magazin hinter dem Abzug.

Dazu werden die verschiedensten Waffentypen aus den entsprechenden Epochen vorgestellt und beschrieben. Die Beschreibung der Waffengeschichte in diesem Buch beginnt zwar nicht bei den allerersten Waffen, sondern erst bei den Vorderladern mit Steinschloß, die eigentlich die erste wirklich revolutionäre Erfindung waren. Das Buch führt uns dann weiter bis zu den Erzeugnissen der heutigen Massenproduktionsverfahren, bei denen schon beinahe Wegwerfwaffen entstehen.
Daß der Schwerpunkt dieses Buches auf den Militärwaffen liegt, hat den bereits vorher schon erwähnten Grund. Fast alle technischen Fortschritte auf dem Waffensektor haben ihren Ursprung im Militärwaffenbereich und sind dort aufgrund militärischer Forderungen oder Bedürfnisse entstanden.
Diese zwei Dinge bedeuten nicht unbedingt dasselbe. Meistens war es sogar so, daß private Erfinder eher als das Militär selbst erkannten, was dort gebraucht wurde. Im Normalfall boten sie dem Militär ihre Erfindung an, und dort machte man sich dann erst einmal Gedanken, in welchem Bereich man das neue Gerät wohl am besten einsetzen könnte. Vielfach war es dann so, daß die militärischen Taktiken wegen der Neueinführung einer Waffe geändert werden mußten. Daraufhin stellte das Militär fest, daß man eben deswegen etwas anderes neues brauchte und wandte sich mit entsprechenden Forderungen wieder an die Erfinder.
Das beste Beispiel auf diesem Gebiet ist sicherlich nicht eine Handfeuerwaffenentwicklung, sondern der Panzer mitsamt den Panzerabwehrwaffen. Der Panzer wurde im außermilitärischen Bereich entwickelt, sein Erscheinen stieß in soldatischen Kreisen durchaus nicht auf ungeteilten Beifall. Nachdem er aber

VORWORT

eingesetzt worden war, stellten natürlich diejenigen, die ihn zum Gegner hatten, entsprechende Forderungen nach Abwehrmitteln. Und so wurden die Panzerbüchse, die Panzerabwehrkanone, die Panzermine und schließlich auch ungelenkte und gelenkte Panzerabwehrraketen geschaffen.

Bei den Handfeuerwaffen sind ähnliche Entwicklungszyklen zwar schwerer zu erkennen, aber es gibt in jüngster Zeit auch dafür ein gutes Beispiel, nämlich das kleinkalibrige Sturmgewehr mit Hochgeschwindigkeitspatrone. Als die Waffe im Kaliber 5,56 mm aufkam, wurde sehr rasch bekannt, daß das kleinkalibrige, rasante Geschoß sehr schwere Wunden verursachen kann. Das führte zur Forderung nach kugelsicheren Westen und anderen Schutzvorrichtungen. Deren Aufkommen hat wiederum die Waffen- und Munitionskonstrukteure veranlaßt, nach Wegen zu suchen, wie diese Panzerungen auf normale Kampfentfernung durchschlagen werden können.

Man darf auch nicht vergessen, daß Handfeuerwaffen gewissen Modetrends unterliegen. In den ersten 20 Jahren ihrer Existenz wurde die Maschinenpistole vom Militär mit tiefem Mißtrauen betrachtet. Sie wurde von amerikanischen Gangstern verwendet, und das war ein großer Makel. Als dann Bedarf an schnellfeuernden Waffen zur Ausrüstung von Stoßtrupps und panzerbegleitender Infanterie aufkam, änderte sich das Bild. Mittlerweile findet die Kriegführung, bedingt unter anderem durch Raketen und intelligente Waffen, nur noch über längere Distanzen statt, zumindest will man uns das glauben machen. Daher ist die nur für kurze Kampfentfernung brauchbare Maschinenpistole fast völlig aus den militärischen Inventaren verschwunden und hat dem Sturmgewehr Platz gemacht.

Das wahrscheinlich größte Problem, mit dem ein Waffenkonstrukteur heute konfrontiert wird, ist das Diktat der Wirtschaftlichkeit. Wir sind jetzt an einem Punkt angelangt, an dem die Wirksamkeit der üblichen Waffen nichts mehr zu wünschen übrig läßt. Die meisten Waffen sind sogar so wirksam, daß der durchschnittliche Soldat sie gar nicht mehr voll ausnutzen kann. Wenn man jetzt einen völlig neuen Waffentyp schaffen will, der den derzeitigen Typen überlegen sein soll, dann erfordert das eine ganz gehörige Portion Denk- und Entwicklungsarbeit, vor allen Dingen aber wird die Sache immens teuer. Der Effekt des erzielten Resultats wird aber wahrscheinlich in keinem vernünftigen Verhältnis zum aufgewendeten Kapital stehen. Dafür können Sie in den folgenden Kapiteln Beispiele lesen. Diese Situation macht mittlerweile den Waffenkonstrukteuren und den Herstellern ganz gehörige Kopfschmerzen.

Wie sagte doch ein Waffenexperte im viktorianischen Zeitalter: «Nur wenn wir uns intensiv mit den Waffenkonstruktionen der Vergangenheit befassen, werden wir richtig in der Lage sein, die Waffen von morgen zu schaffen.» Der Mann hatte recht, und darum sollten Sie beim Lesen des Buches diesen Satz im Gedächtnis behalten.

Ian V. Hogg
Upton-upon-Severn
England

Links: Selbst nach der Einführung von automatischen Waffen ist das Schießtraining noch ein wichtiger Teil der militärischen Ausbildung des modernen Soldaten.

Unten: Sowohl das Gewehr G 3 als auch das Maschinengewehr HK 21 verschießen die NATO-Standardpatrone 7,62 x 51 mm (.308).

MILITÄRISCHE HANDWAFFEN

EINLEITUNG

Die Hauptbewaffnung der für den Angriff zuständigen Kampftruppen der Heere – also Infanterie und damals auch Kavallerie – änderte sich nach der Einführung des Steinschlosses gut zweihundert Jahre lang fast überhaupt nicht. Ab und zu wurde zwar ein kurzer Versuch unternommen, Waffen mit gezogenen Läufen einzuführen, aber im allgemeinen waren die Soldaten der damaligen Zeit technisch nicht sonderlich begabt, so daß die jeweilige Heeresführung immer bemüht war, die Waffen und den dafür erforderlichen Waffendrill so einfach und so verständlich wie möglich zu halten. Fast grundsätzlich war die Infanterie mit einer glattläufigen Muskete und die Kavallerie mit einer glattläufigen Pistole bewaffnet. Die Büchse, sofern sie überhaupt verwendet wurde, diente dagegen nur zur Ausrüstung von hochspezialisierten Jägereinheiten, und auch der kurze Karabiner war bei der Kavallerie nicht allzu häufig.

Die erste wirklich große und einschneidende Änderung kam in den 40er Jahren des letzten Jahrhunderts, als das Perkussionsprinzip auftauchte. Danach allerdings gab es mehrere Entwicklungsrichtungen. Die meisten Armeen behielten ihre Musketen, bei denen lediglich das Steinschloß mit Hahn und Pfanne gegen das einfachere Perkussionsschloß ausgetauscht wurde. Bei einigen Heeren ging die Entwicklung aber weiter. Die Preußen führten mit ihrem Zündnadelgewehr den ersten Zentralfeuer-Hinterlader der Welt ordonnanzmäßig ein, und die Franzosen gingen mit der Entwicklung des Chassepot-Gewehres ganz ähnliche Wege. 1866 zogen die Preußen gegen Österreich in den Krieg; mit ihren Hinterladern fügten sie den mit Vorderladermusketen bewaffneten Österreichern mühelos eine Niederlage bei. Beim Krieg der Preußen 1870/71 gegen Frankreich sah die Sache aber schon anders aus, denn das Chassepot-Gewehr galt ganz allgemein als die bessere Waffe. Diesen Krieg gewannen die Preußen dann durch den Einsatz ihrer Artillerie, nicht durch ihr Zündnadelgewehr. Diese beiden Kriege sowie der Bürgerkrieg in Amerika machten den damaligen Militärs aber drastisch klar, daß die Tage des Vorderladers gezählt waren. Nun begann man überstürzt, die vorhandenen Vorderladerwaffen in Hinterlader umzubauen Beispiele dafür sind das Snider und das Springfield «trap door», wobei diese Umbauten aber nicht für den Dauereinsatz geeignet waren. Mittlerweile war auch die Verwendung von Patronenmunition allgemeiner Standard, wobei die Patrone viele Entwicklungsstadien durchlief. So gab es Stiftfeuerpatronen, Randfeuerpatronen und schließlich Zentralfeuerpatronen. Die Entwicklung verlief allerdings nicht geradlinig. Es gab eine ganze Reihe von «patentierten» Sonderentwicklungen bei den Zündsystemen, die sich hauptsächlich auf das Perkussionsprinzip stützten und die meistens nur den Zweck hatten, bereits bestehende Patente zu umgehen. Das Feld der Geschichte der Munitionsentwicklung ist aber so groß und unübersichtlich, daß wir es hier nicht detailliert beschreiben können. So möchten wir nur kurz darauf hinweisen, daß es speziell im letzten Viertel des vorigen Jahrhunderts eine unübersehbare Fülle von Patronensonderkonstruktionen gab, für die jeweils passende Waffen entwickelt wurden. Die meisten dieser oftmals sogar patentierten Entwicklungen waren unpraktisch oder hatten gravierende Mängel, so daß schließlich nur die konventionellen Entwicklungen überlebten. Diese Konstruktionen wurden von den Munitionsherstellern rasch aufgegriffen und dann in Millionenstückzahlen herge-

EINLEITUNG

stellt, wobei der eigentliche Erfinder der entsprechenden Patrone in aller Regel nur sehr wenig am jeweiligen Gewinn beteiligt wurde. Nachdem sowohl Randfeuerpatrone als auch Zentralfeuerpatrone einigermaßen zuverlässig funktionierten, machten sich die damaligen Büchsenmacher an die Arbeit, um brauchbare Waffen dafür zu schaffen.

Der Zylinderverschluß wurde sehr bald das im militärischen Bereich fast ausschließlich verwendete Verschlußsystem, hauptsächlich deswegen, weil er ohne Probleme auch von einem in der Deckung liegenden Soldaten betätigt werden konnte. Außerdem war die Verriegelung sehr stark, weshalb man leistungsfähige Patronen verwenden konnte, und das System war so einfach zu bedienen, daß es jeder Soldat begriff. Der einzige Nachteil war anfänglich, daß der Soldat jede einzelne Patrone umständlich aus seiner Patronentasche ziehen und in die Waffe laden mußte, während er gleichzeitig in der Deckung lag und natürlich möglichst vom Feind unentdeckt bleiben sollte.

Die Lösung dieses Problems bestand in der Einführung von Ladehilfen oder Schnelladern, die in Europa in ziemlich großer Vielfalt erschienen. Meistens war es ein Rahmen oder Clip, der seitlich an der Waffe befestigt wurde und in den der Soldat mehrere Patronen stecken konnte. Dann ging er in Stellung, nahm seine Schußposition ein und konnte nach dem Öffnen des Verschlusses die Patronen aus dem Schnellader ziehen und nacheinander laden. Darum mußte er sich erst nach etwa 8 bis 10 Schuß drehen, um an seine Patronentasche zu gelangen, und nicht mehr wie vorher nach jedem Schuß.

Der Schnellader war aber nur eine Übergangslösung. Die eigentliche Lösung des Problems war das Gewehr mit eingebautem Magazin, das vor dem Kampf gefüllt werden konnte und aus dem durch Betätigen des Verschlusses die Patronen geladen werden konnten. Vorreiter auf diesem Gebiet war Winchester in den USA. Hier hatte man ein Röhrenmagazin unter dem Lauf angebracht, aus dem mit einem Hebel die Patronen in den Verschluß geführt werden konnten. Mauser in Deutschland und Lebel in Frankreich griffen diese Idee auf, allerdings verwendeten sie beide einen Zylinderverschluß statt des Unterhebelverschlusses. Sehr bald stellte sich aber heraus, daß das Röhrenmagazin einige gravierende Mängel hatte. Zuerst einmal bestand die Gefahr, daß Patronen im Magazin durch Schlagwirkung zündeten. Zweitens änderte sich die Schwerpunktlage der Waffe zunehmend, je weiter das Magazin leergeschossen wurde, deswegen mußte der Schütze seine Waffe ständig nachrichten. Obwohl es eine ganze Weile dauerte, bis das Röhrenmagazin endlich ganz aus dem militärischen Gebrauch verschwunden war, wurde schon gegen 1890 hauptsächlich das Kastenmagazin für Militärgewehre verwendet, so daß zur Jahrhundertwende der Repetierer mit Zylinderverschluß weltweit die militärische Standardwaffe war.

In der Zwischenzeit waren natürlich auch die anderen Waffentypen weiterentwickelt worden. Zu Beginn des 19. Jahrhunderts war die Pistole fast ausschließlich bei der Kavallerie in Gebrauch. Die Offiziere der Infanterie waren mit Degen oder Säbeln bewaffnet, der Infanterist trug seine Muskete, und nur der Kavallerist war für den Notfall mit einer Pistole bewaffnet. Die brauchte er, falls ihm in der Hitze des Kampfes sein Säbel oder seine Lanze abhanden gekommen war. Mit dem Aufkommen von verbesserten Gewehren begannen auch die Infanterieoffiziere, sich mit Revolvern zu bewaffnen, so daß die Blankwaffe jetzt nur noch für die Verteidigung im Notfall diente oder aber als reines Statussymbol getragen wurde.

Die Entwicklung des Militärrevolvers sollte eigentlich recht ähnlich wie die Gewehrentwicklung verlaufen: Zuerst legte eine Planungskommission die Anforderungen an die Waffe fest und erstellte Pläne, die dann an die staatliche Waffenfabrik oder Vertragswerke gegeben wurden. Im Falle des Revolvers funktionierte das aber überhaupt nicht. Es ist sehr bemerkenswert, daß beinahe alle Revolver, die von Militärkommissionen entwickelt

Links außen: Nach einer Entwicklungszeit von etlichen Jahrhunderten benutzt der Infanterist von heute als Hauptwaffe immer noch ein Metallrohr, durch das kleine Bleistücke getrieben werden.

Links: Das Portrait eines britischen Oberfeldwebels der Pioniertruppe aus dem Jahre 1856. Er ist mit einem einschüssigen Perkussionskarabiner bewaffnet.

Rechts: Eine der besten Militärpistolen der neunziger Jahre ist die Beretta 92. Sie ist mittlerweile bei den amerikanischen Streitkräften als Seitenwaffe eingeführt.

Unten: Französische Kolonialtruppen im Schützengrabenkampf während des Ersten Weltkrieges. Sie sind mit dem Repetiergewehr Berthier M 1892 bewaffnet.

MILITÄRISCHE HANDWAFFEN

wurden, Fehlentwicklungen oder sogar regelrechte technische Desaster waren. Alle erfolgreichen Militärrevolver stammten dagegen von Privatfirmen. Sie wurden meist von den jeweiligen Regierungen nach dem Scheitern der eigenen Entwicklungen in Notstandssituationen überstürzt eingeführt.

Fast alle im 19. Jahrhundert entstandenen Revolver hatten eines gemeinsam, nämlich das große Kaliber. Die Briten führten das Kaliber .445 (11,5 mm) ein, die Deutschen 11,6 mm (.457) die Amerikaner .45 (11,4 mm) usw. zu den wenigen Abweichlern gehörten die Franzosen, die das Gewehrkaliber 8 mm für ihren Revolver deswegen übernahmen, weil sie dadurch die Lauffertigung rationalisieren konnten. Die Forderung nach schweren Kalibern kam aus den Kolonialkriegen gegen die «Wilden». Diese eingeborenen Kämpfer waren so motiviert und kampfeslustig, daß Treffer von kleinkalibrigen Geschossen bei ihnen kaum Wirkung zeigten und sie fast nicht von ihren Angriffen mit Schwert oder Speer zu stoppen waren. Was gebraucht wurde, war ein Geschoß, das sie förmlich umwerfen konnte, und so kam es um 1890 herum zu einigen furchterregenden Geschoßentwicklungen wie zum Beispiel dem britischen .455 «Manstopper», einem Weichbleigeschoß mit stumpfer Spitze, in der sich eine halbkugelförmige, große Hohlspitze befand. Man kann sich gut vorstellen, welche Wirkung ein solches Geschoß beim Auftreffen hervorruft. Allerdings war es durch die Petersburger Erklärung von 1868 untersagt, Explosivgeschosse mit einem Geschoßgewicht von unter 400 Gramm zu verwenden, und so hatte man auf diesem Gebiet wohl keine andere Wahl. In der Haager Konvention von 1899 ging man dann aber weiter und ächtete auch solche Geschosse, «die sich beim Auftreffen auf einen menschlichen Körper ausdehnen oder abflachen». Das Abkommen bedeutete das Ende dieser Sondermunitionsentwicklungen. Statt dessen schuf man nun mehr herkömmliche Geschosse für die Revolvermunition, die aus einer Blei-Antimon-Legierung bestanden und die üblicherweise Rundkopf-

oder leichte Spitzkopfgeschosse waren. Das blieb bis ungefähr 1930 so, dann führte eine etwas liberalere Auslegung der Haager Konvention dazu, daß für militärische Zwecke zunehmend Mantelgeschosse verwendet wurden.

Schon vom 17. Jahrhundert an hatte man sich immer wieder mit der Möglichkeit der Entwicklung einer Waffe beschäftigt, die ohne großen menschlichen Bedienungsaufwand feuern konnte und die so lange schoß, wie die Munition reichte. Wie bei anderen Schußwaffenentwicklungen auch, war aber diese Vorstellung ebenfalls sehr munitionsabhängig und konnte erst nach der Erfindung und allgemeinen Verbreitung der Patronenmunition realisiert werden.

Die berühmteste Waffe aus einer ganzen Reihe von mechanisch nachzuladenden Mehrladerwaffen aus der Zeit von 1860–1880 ist sicherlich das handbetriebene Gatling-Maschinengewehr. Diese Waffe hatte ein drehbares Laufbündel mit sechs oder zehn Läufen, wobei die einzelnen Verschlußblöcke stufenweise durch die Drehbewegung betätigt wurden. Vor den in oberster Stellung mit geöffnetem Verschluß befindlichen Lauf wurde eine Patrone geführt, beim nächsten Drehabschnitt wurde sie eingeführt, dann der Verschluß geschlossen, bis sie schließlich in der untersten Stellung abgefeuert wurde, die Entlade- und Auswerfvorgänge erfolgten dann entsprechend beim Weiterdrehen nach oben. In der obersten Stellung schließlich war das Patronenlager wieder frei und der Verschluß geöffnet.

Es war Hiram Maxim, der schließlich im Jahre 1883 erkannte, daß beim Abfeuern einer Waffe eine ganze Menge Energie entsteht, und zwar in Form von Gas, Mündungsfeuer und -knall sowie Rückstoß. Diese Energien konnte man zum Betrieb des Waffenmechanismus benutzen und so die Waffe sich selbst laden lassen. Er meldete alle möglichen Patente in dieser Hinsicht an und konzentrierte sich schließlich auf die Nutzung des Rückstoßes für den Nachladevorgang. Sein erstes «automatisches Maschinengewehr» hatte er im Jahre 1884 gebaut; diese Waffe

Links: Britische Marineoffiziere bei Schießübungen mit Webley-Selbstladepistolen und Revolvern.

Unten links: Ein britischer Infanterist im Jahre 1916 führt sein Gewehr SMLE Mk III vor.

Rechts: Die Munitionszuführung bei den Hotchkiss-Maschinengewehren erfolgte über Ladestreifen aus Metall.

Unten: Hier nimmt ein mit einem FN-MAG-Maschinengewehr mit Gurtzuführung ausgerüsteter Soldat der neuseeländischen Armee sein Ziel auf.

EINLEITUNG

war aber noch zu klobig und schwer für den militärischen Einsatz. Maxim ließ sich daraufhin von einer Gruppe von britischen Offizieren beraten und konstruierte danach die Waffe so um, daß sie besser zu handhaben war.

Das neue Modell erschien 1885. Den ersten Gefechtseinsatz erlebte die Waffe am 21. November 1888. Ein britischer Offizier hatte ein Maxim auf eigene Rechnung erworben und setzte es in der neuen britischen Kolonie Gambia ein. In den 90er Jahren wurde die Waffe von Großbritannien, Deutschland und anderen Ländern offiziell eingeführt.

Der Erfolg des Maxim-MG ließ natürlich die anderen Konstrukteure nicht ruhen. So entwickelten zuerst Browning in den USA und dann Odkolek in Österreich neue Waffen, bei denen die Läufe angezapft und Schußgase auf Kolbenmechanismen geleitet wurden. Seine späteren, berühmt gewordenen Konstruktionen entwickelte Browning dann allerdings als Rückstoßlader. Der Entwurf von Odkolek ging im französischen Hotchkiss auf. Bergmann in Deutschland und Skoda in Österreich entwickelten Maschinengewehre, die als Rückstoßlader mit einfachem unverriegeltem Masseverschluß arbeiteten. Trotz einiger grundlegender Mängel blieben diese Waffentypen bis in die 20er Jahre im Gebrauch.

Der Erfolg der schweren Maschinengewehre führte zu der Annahme, daß man das Funktionsprinzip durch einfaches Verkleinern der Teile auch für Gewehre und Pistolen anwenden könnte. Auf diesem Gebiet wurde um 1890 herum viel experimentiert. Die erste erfolgreiche Selbstladepistole wurde von Borchardt konstruiert. Obwohl die Waffe aus heutiger Sicht unhandlich und kompliziert war, war sie damals eine Sensation und zeigte, daß die Konstruktion von solchen Waffen möglich war. Kurz darauf folgten schon Entwürfe von Bergmann und Mauser. Die Borchardt wurde schließlich gründlich überarbeitet als Ergebnis dieser Arbeiten entstand die weltberühmte Parabellum 08. Eigenartigerweise entstanden alle frühen Selbstladepistolen in Europa. Die Amerikaner waren der Auffassung, daß solche komplizierten Waffen kaum eine Zukunft hatten. Erst als kurz vor der Jahrhundertwende John Browning die Angelegenheit in die Hand nahm, kamen aus Amerika brauchbare Entwürfe auf diesem Gebiet. Doch selbst Browning mußte seine Pistolen schließlich in Belgien statt in den USA fertigen lassen. Die Firma Colt ließ sich aber doch noch zur Fertigung von Selbstladepistolen überreden, und daß sie seit 1911 ununterbrochen die von Browning konstruierte M 1911 baut, dürfte allgemein bekannt sein.

Obwohl aus den heute noch vorhandenen Unterlagen nur noch sehr wenig zu erfahren ist, sieht es so aus, als wäre die dänische Marine als weltweit erste Teilstreitkraft mit einem Selbstladegewehr ausgerüstet worden, denn es wurde dort im Jahre 1898 eine kleine Anzahl solcher Waffen für die Marineinfanterie beschafft. Das Gewehr diente zwar nicht lange, da es unhandlich und unzuverlässig war, aber das Konzept wurde überarbeitet und resultierte schließlich im leichten Madesen-Maschinengewehr. Diese Waffe wurde mit gutem Erfolg im russisch-japanischen Krieg im Jahre 1904 eingesetzt.

Der erste erfolgreich eingesetzte Selbstlader war das Mondragon, das von dem gleichnamigen mexikanischen General konstruiert und zwischen 1912 und 1914 in der Schweiz hergestellt wurde. Durch den Ausbruch des Ersten Weltkrieges konnte der Liefervertrag nicht erfüllt werden, so daß die in der Schweiz verbliebenen Waffen an Deutschland geliefert wurden. Dort wurden sie zur Bewaffnung von Flugzeugbesatzungen verwendet. Obwohl das Mondragon eigentlich gut funktionierte, zeigte sich aber doch speziell unter den widrigen Umständen an der Westfront, daß erst noch ein schmutzunempfindliches System gefunden werden mußte, ehe das Selbstladegewehr als Standardwaffe eingeführt werden konnte.

Der Erste Weltkrieg ist auch als Maschinengewehrkrieg bekannt geworden, obwohl durch Artillerieeinwirkung viel mehr Ausfäl-

MILITÄRISCHE HANDWAFFEN

le zu beklagen waren. Schon bald zeigte sich Bedarf an einer leichten und tragbaren Maschinenwaffe, die ohne Probleme von vorrückenden Truppen mitgenommen werden konnte. Das Standardmaschinengewehr des Jahres 1914 war eine wassergekühlte Waffe mit Gurtzuführung und Dreibein, vor allen Dingen aber war sie schwer. Das in Amerika konstruierte und schließlich in Belgien hergestellte Lewis-MG war einer der Wegbereiter in Richtung Tragbarkeit, genauso wie das Madsen und einige Entwürfe von Hotchkiss. Alle diese Entwicklungen hatten aber auch Nachteile, deshalb gingen nach Kriegsende sämtliche Beteiligten daran, sich näher mit diesem Waffentyp und zukünftigen Entwicklungen zu befassen und auch seine taktischen Einsatzmöglichkeiten zu überdenken. Als Folge dieser Überlegungen enstanden Waffen wie zum Beispiel das Bren-Maschinengewehr, das in der Tschechoslowakei entwickelt und dann von Großbritannien übernommen wurde, das französische Chatellerault und das von der indischen Armee eingeführte Vickers-Berthier. Außerdem kam es zu einer völlig neuen Einsatztaktik für das Maschinengewehr, die von der deutschen Reichswehr entwickelt wurde. Dort war man der Auffassung, daß die Unterscheidung nach leichten und mittleren Maschinengewehren mit den daraus folgenden jeweiligen Sonderentwicklungen eigentlich Unsinn sei. Eine gut konstruierte Waffe müßte ohne weiteres auf einem Zweibein als leichtes Maschinengewehr und auf einem Dreibein als schweres MG einsetzbar sein. Das bedeutete, daß auch das leichte MG mit Gurtzuführung arbeiten mußte, außerdem mußte zur Vermeidung von Überhitzung der Lauf leicht auswechselbar sein. Das deutsche Konzept des «Allzweckmaschinengewehres» bewährte sich in der Folge im Krieg von 1939–1945 gut und wurde danach von vielen anderen Ländern übernommen. Erst in den 80er Jahren begann man, dieses Konzept neu zu überdenken.

Unten: Der M 1-Karabiner war eine leichte Waffe, aus der eine Kurzpatrone verschossen wurde. Er war ursprünglich als persönliche Verteidigungswaffe zur Ausrüstung von Funktionspersonal vorgesehen.

Rechts: Polnische Fallschirmjäger mit AKM-Sturmgewehren.

Unten rechts: Das L1 A1 ist die britische Version des erfolgreichen und leistungsfähigen FAL-Gewehres von FN.

Das deutsche Heer war außerdem für zwei Entwicklungen verantwortlich, die in diesem Jahrhundert auf dem Handwaffensektor als die größten Neuerungen betrachtet werden müssen – die Maschinenpistole und das Sturmgewehr. Die Maschinenpistole entstand aufgrund taktischer Anforderungen. Die deutschen Stoßtrupps hatten die Aufgabe, hinter die feindlichen Linien vorzudringen, und brauchten dafür eine automtische Waffe für kurze Kampfentfernungen, die gut tragbar war und über große Feuerkraft verfügte. Daraufhin entwickelte Bergmann seine Maschinenpistole, und so war ein neuer Waffentyp entstanden. Der englische Begriff «submachine gun» für die Maschinenpistole stammt übrigens von Thompson, dem Konstrukteur der berühmten «Tommy Gun». Zu seinem Pech war seine Konstruktion speziell in den Gangsterkreisen um Al Capone sehr beliebt, so daß die Waffe ein schlechtes Image hatte und deswegen von militärischen Kreisen viele Jahre lang als Gangsterwaffe abgelehnt wurde. Spätestens im Zweiten Weltkrieg aber waren die Zweifel an diesem Waffentyp ausgeräumt, die Sowjetarmee zum Beispiel setzte sie in riesigen Mengen ein.

Das Sturmgewehrkonzept entstand aus logistischen Überlegungen heraus. Aufgrund der im Burenkrieg und anderen Kolonialkriegen gemachten Erfahrungen waren ab etwa 1890 eigentlich alle Gewehrtypen in der Lage, über sehr weite Entfernungen zu schießen.

Der Erste Weltkrieg zeigte aber dann, daß es schon ab Entfernungen von ungefähr 450 Metern kaum noch möglich war, einen gegnerischen Soldaten zu sehen. Ihn mit einem gezielten Schuß zu treffen, war natürlich dann noch viel schwieriger. Daher kamen die Deutschen zu der Erkenntnis, daß es eigentlich Materialverschwendung war, wenn man ein Gewehr so baute, daß es über mehrere Kilometer schießen konnte, wenn eine Reichweite von 500 Metern völlig ausreiche.

EINLEITUNG

Ebenso wäre eine schwächere Patrone völlig ausreichend, dafür konnte man dann ein leichteres und kompakteres Gewehr bauen, und der Soldat konnte außerdem bei gleichem Gewicht mehr Munition mitnehmen.

Das Kernstück der Sturmgewehrkonzeption war also die Patrone mit reduzierter Hülsenlänge und mit weniger Leistung als die bis dahin verwendete Standardpatrone 8 x 57 mm. Das Kaliber 8 mm (korrekt 7,92 mm) blieb gleich, allerdings war das Geschoß kürzer und leichter. Die Anfangsgeschwindigkeit Vo war etwas geringer, und auch die Geschoßenergie Eo war nicht ganz so groß wie bei der 8 x 57 mm, aber sie reichten immer noch völlig aus. In der Nachkriegszeit kam es dann allgemein zu schrittweisen Kaliberreduzierungen, bis man schließlich bei 5,56 mm angelangt war. Es wurden sogar noch geringere Kaliber vorgeschlagen und erprobt. Es sieht aber so aus, als wenn dieser Trend zu Ende ginge, denn es werden schon wieder Überlegungen in Richtung Kalibervergrößerung angestellt.

Im Krieg von 1939–1945 gab es noch eine dritte tiefgreifende Neuerung auf dem Waffensektor, denn es entstand das Konzept der Wegwerfwaffen. Bis dahin wurden Militärwaffen traditionell aus dem vollen Material gearbeitet, sie waren entsprechend robust und überstanden viele Jahre Militärdienst mitsamt schlechter Behandlung in Frieden und Krieg.

Es zeigte sich aber aufgrund der Kriegsereignisse bald, daß es wirtschaftlich sinnvoll und notwendig war, die Waffenfertigung gründlich zu rationalisieren. Zwar mochte das Militär die nun entstandenen «Billigwaffen» nicht, man mußte aber recht bald erkennen, daß sie Vorteile hatten.

So wurde eine defekte Waffe jetzt einfach vernichtet, anstatt sie auf den langen und zeitraubenden Weg zur Reparatur zurück ins Depot zu schicken und sie danach logistisch umständlich wieder an die Front zu bringen. Statt der früher üblichen Fertigungsverfahren wie Drehen, Fräsen und Schmieden wurden die Waffenteile jetzt gestanzt, geprägt, gebogen und geschweißt. Die Sowjets gingen sogar noch einen Schritt weiter und reduzierten die Oberflächenbearbeitung aller Teile auf das absolut nötige Minimum, und die so gefertigten Waffen funktionierten gut.

Der einzige Nachteil an diesem Konzept ist die verringerte Haltbarkeit der Waffen in Friedenszeiten, sie halten nicht so lange wie ihre aufwendig gefertigten Vorfahren. Man geht heute bei modernen Waffen von einer Lebensdauer von 25 Jahren aus. Danach werden die Unterhalts- und Reparaturkosten zu hoch und deshalb unwirtschaftlich, deswegen wird es dann jeweils Zeit für eine Ablösung.

Seit den 80er Jahren gibt es hier aber einige geradezu revolutionär neue Fertigungsverfahren durch den Einsatz von computergesteuerten Werkzeugmaschinen. So kann man jetzt die bewährten Herstellungsverfahren wie Schmieden und Fräsen viel kostengünstiger wieder anwenden, weil der Einsatz von teurem Fachpersonal nicht mehr nötig ist. Ein einziger hochbezahlter Spezialist richtet heutzutage eine ganze Reihe von Maschinen ein, die dann völlig selbständig über lange Zeit hinweg Werkstücke von einer Präzision liefern, von der man früher nur träumen konnte. So ist es durchaus möglich, daß die nächste Waffengeneration nicht mehr aus Blechprägeteilen, Plastik und Ähnlichem besteht, sondern daß sie zumindest fertigungstechnisch wieder ihren Vorfahren aus der Zeit um die Jahrhundertwende gleichen.

Die Streitkräfte dieser Welt werden das begrüßen, denn dadurch steigt die Lebensdauer der Waffen um mindestens zehn Jahre, und der bisher durch die billigen und weniger haltbaren Waffen notwendige teure Umrüstungszyklus wird entsprechend verlängert.

Links: Auch moderne Militärwaffen bedürfen regelmäßiger Pflege.

Unten links: Das CETME L besteht hauptsächlich aus Blechprägeteilen und Kunststoff.

Unten: Ein französischer Fremdenlegionär in voller ABC-Schutzausrüstung. Er hält ein Sturmgewehr FA MAS im Kaliber 5,56 mm im Anschlag.

MILITÄRISCHE HANDWAFFEN

FRÜHE PISTOLEN

Die Pistole – eine Waffe, die sich leicht tragen und mit einer Hand abfeuern läßt – entstand als Folgeentwicklung der Radschloßwaffen. Vorher konnte eine Feuerwaffe nur dadurch abgefeuert werden, indem man eine umständlich zu transportierende brennende Lunte an die Pulverladung hielt.

Nachdem das Radschloß erfunden worden war, konnte man eine Waffe vorher spannen, sie verdeckt tragen, ziehen und abfeuern. Diese Faktoren führten dazu, daß die Waffen kleiner wurden. Die Möglichkeit des verdeckten Tragens einer Feuerwaffe führte übrigens dazu, daß in einer ganzen Reihe von europäischen Städten der Privatbesitz von Radschloßwaffen verboten wurde.

Nachdem das Steinschloß allgemeine Verbreitung gefunden hatte, wurde die Pistole sehr bald eine beliebte und weitverbreitete Waffe für die persönliche Verteidigung. Dabei wurde diese Waffe, die ja noch nicht industriell gefertigt wurde, von einer Vielzahl von Büchsenmachern in unendlich vielen Varianten hergestellt, es gab ausgesprochene Schmuckpistolen, und es gab streng funktionelle Ausführungen. Es war jetzt sogar so, daß zwar ein Büchsenmacher eine schmuckvolle und mechanisch präzise Pistole fertigen konnte, genausogut konnte aber ein Dorfschmied eine Waffe herstellen, die zwar nicht so elegant und gut verarbeitet war, die aber ihren Zweck ganz genausogut erfüllte. Aufgrund dieser sehr verschiedenen Herstellungsbereiche und auch aufgrund der sehr unterschiedlichen Einsatzbereiche, für die diese Waffen benötigt wurden, entwickelten sich im Laufe der Zeit verschiedene Waffentypen, die ihrem jeweiligen Einsatzbereich angepaßt waren.

Die erste Truppengattung, die Steinschloßwaffen in größerem Maße einführte, war die Kavallerie. Die dort verwendeten Waffen waren fast immer großkalibrige (12,7–16,5 mm) Pistolen, die bis zur Mündung geschäftet waren und die ca. 300 mm lange Läufe hatten. Am Ende des Griffes befand sich üblicherweise ein Metallbeschlag, damit die Waffe im Notfall umgedreht und als Keule benutzt werden konnte. Die Zivilausführung dieser Waffe wurde oftmals als «Holster-» oder «Reiterpistole» bezeichnet, da sie aufgrund ihrer Größe nur in einem Holster getragen werden konnte, und dieses Holster befand sich meistens am Zaumzeug des Pferdes. Von der Form her glichen sie den Kavalleriewaffen, sie waren aber meist reicher verziert.

Der kleine Vetter der Holsterpistole war als Reisepistole bekannt. Die Waffe wurde, wie der Name schon sagt, auf Reisen in der Postkutsche mitgenommen, denn dabei wären Holsterpistolen viel zu unhandlich gewesen. Die kleine Waffe dagegen ließ sich unauffällig tragen und war sofort zur Hand, falls Wegelagerer auftauchen sollten.

Kein Pistolentyp aus der Steinschloßära hat die Phantasie der Romantiker so stark angeregt wie die Duellpistole. Hauptanforderung an diese Pistolenart war eine gute Handlage, sie sollte sozusagen von selbst ins Ziel gehen und den Deutschuß möglich machen. Außerdem mußte der Abzug möglichst trocken mit einem gut fühlbaren Druckpunkt stehen, damit eine kontrollierte Schußabgabe möglich war. Die Waffen waren durchweg nur wenig verziert, allerdings hatte der Griff meist eine Fischhaut, damit er sich besser greifen ließ. Die Metallteile waren fast immer brüniert oder geschwärzt, damit störende Lichtreflektionen vermieden wurden.

Mitte des 17. Jahrhunderts erschienen die ersten Pistolen mit abnehmbarem Lauf. Zum Laden wurde der Lauf abgeschraubt und von der Waffe abgenommen, dann wurde die an der Waffe

Links: Glattläufige Pistolen waren nur auf kurze Entfernung wirksam. Diese Szene zeigt einen Nahkampf an Bord eines Schiffes während der Napoleonischen Kriege.

Unten: Vor der Einführung des Steinschlosses wurde das Luntenschloß verwendet, bei dem eine langsam abbrennende Lunte für die Zündung der Treibladung sorgte.

FRÜHE PISTOLEN

verbliebene Kammer mit Pulver geladen. Die Kugel dagegen wurde in das Laufende eingesteckt. Da die Kugel nicht durch den ganzen Lauf gerammt werden mußte, blieb sie unbeschädigt, dadurch schoß die Waffe genauer.

Der Lauf wurde nun wieder auf die Waffe geschraubt und die Pistole in der üblichen Weise (Pulver auf die Pfanne usw.) schußfertig gemacht. Bei einigen dieser Waffenkonstruktionen waren Lauf und Restpistole mit einer kleinen Kette verbunden, dadurch wurde verhindert, daß der Lauf beim Laden herunterfallen konnte.

Zur Erhöhung der Feuerkraft des einzelnen Schützen wurden doppelläufige Pistolen geschaffen. Bei einigen dieser Konstruktionen hatten beide Läufe je ein eigenes Schloß und konnten getrennt abgefeuert werden, andere Waffen dagegen feuerten beide Läufe zusammen mit einem gemeinsamen Schloß ab. Im Laufe der Zeit wurden auch Pistolen mit noch mehr Läufen entwickelt; die spektakulärste Konstruktion auf diesem Gebiet ist sicherlich der «Entenfuß», bei der eine Anzahl von Läufen im Winkel von jeweils 30 Grad auf einem Griff angeordnet sind. Jeder der Läufe wurde mit einer Kugel geladen, über ein gemeinsames Schloß konnten dann alle Läufe zugleich abgefeuert werden. Die Waffe war ein gutes Mittel gegen Strauchdiebe und Wegelagerer, sie wurde aber auch auf Schiffen und von Gefängniswachen verwendet, also in Bereichen, in denen Gefahr bestand, daß man sich mehreren Angreifern zugleich gegenübersah.

Eine weitere bekannte Entwicklung aus dem 18. Jahrhundert ist das Tromblon, im Grunde eine Flinte, mit der eine Vielzahl von Geschossen auf einmal verfeuert werden konnte, wobei man dann fast sicher sein konnte, daß zumindest eine Kugel ihr Ziel finden würde. Auffälligstes Merkmal des Tromblons war natürlich die glockenartig aufgeweitete Mündung, von der der Laie meint, daß sie zur besseren Verteilung der Garbe dient. Das stimmt aber gar nicht, ursprünglich goß man diese Läufe mit diesem Merkmal, um den Lauf im Mündungsbereich zu verstärken, außerdem ließ sich die Waffe mit einer derart geformten Mündung viel schneller laden. Die Büchsenmacher der damaligen Zeit wußten natürlich ganz genau, daß diese Glockenmündung wenig praktischen Nutzen hatte, aber die Kunden wollten es so, und dann bekamen sie eben ihren Willen. Man kann natürlich auch davon ausgehen, daß die Mündung allein schon durch ihre Größe dem damit Bedrohten eine gehörige Portion Schrecken einjagte.

Gegen Ende des 18. Jahrhunderts gewann auch die Büchse gegenüber der glattläufigen Muskete immer mehr an Bedeutung. Da blieb es nicht aus, daß die Pistolenbesitzer diese neue Verbesserung ebenfalls für ihre Waffen forderten. Zuerst mußte auch bei den gezogenen Pistolen das Geschoß in den Lauf getrieben werden. Bald gab es aber für die Büchsen schon einfacher zu ladende Spezialgeschosse, und die wurden auch für die Pistolen übernommen.

Die Kavalleriepistole des frühen 19. Jahrhunderts wurde dahingehend verbessert, daß sie ein Kompressionsgeschoß verschießen konnte, dazu befand sich ein Dorn in der Kammer. Nach dem Einfüllen der Pulverladung, die den Raum zwischen Laufwandung und Dorn ausfüllte, wurde das konische Geschoß in den Lauf geladen, es glitt leicht hinunter bis auf den Dorn. Dann wurde das Geschoß mit ein paar Schlägen auf den Ladestock soweit gestaucht, daß es an der Laufwandung anlag und in die Züge gepreßt wurde. Nach dem Zünden der Treibladung wurde das Geschoß durch den Lauf getrieben, wobei es gasdicht abschloß. Dadurch wurde die Treibladung viel effizienter ausgenutzt, und die Waffe schoß genauer.

Später entwickelte der Franzose Thouvenin ein Gewehr für ein ähnliches System. Die Steinschloßwaffen für Kompressionsgeschosse wurden weiterentwickelt und schließlich bei der britischen und französischen Kavallerie eingeführt. Da aber durch die Einführung der Perkussionszündung die Tage des Batterieschlosses gezählt waren, wurden diese Waffen bald zu Perkussionspistolen konvertiert.

Unten: Viele Steinschloßwaffen wurden später auf das Perkussionssystem umgebaut. An den durch Stopfen verschlossenen Öffnungen läßt sich gut erkennen, wo sich vorher die Pfanne befunden hat.

Rechts: Dieser Kavallerist aus dem amerikanischen Bürgerkrieg ist mit einer einschüssigen Perkussionspistole Modell 1855 bewaffnet. Die Waffe hat einen abnehmbaren Anschlagschaft.

MILITÄRISCHE HANDWAFFEN

Schnapphahn-Pistole   1
Europa
Länge: 400 mm
Gewicht: 1'670 g
Kaliber: .675 (17,1 mm)
Kapazität: einschüssig
V_0: 137 m/s

Das Schnapphahn-Schloß liegt konstruktiv zwischen dem Radschloß und dem Steinschloß. Bei dieser Waffe aus dem 16. Jahrhundert ist der Feuerstein zwischen die beiden Zwingen des federgetriebenen Hahnes eingespannt.
Der Hahn schlägt mit dem Feuerstein auf den Feuerstahl, der hier auf der Abbildung nach vorn geklappt ist.

Steinschloßpistole   2
Spanien
Länge: 540 mm
Gewicht: 1'390 g
Kaliber: .625 (15,9 mm)
Kapazität: einschüssig
V_0: 152 m/s

Dieses klassische Bespiel für eine Steinschloßpistole entstand ungefähr im Jahre 1720 in Spanien. Die Waffe, die Teil eines Pistolenpaares war, ist hervorragend verarbeitet und sehr schön verziert. Hergestellt wurde sie von Juan Fernandez in Madrid. Das Schaftholz hat geschnitzte Verzierungen, Schloßplatte und Griffkappe sind reich graviert. Der Feuerstein wird in einem schwanenhalsförmig geschwungenen Hahn gehalten, er ist von einem Stück Leder eingefaßt, damit der harte Schlag abgedämpft wird. Der Hahn wird von einer kräftigen Schlagfeder betätigt, er wird beim Durchziehen des Abzuges gelöst.
Der Feuerstein schlägt auf den Feuerstahl, der nach vorn klappt und die darunterliegende Pfanne öffnet. Der entstandene Funkenregen zündet das Zündkraut auf der Pfanne, dadurch wird die Pulverladung in der Kammer ebenfalls gezündet und die schwere Kugel aus dem Lauf getrieben.
Die abgebildete Waffe ist eine ungewöhnlich schöne Pistole.

Kaukasische Steinschloß-   3
pistole Vorderasien
Länge: 349 mm
Gewicht: 450 g
Kaliber: .40 (10,2 mm)
Kapazität: einschüssig
V_0: 122 m/s

Diese Pistole wurde irgendwo im Kaukasus-Gebirge hergestellt. Für ihre Fabrikation wurden oft aus Spanien eingeführte Läufe und Schlösser verwendet. Die abgebildete Waffe ist typisch für diese Pistolenart, sie hat eine zierliche Schäftung und eine Elfenbeinkugel als Griffabschluß. Pistolen dieser Bauart wurden in ganz Rußland, der Türkei und dem Balkan verwendet.

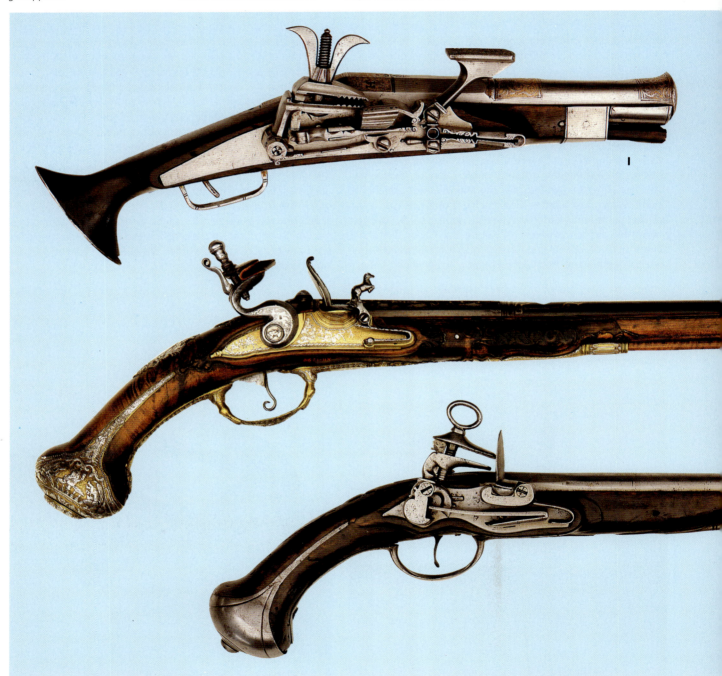

FRÜHE PISTOLEN

Schottische Ganzmetallpistole
Großbritannien   4
Länge: 305 mm
Gewicht: 620 g
Kaliber: .556 (14,1 mm)
Kapazität: einschüssig
V_0:   152 m/s

Pistolen dieser Art, bei denen die gesamte Schäftung aus Metall bestand, wurden in der Mitte des 17. Jahrhunderts von den Büchsenmachern in Schottland hergestellt.
Die Waffe auf dem Foto wurde 1770 gebaut, sie ist reich mit Gravuren verziert und hat den traditionellen Widderkopfgriff. Auf dem Foto nicht sichtbar ist ein Federhaken, mit dem die Waffe an einen Gürtel gehängt werden konnte. Von den Mitgliedern der Hochlandclans wurden Pistolen dieser Art in einfacherer Ausführung getragen; als die britische Regierung dann die ersten Hochlandregimenter aufstellte, gehörte dieser Pistolentyp zusammen mit Muskete und Breitschwert zur Ausrüstung. Ab 1776 wurden dann an die gemeinen Soldaten keine Pistolen mehr ausgegeben, die Offiziere führten sie dagegen als Rangabzeichen weiter.
Beachten Sie die ungewöhnliche Ausführung des Abzuges mit dem kugelartigen Abschluß sowie das Fehlen eines Abzugsbügels.

Steinschloßpistole   5
Spanien
Länge: 521 mm
Gewicht: 1'020 g
Kaliber: .665 (16,9 mm)
Kapazität: einschüssig
V_0:   122 m/s

Diese im frühen 18. Jahrhundert in Spanien gebaute Steinschloßpistole vom Typ «Miquelet» hat eine außen auf der Schloßplatte liegende Schlagfeder, und auch der Abzugsstollen, der den Hahn in der gespannten Position hält, ist sichtbar. Bei dieser Pistole handelt es sich um eine schlichte und robuste Kavalleriewaffe.
An der abgebildeten Waffe fehlt der Ladestock.

Steinschloßpistole   6
mit Schraubverschluß GB
Länge: 298 mm
Gewicht: 760 g
Kaliber: .62 (15,7 mm)
Kapazität: einschüssig
V_0:   137 m/s

Ungewöhnlich an dieser Waffe war der Ladevorgang, denn es mußte der Lauf abgeschraubt und Pulver und Kugel hinten eingeführt werden. Dadurch wurde sichergestellt, daß sich die Kugel dicht dem Lauf anpaßte, wodurch die Waffe sehr genau schoß. Das Laden dauerte allerdings lange. Die hier gezeigte Waffe wurde etwa 1755 in London gebaut und hat einen kanonenförmigen Lauf.

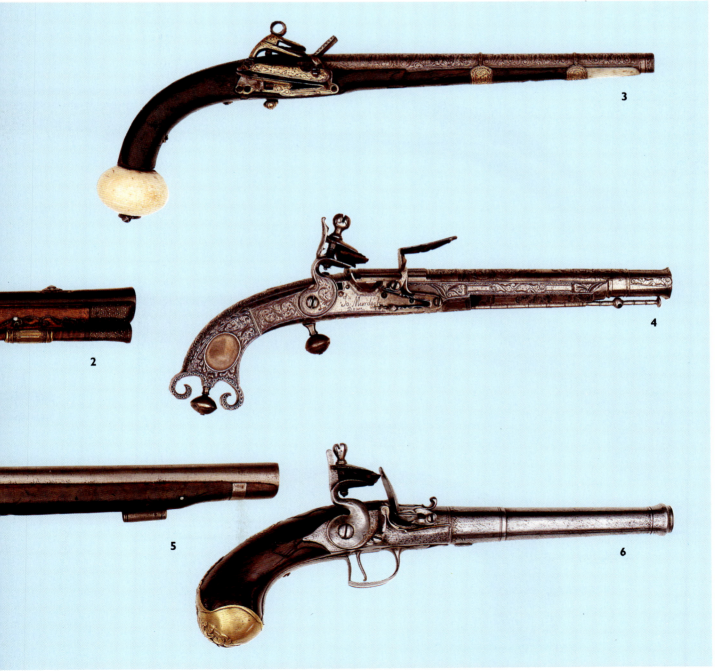

MILITÄRISCHE HANDWAFFEN

Britische Kavallerie-Pistole 1
Länge: 552 mm
Gewicht: 1'420 g
Kaliber: 15,9 mm
Kapazität: einschüssig
V_0: 152 m/s

Im 16. und 17. Jahrhundert entwickelte sich die Pistole zu einer hauptsächlich bei der Kavallerie verwendeten Waffe, die sich als nützlich für die nach dem Hauptangriff entstehenden Nahkämpfe erwiesen hatte. Diese britische Dienstwaffe stammt aus der Zeit um 1720, sie war solide verarbeitet, damit sie den rauhen Felddienst überstehen konnte. Der 368 mm (14,4 Zoll) lange Lauf sorgte dafür, daß die gewaltig große Kugel (23 g) mit einer ordentlichen Anfangsgeschwindigkeit verschossen wurde und dicke Kleidung oder die damals von der Kavallerie verwendeten Brustpanzer durchschlagen konnte. Das hintere Drittel des Laufes war achteckig ausgeführt, dadurch sollte der die Kammer enthaltende Laufteil verstärkt werden, so daß auch starke Ladungen verschossen werden konnten. Auf der Pistole ist das Herrscherwappen von König Georg I. angebracht, Stempel hinten am Schaft weisen aber darauf hin, daß die Waffe sich später im Mittleren Osten befunden haben muß und dort von einem Büchsenmacher bearbeitet wurde.

Kavallerie-Pistole 2
Deutschland
Länge: 495 mm
Gewicht: 1'130 g
Kaliber: 13,9 mm
Kapazität: einschüssig
V_0: 152 m/s

Auch diese Waffe ist eine Kavalleriepistole, sie stammt aus der Zeit um 1720. Verwendet wurde sie, um mit genau gezielten Schüssen feindliche Angriffe aus dem Hinterhalt abzuwehren. Der Lauf ist gezogen, um der Kugel Drall zu geben und die Reichweite zu erhöhen. An die hinten am Griff angebrachte Platte konnte ein Anschlagschaft montiert werden.

Französische Armee-Steinschloßpistole 3
Länge: 337 mm
Gewicht: 1'300 g
Kaliber: .70 (17,8 mm)
Kapazität: einschüssig
V_0: 152 m/s

Diese Dienstpistole aus der Manufaktur St. Etienne entstand 1777, es war eine solide und robuste Waffe mit einem Messingrahmen und einem Nußbaumholzgriff. Der Hahn war durch seine gerade Form robuster als die traditionelle geschwungene Ausführung. Pistolen dieser Bauart wurden auch in den Vereinigten Staaten in großen Mengen hergestellt.

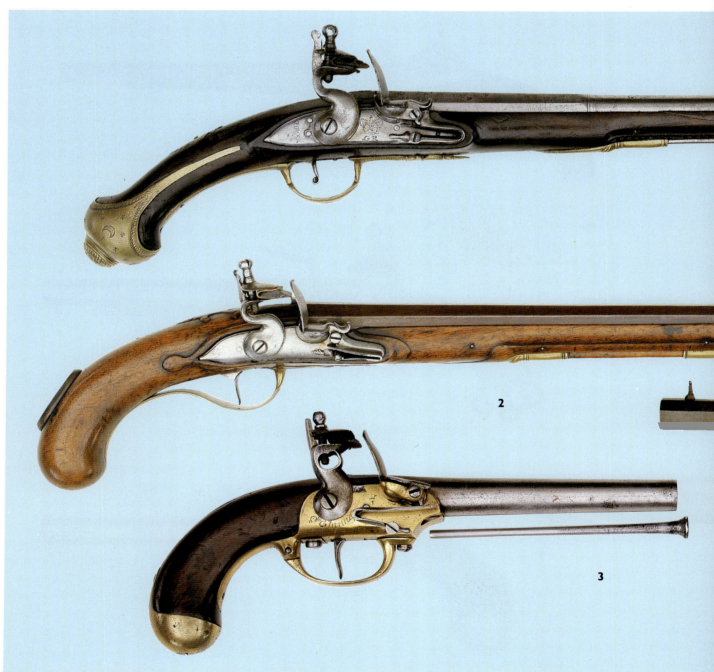

FRÜHE PISTOLEN

Pistole von Napoleon I. 4
Frankreich
Länge: 305 mm
Gewicht: 1'020 g
Kaliber: .60 (15,2 mm)
Kapazität: einschüssig
V_0: 152 m/s

Die hier gezeigte Waffe gehört zu einem Pistolenpaar und hat eine ungewöhnliche Geschichte. Sie stammt aus dem Privatbesitz des Kaisers. Napoleon schenkte beide Pistolen einem Dr. Armott, nachdem dieser ihn während seiner Gefangenschaft auf St. Helena betreut hatte.
Später gelangten sie in den Besitz von Oberst South vom 20. Regiment. Über die Schießschule von Hythe kamen sie schließlich nach Warminster zur Infanterieschule. Die Pistole ist keineswegs eine Prunkwaffe, sondern eine solide und voll einsatzfähige Gebrauchswaffe. Der achteckige Lauf ist gezogen und daher auch für Schüsse über weitere Entfernungen geeignet.
Das Laden von Vorderladern mit gezogenem Lauf war mühsam, da die Kugeln kaum in den engen Lauf paßten.
Durch den größeren Geschoßwiderstand trat in der Waffe auch ein erheblich höherer Gasdruck auf, deshalb sind Lauf und Schloß dieser Pistole sehr kräftig ausgeführt.

Mortimer Repetierpistole 5
Großbritannien
Länge: 483 mm
Gewicht: 1'760 g
Kaliber: .50 (12,7 mm)
Kapazität: 7
V_0: 137 m/s

Die hier gezeigte Waffe ist eine britische Konstruktion aus der Zeit um 1800. An der Hinterseite des Laufes befindet sich ein drehbarer Zylinder, in dem zwei Bohrungen angebracht sind, von denen die eine Bohrung eine Kugel und die andere eine Pulverladung aufnehmen konnte. Außerdem befinden sich im Griff zwei Röhrenmagazine, die mit Pulver und Kugeln gefüllt sind.
Zum Laden muß die Pistole senkrecht nach unten gehalten und der Zylinder mit dem großen Hebel gedreht werden. Wenn dann eine der Bohrungen im Zylinder genau mit einem Röhrenmagazin fluchtet, fällt eine Kugel zusammen mit einer Pulverladung in die entsprechende Bohrung. Durch Zurückdrehen des Hebels fällt die Kugel in den Lauf, dann wird der Zylinder weitergedreht, bis sich die Bohrung mit der Ladung hinter der Kugel befindet. Die Bohrung fungiert jetzt als Kammer. Das Schießen mit solchen Waffen war gefährlich, da durch überspringende Funken das Pulver im Magazin gezündet werden konnte.

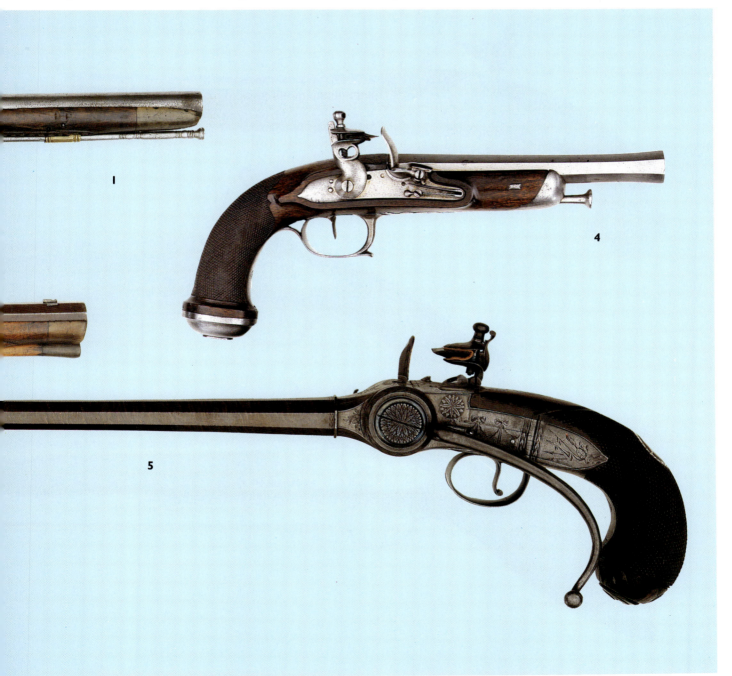

MILITÄRISCHE HANDWAFFEN

Marine-Gürtelpistole   1
Großbritannien
Länge: 375 mm
Gewicht: 910 g
Kaliber: .62 (15,7 mm)
Kapazität: einschüssig
V_0: 152 m/s

Ein hervorragendes Beispiel für die Büchsenmacherkunst aus der georgianischen Zeit repräsentiert die hier abgebildete Waffe. Sie ist mit feinen Verzierungen versehen und hat eine leicht trichterartige Mündung, die darauf hinweist, daß die Waffe auf See verwendet wurde. Später entstandene Waffen wiesen dann allmählich immer weniger Zierat auf.

Marinepistole   2
Großbritannien
Länge: 413 mm
Gewicht: 1'390 g
Kaliber: .58 (14,7 mm)
Kapazität: einschüssig
V_0: 152 m/s

Auch diese kurzläufige Waffe, die ungefähr 1790 entstand, ist ein gutes Beispiel für die Bauweise der britischen Militärpistolen aus der damaligen Zeit. Sie ist schmucklos und robust und hat einen soliden Walnußschaft sowie einen Hahn mit ringförmigem Ausschnitt. Obwohl der Lauf aus Stahl statt aus Messing ist, wurde die Waffe auf See verwendet und war beim Nahkampf auf Deck wahrscheinlich sehr nützlich. Auf der linken Waffenseite ist ein Federhaken angebracht, mit dem die Waffe an den Gürtel gesteckt werden konnte, so daß der Kämpfer beide Hände für den Kampf mit dem Entermesser frei hatte. Der Schriftzug «Tower» auf der Schloßplatte besagt, daß die Waffe im Tower von London montiert wurde, obwohl die Einzelteile wahrscheinlich andernorts von Zulieferbetrieben gefertigt wurden. Es war eine schlichte und gute Waffe für den harten Dienstgebrauch.

Türkisches Tromblon   3
Vorderer Orient
Länge: 444 mm
Gewicht: 1'360 g
Kaliber: .65 (16,5 mm)
Kapazität: einschüssig
V_0: –

Tromblon oder *Blunderbuss* bezeichnet eine kurze Waffe nach Art eines Karabiners mit einer trichterförmigen Mündung. Sie wurde oft mit Schrot oder gehacktem Blei geladen und meistens auf See verwendet. Die abgebildete Waffe wurde im Mittleren Orient aus europäischen Teilen montiert und wahrscheinlich von einem persischen oder türkischen Reiter verwendet.

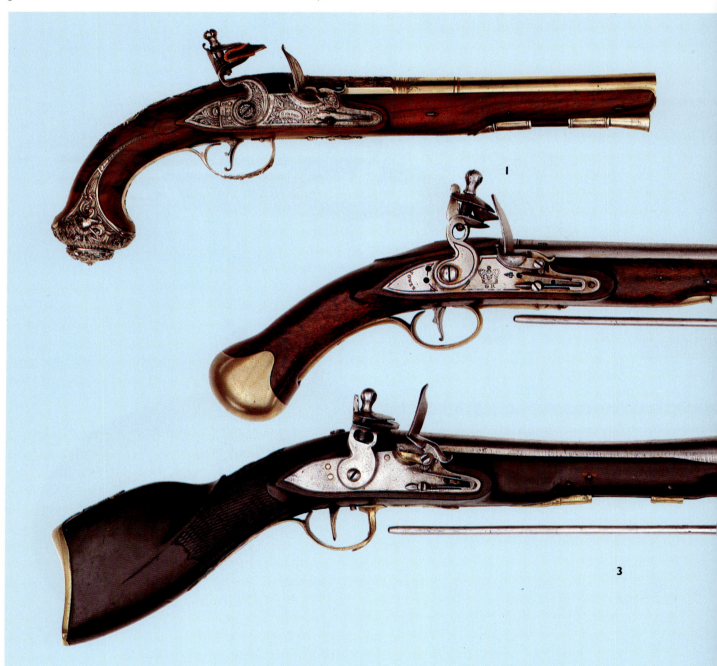

20

FRÜHE PISTOLEN

Irisches Tromblon 4
Irland
Länge: 343 mm
Gewicht: 1'080 g
Kaliber: .62 (15,7 mm)
Kapazität: einschüssig
V_0: 152 m/s

Das Tromblon war in Großbritannien eine beliebte Verteidigungswaffe für Häuser und Postkutschen. Die hier gezeigte Waffe wurde in Dublin hergestellt und wahrscheinlich gegen 1800 von einem Marineoffizier geführt. Es ist eine schlichte Dienstwaffe, sauber verarbeitet und ohne Schnörkel. Der Hahn ist geschwungen, während die Haltefeder des Feuerstahles rollengelagert ist. Durch die Rollen sollte die Zündverzögerung minimiert und somit die Schußpräzision verbessert werden. Unter dem Lauf ist ein Ladestock mit Messingkopf angebracht. Der Messinglauf machte die Waffe im Gegensatz zu Stahl unempfindlich gegen Salzwassereinflüsse, und durch die trichterförmige Mündung wurde das Laden auf einem Schiff bei Seegang einfacher. Der schwere Griff der Waffe war im Notfall auch gut als Keule zu gebrauchen. Mit der Pistole konnte eine einzelne Kugel verschossen werden, wahrscheinlicher war aber, daß sie zur Abwehr von Enterkommandos mit Schrot geladen wurde.

Mortimer-Pistole 5
Großbritannien
Länge: 406 mm
Gewicht: 1'050 g
Kaliber: .62 (15,7 mm)
Kapazität: einschüssig
V_0: 168 m/s

Während des 17. und 18. Jahrhunderts wurden Streitigkeiten um die Ehre von Gentlemen und Offizieren meist in Form eines Duells ausgetragen. Nachdem zunehmend Pistolen für diese Händel benutzt wurden, spezialisierten sich viele Büchsenmacher auf die Herstellung von Waffen wie die hier abgebildete, die aus London aus der Zeit um 1800 stammt. Sie war Teil eines Pistolenpaares und exzellent verarbeitet. Der achtkantige Lauf war aus Stahlstreifen gefertigt, die um einen Dorn gedreht und dann miteinander verschweißt wurden. Die so entstandenen Läufe wurden als Damast-Läufe bezeichnet. Durch die lange gerade Visierlinie konnte die Waffe gut zum Deutschuß verwendet werden, wobei der Schütze durch den am Abzugsbügel angebrachten Sporn die Pistole noch besser halten konnte. Ab 1830 wurde gegen das Duellieren in den meisten Ländern von offizieller Seite vorgegangen, obwohl die endgültige Abschaffung dieses «Brauches» noch sehr lange dauerte.

MILITÄRISCHE HANDWAFFEN

Manton-Pistole   1
Großbritannien
Länge: 375 mm
Gewicht: 1'130 g
Kaliber: .50 (12,7 mm)
Kapazität: einschüssig
V_0: 168 m/s

Auch die hier abgebildete Waffe ist eine Duellpistole, sie wurde um 1800 in London von Joseph Manton in überragender Qualität gefertigt.
Der achteckige Lauf war aus Damast, das Korn war verstellbar, und die Kimme hatte einen u-förmigen Ausschnitt. Die geladene Waffe konnte mit halb gespanntem Hahn sicher geführt werden.

Perkussionspistole   2
von Manton Großbritannien
Länge: 375 mm
Gewicht: 1'080 g
Kaliber: .42 (10,7 mm)
Kapazität: einschüssig
V_0: 183 m/s

Diese Pistole wurde auch von Manton gefertigt, sie wurde später auf Perkussion umgebaut. Auf den ersten Blick sieht sie aus wie eine Duellpistole, und sie hat auch einen gezogenen Lauf. Solche Läufe wurden früher oft als «unsportlich» bezeichnet. Es ist aber durchaus möglich, daß sie der Besitzer als Gebrauchspistole geführt hat, obwohl sie dafür zu schade und zu teuer war.

Perkussionspistole   3
Großbritannien
Länge: 381 mm
Gewicht: 1'020 g
Kaliber: .70 (17,8 mm)
Kapazität: einschüssig
V_0: 152 m/s

Nachdem das Perkussionssystem eingeführt worden war, lagerten in den Zeughäusern vieler Länder noch große Mengen von Steinschloßwaffen. Um diese Waffen weiterbenutzen zu können, mußten sie auf das neue Zündsystem umgebaut werden. Das geschah üblicherweise durch das Entfernen von Pfanne und Feuerstahl und durch Einsetzten eines Pistons, außerdem mußte der Hahn durch einen einfachen Schlaghahn ersetzt werden. Die abgebildete britische Dienstpistole ist eine solche Konversion, die ausgefüllten Bohrungen an der Schloßplatte an den Stellen, wo früher Pfanne und Feuerstahl angebracht waren, sind gut zu erkennen. Die Waffe wurde Anfang des 19. Jahrhunderts umgebaut, die Pistole selbst stammt aus dem Jahre 1796. Zwar änderte sich durch das neue Zündsystem weder die Präzision noch die Leistung der Waffe, aber sie war jetzt einfacher zu führen und funktionierte auch bei feuchter Witterung einwandfrei, während bei Steinschloßwaffen das Pulver auf der Pfanne oftmals versagte.

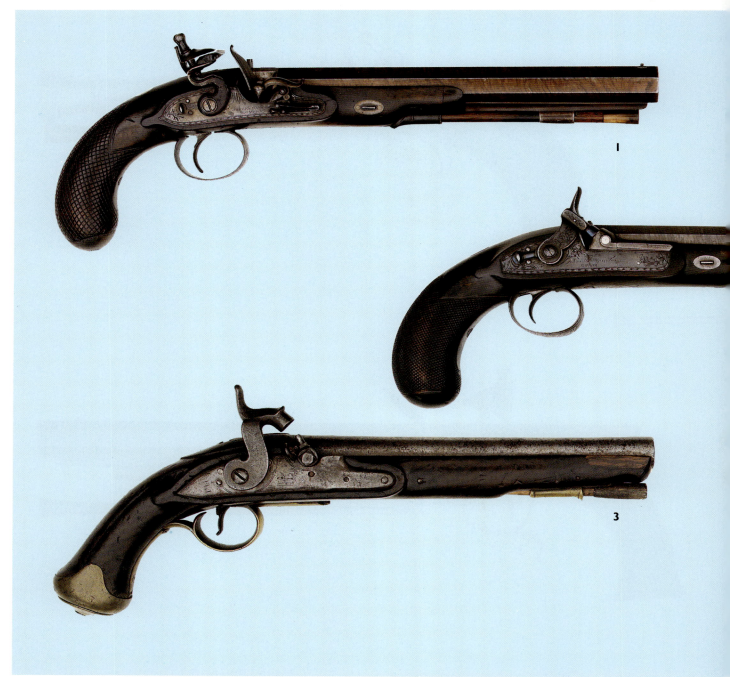

FRÜHE PISTOLEN

Lang-Pistole 4
Großbritannien
Länge: 210 mm
Gewicht: 420 g
Kaliber: 15,2 mm
Kapazität: einschüssig
V_0: 152 m/s

Diese kompakte Pistole wurde ca. 1830 von Joseph Lang gebaut. Die handliche Waffe hatte einen Gürtelhaken und wurde wahrscheinlich von einem Marineoffizier geführt.
Unter dem achteckigen Lauf war ein schwenkbarer Ladestock in einem Halter befestigt. Dieses Konstruktionsmerkmal findet sich an Militärwaffen sehr oft, denn es verhinderte, daß der Ladestock im Eifer des Gefechtes verlorengehen konnte. Die Kammer im Lauf hatte einen geringeren Durchmesser als der Lauf, dadurch sollte erreicht werden, daß die Ladung zuverlässig durch die Zündmasse gezündet wurde. Die kleine Schraube unter dem Piston ließ sich zum Reinigen der Kammer entfernen. Der Griff war hohl und diente zur Aufbewahrung von Zündhütchen, der Lauf bestand aus Damast.

Blanch-Pistole 5
Großbritannien
Länge: 279 mm
Gewicht: 680 g
Kaliber: .69 (17,5 mm)
Kapazität: einschüssig
V_0: 168 m/s

Um 1830 wurde diese Pistole in London von der Firma Blanch und Sohn hergestellt, sie glich der Lang-Pistole, war aber größer. Der Lauf dieser Dienstwaffe war aus Damast, darunter war ein Ladestock mit schwenkbarem Halter angebracht. Das Piston war nach hinten abgeschirmt, damit dem Schützen keine Zündhütchensplitter in die Augen fliegen konnten, aus diesem Grund war auch die Schlagfläche des Hahnes mit einer Vertiefung versehen.
Bei der hier abgebildeten Waffe ist der Hahnsporn abgebrochen. Im hohlen Griff konnten zusätzliche Zündhütchen aufbewahrt werden. Die Waffe ist gut verarbeitet, der Griff ist mit einer Fischhaut versehen, sonst befindet sich kaum Zierat an der Pistole. Hier zeigt sich deutlich, daß die Waffen nach Einführung der Perkussionszündung schlichter und funktioneller wurden und sich somit auch besser im Holster, am Gürtel oder in der Tasche führen ließen.

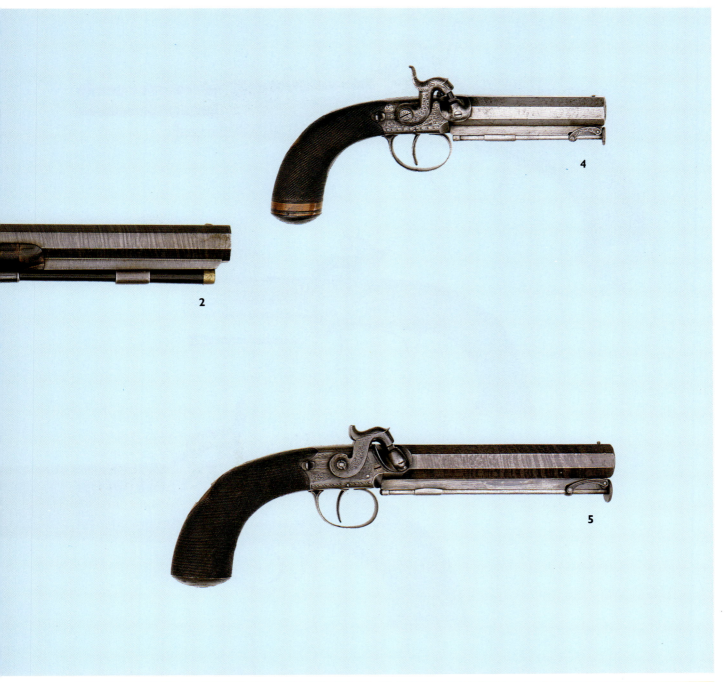

MILITÄRISCHE HANDWAFFEN

Dienstpistole 1
Frankreich
Länge: 349 mm
Gewicht: 1'270 g
Kaliber: 17,8 mm
Kapazität: einschüssig
V_0: 168 m/s

Hersteller dieser Pistole Modell 1842 war die staatliche Waffenmanufaktur in Chatellerault, die Pistole ist mit dem Herstellungsjahr 1855 gestempelt.
Es ist eine für diese Zeit typische französische Konstruktion, sie hat einen kräftigen Hahn mit senkrechtem Sporn und einen Lauf, der zur Mündung hin leicht konisch verläuft. Auf dem Lauf befindet sich eine einfache Visierung mit Kimme und Korn, die aber bei der beschränkten Reichweite der Pistole keine große Rolle gespielt haben dürfte. Die Waffe ist einfach und widerstandsfähig, sie hat eine Nußbaumschäftung und unter dem Griff einen Fangschnurring. Vorn ist der Schaft mit einer Messingkappe abgeschlossen, in die eine Bohrung zur Aufnahme des Ladestockes angebracht wurde. Auch der recht große Abzugsbügel dieser Dienstpistole besteht aus Messing.
Interessant ist ein Vergleich dieser Waffe mit der frühen französischen Steinschloßpistole aus St. Etienne, die auf Seite 18 beschrieben ist.

Vierläufige Pistole 2
Großbritannien
Länge: 216 mm
Gewicht: 1'050 g
Kaliber: 12,7 mm
Kapazität: vierschüssig
V_0: 152 m/s

Die Vorderladerpistole war speziell im Kampf langsam und umständlich zu laden. Für die meisten Soldaten war es daher völlig klar, daß nach der Abgabe des ersten und einzigen Schusses der Kampf mit der blanken Waffe weitergeführt werden mußte. Es wurde sehr oft versucht, eine Lösung für dieses Problem zu finden, und dazu gehören auch die mehrläufigen Pistolen.

Die hier abgebildete Waffe stammt von Blanch aus London. Die vier Läufe sind aus einem Stahlblock gearbeitet, jeder Lauf hat ein eigenes Piston.
Die beiden Abzüge dienen zum Abfeuern der beiden oberen Läufe, danach wird das Laufbündel durch Zurückziehen des Abzugsbügels entriegelt und gedreht. Das Laufbündel wird wieder verriegelt, und danach werden die beiden Hähne gespannt; die Waffe ist jetzt wieder feuerbereit.
Nach dem Abfeuern aller vier Läufe muß auch diese Pistole auf die gleiche mühselige Art wie andere Vorderladerwaffen geladen werden.

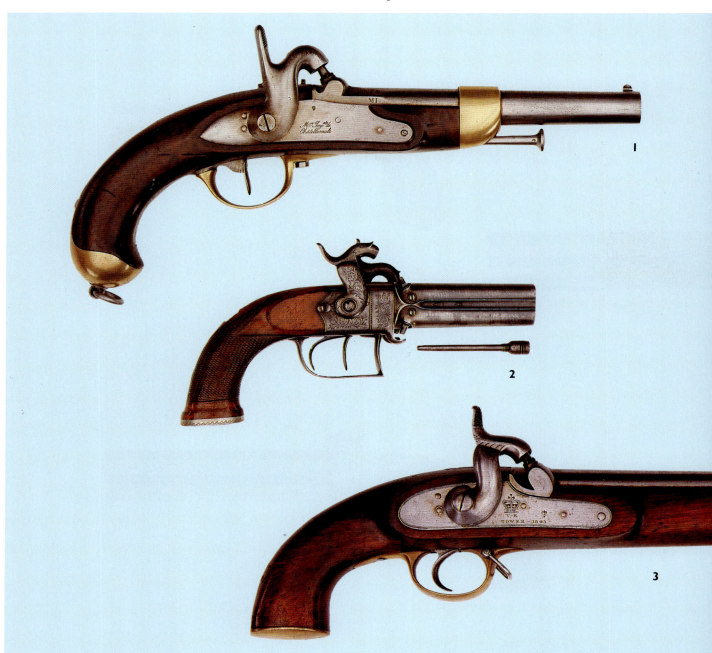

FRÜHE PISTOLEN

Kavalleriepistole Tower 3
Großbritannien
Länge: 394 mm
Gewicht: 1'470 g
Kaliber: 19 mm
Kapazität: einschüssig
V_0: 152 m/s

Ab 1838 wurden bei der britischen Kavallerie zunehmend weniger Pistolen als Seitenwaffe verwendet, obwohl sie bei einigen Regimentern noch längere Zeit geführt wurden. Hornisten und Kompaniefeldwebel behielten ebenfalls weiterhin eine Pistole als Seitenwaffe, so daß man ein neues Waffenmuster für diese Personenkreise entwickeln mußte. Die hier gezeigte Waffe ist das Modell 1842, das von George Lovell entwickelt wurde. Es war eine robuste Waffe, die auch im Feld einfach repariert werden konnte und für die es keine Munitionsnachschubprobleme gab. Sie verschießt nämlich die einfache Musketenkugel, die auch für die Muskete Pattern 1842 verwendet wurde. Der Ladestock ist mit einem schwenkbaren Halter unter dem Lauf angebracht, vorn am Abzugsbügel befindet sich ein Riemenbügel. Die Beschriftung der Schloßplatte besagt, daß die Waffe im Jahre 1845 im Tower von London aus Einzelteilen montiert wurde, die von Zulieferbetrieben hergestellt worden waren.

St. Etienne-Pistole 4
Frankreich
Länge: 419 mm
Gewicht: 910 g
Kaliber: 13,2 mm
Kapazität: einschüssig
V_0: 168 m/s

Das Herstellungsjahr dieser französischen Pistole lag in der Zeit um 1835. Die Waffe war zwar als Duellpistole gebaut worden, sie wurde aber wahrscheinlich als Gebrauchspistole verwendet. Bei dieser Waffe liegt die Schlagfeder hinter dem Hahn, so daß die Schloßplatte weiter nach hinten in den Griff gelegt werden konnte. Dadurch erhielt man eine relativ schlanke Pistole.

Marinepistole 5
Großbritannien
Länge: 279 mm
Gewicht: 1'020 g
Kaliber: 14,2 mm
Kapazität: einschüssig
V_0: 152 m/s

Eine weitere Pistole von Lovell aus dem Jahre 1842. Die abgebildete Waffe war für den Marinedienst bestimmt. Sie hat ein kleineres Kaliber als die Kavalleriepistole. Für das Schloß wurden Teile einer Steinschloßwaffe verwendet. Lovell hielt nichts von Schnörkeln und Zierat an Militärwaffen. Wie hier zu sehen ist, baute er robuste, einfache und widerstandsfähige Waffen.

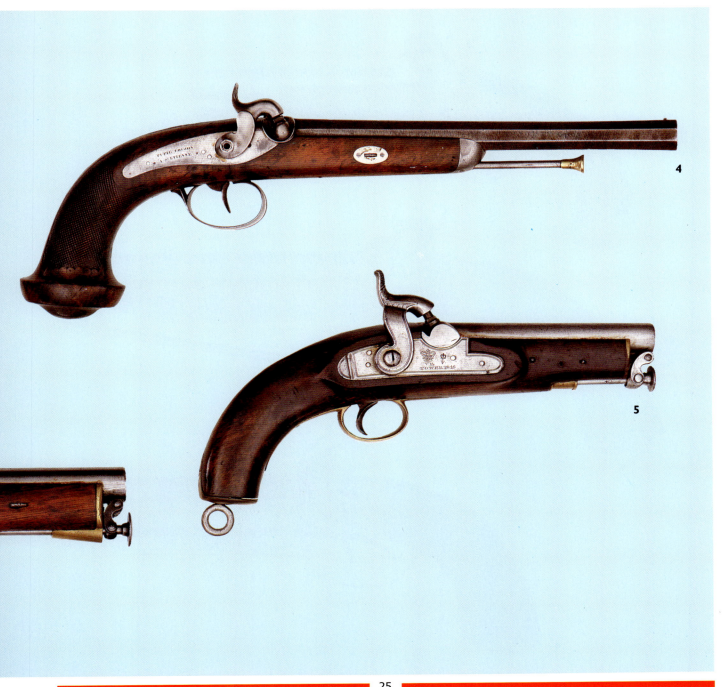

MILITÄRISCHE HANDWAFFEN

Gendarmerie-Pistole   1
Frankreich
Länge: 241 mm
Gewicht: 650 g
Kaliber: 15,2 mm
Kapazität: einschüssig
V_0: 152 m/s

Diese französische Pistole stammt aus der Manufaktur von Chatellerault. Sie wurde 1842 konstruiert und sollte hauptsächlich von Militär und Miliz verwendet werden. Die Pistole war so klein, daß sie zur Not auch in der Rocktasche getragen werden konnte. Sie hat einen mit 127 mm recht kurzen Lauf und war wohl nur auf kürzeste Distanz einigermaßen wirksam.

Das Piston steht ziemlich weit oben auf dem Lauf. Der kräftige Hahn ist typisch für Dienstpistolen aus der damaligen Zeit. Vermutlich stammen einige Bauteile von früheren Steinschloßwaffen, sicher läßt sich das aber nicht mehr feststellen. Im Gegensatz zu der auf Seite 24 abgebildeten Pistole befindet sich bei dieser Waffe die Hauptfeder hinter dem Hahn.
Der Schloßmechanismus ist ziemlich weit in den Schaft hineingelegt, der dadurch eigentlich etwas bruchempfindlich wird. Bei diesem Pistolentyp gab es aber in dieser Hinsicht keine Probleme.

Doppelläufige Pistole   2
Grossbritannien?
Länge: 330 mm
Gewicht: 1'020 g
Kaliber: 17,8 mm
Kapazität: einschüssig
V_0: 168 m/s

Da die Perkussionspistole erheblich kompakter war als die Steinschloßpistole, konnte man bei dieser Bauart auch brauchbare doppelläufige Waffen herstellen. Die hier abgebildete Waffenart wurde paarweise von Offizieren der britischen berittenen Truppen verwendet, wobei die Waffen in Lederholstern am Sattel geführt wurden. Aus der Waffe wird das eingeführte Musketengeschoß verschossen. Jeder der beiden Läufe hat ein eigenes Schloß mit Abzug. Die Schäftung verjüngt sich zum Griff hin, der Schloßmechanismus befindet sich hinter den Läufen.
Die gespannten Hähne können mit Schiebern gesichert werden. An den Laufenden in Höhe der Kammern befinden sich Bohrungen, die mit Platinstopfen verschlossen sind. Falls die Waffe versehentlich zu stark geladen wird, fliegen diese Sicherheitsstopfen heraus und verhindern so ernsthafte Schäden. Der Lauf ist aus Damast und weist eine spiralförmige Musterung auf. Diese äußerlich schlichte Waffe ist hervorragend verarbeitet.

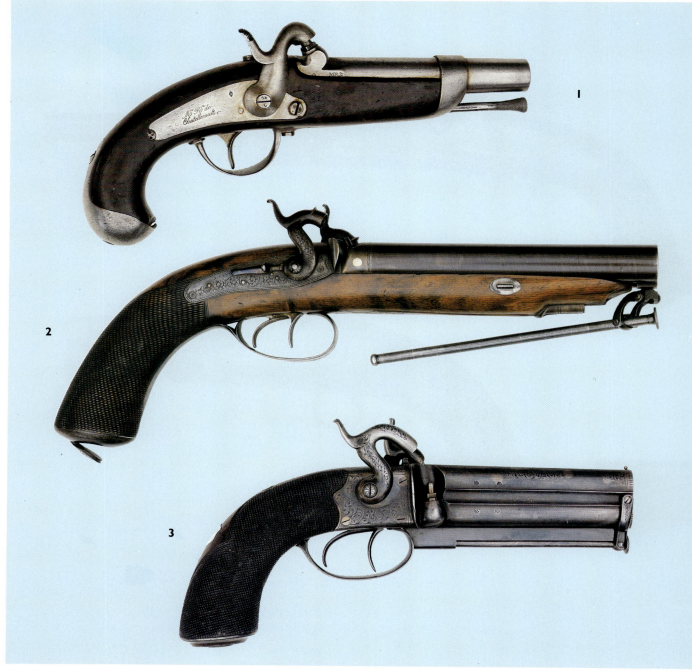

26

FRÜHE PISTOLEN

Doppellaufpistole 3
Großbritannien
Länge: 248 mm
Gewicht: 850 g
Kaliber: .50 (12,7 mm)
Kapazität: einschüssig
V_0: 168 m/s

Da die Doppellaufpistole mit zwei nebeneinanderliegenden Läufen klobig und unhandlich war, versuchten einige Hersteller, das Problem durch übereinanderliegende Läufe zu lösen. Diese Pistole wurde in England um 1820 von einem unbekannten Büchsenmacher gebaut. Die sauber gefertigte Waffe hatte zwei Läufe, die aus einem Metallblock hergestellt waren. Jeder Lauf war mit einem eigenen Piston versehen, die gut abgeschirmt waren, um Zündhütchensplitter vom Schützen fernzuhalten. Der Hahn auf der linken Waffenseite zündete den oberen Lauf, der Hahn auf der rechten Seite hatte eine erheblich längere Nase, um das untere Piston erreichen zu können. Unter dem Lauf war ein Ladestock so angebracht, daß er geschwenkt und für beide Läufe verwendet werden konnte. Der auf der linken Waffenseite angebrachte Gürtelhaken ist ein Hinweis darauf, daß die Pistole von einem britischen Offizier bei Heer oder Marine geführt wurde.

Pistole Modell 1836 4
USA
Länge: 356 mm
Gewicht: 1'250 g
Kaliber: .54 (13,7 mm)
Kapazität: einschüssig
V_0: 152 m/s

Die letzte Steinschloßpistole, die für den amerikanischen Militärdienst gebaut wurde, basierte auf französischen Konstruktionen. Ab 1850 wurden die meisten davon auf Perkussionszündung umgestellt. Die abgebildete Waffe hat einen Messingstopfen dort, wo sich ursprünglich Pfanne und Feuerstahl befanden. Einige Pistolen wurden auch auf Zündkapselstreifenzündung umgebaut.

Pistole Modell 1842 5
USA
Länge: 356 mm
Gewicht: 1'250 g
Kaliber: 13,7 mm
Kapazität: einschüssig
V_0: 152 m/s

Das Modell 1842 war nichts anderes als ein von vornherein für Perkussionszündung eingerichtetes Modell 1836. Es war die erste Waffe dieser Art bei der amerikanischen Armee. Sie hatte einen abgerundeten Griff und einen schwenkbaren Ladestockhalter unter dem Lauf. Die funktionelle Waffe wurde sogar noch im amerikanischen Bürgerkrieg von beiden Kriegsparteien verwendet.

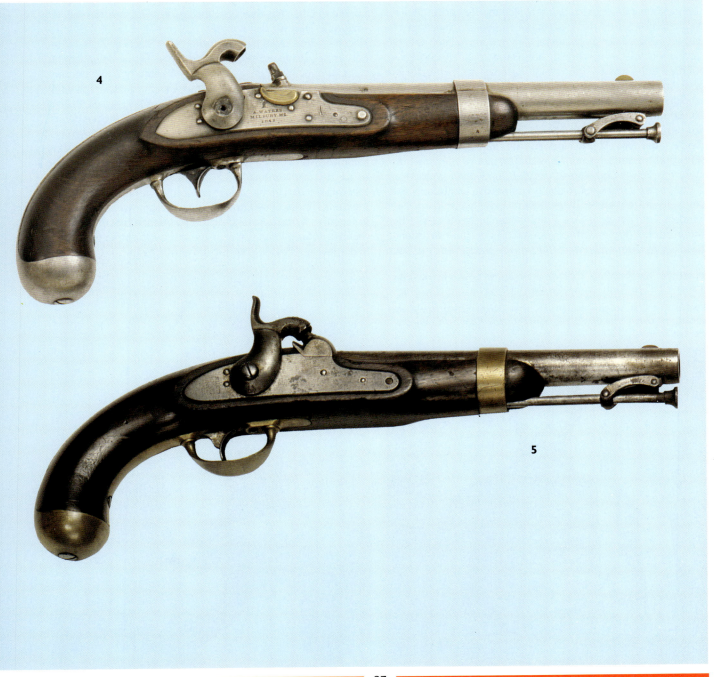

MILITÄRISCHE HANDWAFFEN

FRÜHE REVOLVER

Die erfolgreichsten frühen Revolverkonstruktionen waren die sogenannten «pepperbox revolver», die so hießen, weil sie wegen ihres Laufbündels sehr den damals üblichen Pfefferstreuern ähnelten. Bei diesem Waffentyp war eine ganze Reihe von Läufen – üblicherweise sechs oder sieben – auf einer zentralen Achse zu einem Laufbündel zusammengefaßt. Über dem obenliegenden Lauf lag normalerweise der Hahn mit Feuerstein und die Batterie sowie die Pulverpfanne. Zum Laden der einzelnen Läufe mit Pulver und Kugeln mußte das Laufbündel abgenommen und nach dem Laden wieder aufgesetzt werden. Das Laufbündel mußte beim Schießen mit der Hand gedreht werden, um den jeweils abzufeuernden Lauf vor das Schloß zu bringen. Danach mußte Pulver auf die Pfanne gebracht werden, dann konnte einmal geschossen werden. Nun mußte der Schütze für den nächsten Schuß das Laufbündel entriegeln, soweit weiterdrehen, bis der nächste geladene Lauf vor dem Schloß saß, das Laufbündel wieder verriegeln, den Hahn spannen und Pulver auf die Pfanne streuen. Die Schußfolge einer solchen Waffe war zwar höher als die einer einschüssigen Pistole, aber nicht entscheidend viel größer.

Die Erfindung des Perkussionsprinzipes bewahrte die Pepperbox vor dem Aussterben. Das Funktionsprinzip blieb zwar gleich, aber das Steinschloß konnte durch den einfachen Schlaghahn ersetzt werden. Das Laufbündel wurde abgenommen, mit Pulver und Kugeln geladen, und dann wurden die Zündhütchen aufgesetzt; danach konnte das Laufbündel wieder aufgesetzt werden. Eine Bodenkappe hinter dem Laufbündel sorgte dafür, daß die Zündhütchen nicht abfielen. Oben war in der Kappe eine Öffnung, durch die der Hahn das oberste Zündhütchen treffen konnte. Der Schütze mußte jetzt nur noch das Laufbündel drehen, den Hahn spannen, schießen, wieder drehen, spannen, schießen usw. Das war jetzt viel einfacher als früher, und entsprechend höher war auch die Feuergeschwindigkeit. Nun dauerte es nicht mehr lange, bis ein findiger Konstrukteur die selbstspannende Pepperbox erfand. Statt den Hahn mit der Hand zurückziehen zu müssen und ihn dann durch Betätigen des Abzuges auszulösen, wurden Hahn und Abzug so verbunden, daß eine einzige Betätigung des Abzuges den Hahn erst spannte und danach sofort löste, worauf er fiel und auf das Zündhütchen schlug. Eine weitere Klinke, die ebenfalls über den Abzug betätigt wurde, griff in entsprechende Einschnitte am Laufbündel ein und transportierte bei jeder Betätigung des Abzuges einen geladenen Lauf vor den Hahn. Jetzt konnte mit dem Revolver so schnell geschossen werden wie der Abzug betätigt werden konnte.

Nachdem der Bedienungskomfort diese Stufe erreicht hatte, gab es keinen vernünftigen Grund mehr für die Beibehaltung des Laufbündels, in das ja immerhin 6 Läufe gebohrt und anschließend gezogen werden mußten. Ein einziger Lauf mit einer drehbaren Trommel dahinter, in der sich die Kugeln, die Pulverladungen und dahinter die Pistons mit den Zündhütchen befanden, war viel einfacher herzustellen. So entstand der Revolver. Samuel Colt wird oft der «Vater des Revolvers» genannt. Das stimmt nur bis zu einem gewissen Grade, denn tatsächlich war es so, daß alle im Revolver zusammengefaßten konstruktiven Merkmale schon vorher erfunden worden waren. Seine geniale Tat war es, diese Einzelkonstruktionen zusammenzufassen, das Konzept zu verbessern und richtig zu vermarkten. Er war kein Techniker, deshalb mußte er seine Ideen von einem Fachmann in die Tat oder besser in Metall umsetzen lassen.

Unten: Ein Kavallerist der konföderierten Armee posiert für den Fotografen mit einem Colt-«Army»-Revolver im Gürtel.

Rechts: Die Colt-Revolver waren mit einer Gelenk-Ladepresse ausgestattet, mit deren Hilfe die Kugeln gasdicht in die Kammern eingepreßt werden konnten.

FRÜHE REVOLVER

Das tat für ihn ein Techniker aus Baltimore mit Namen Pearson. Nach mehreren Rückschlägen konnte Pearson schließlich eine funktionierende Waffe bauen, die Colt mit nach England nahm und dort patentieren ließ. Dann ging er in die USA zurück und ließ im folgenden Jahr seine Konstruktion auch dort patentieren. Danach baute er eine Fabrik. Die Zeit war aber noch nicht reif für seine Erfindung, deswegen ging er schon nach einer kurzen Produktionsphase pleite.

Seine Rettung war der Krieg mit Mexiko im Jahre 1847. Die meisten seiner ersten Revolver waren nach Texas geliefert worden, und jetzt wollten die Texaner mehr davon. Nachdem die amerikanische Armee darauf aufmerksam geworden war, forderte man Colt auf, die Waffe zu überarbeiten, und bestellte 1'000 Stück des neuen Modells. Da er keine eigene Fabrik mehr besaß, ließ er die Waffen bei Eli Whitney fertigen, einem bekannten Büchsenmacher und Ingenieur, der auch ein Vorreiter auf dem Gebiet der Entwicklung von neuen Techniken für die Massenfabrikation und die Austauschbarkeit von Waffenteilen war. Eine weitere Bestellung über noch einmal 1'000 Waffen brachte Colt finanziell wieder auf die Beine. Er eröffnete zum zweiten Mal eine Fabrik und ließ die Vergangenheit hinter sich. Sein amerikanisches Patent aus dem Jahre 1836 schützte alle wesentlichen Teile seiner Konstruktion, speziell aber die Methode des Trommeltransportes und ihrer Verriegelung, so daß er bis 1857, als sein Patent auslief, de facto beinahe ein Monopol in der Revolverfertigung in den Vereinigten Staaten besaß.

In Europa sah das ganz anders aus. Da Colt nicht in Großbritannien produzierte, lief sein britisches Patent im Jahre 1849 aus. Deswegen erschien eine ganze Reihe von an seine Entwicklung angelehnten Konstruktionen in Großbritannien und auf dem kontinentaleuropäischen Markt. Dazu gehörte auch der in London gefertigte Adams-Revolver, der sich vom Colt in zwei wesentlichen Punkten unterschied.

Der Colt-Revolver hatte ein Single-Action-Schloß. Zum Schießen mußte erst der Hahn per Hand gespannt werden, danach mußte der Abzug betätigt werden, und dann löste sich der Schuß. Außerdem hatte der Colt einen offenen Rahmen, er bestand aus drei Baugruppen: dem Griff mit Rahmen und Schloß, der Trommel und dem Lauf. Die Trommel wurde auf eine Trommelachse aufgeschoben, auf die anschließend der Lauf gesteckt und mit einem Keil arretiert wurde.

Diese Methode war zwar zum Reinigen der Waffe oder zum Trommelwechsel recht nützlich, aber nach längerem Gebrauch bekamen die Teile zuviel Spiel.

Der Adams-Revolver arbeitete als Selbstspanner. Zum Schießen mußte lediglich der Abzug ganz durchgezogen werden, dadurch wurde der Hahn gespannt und anschließend ausgelöst. Der Adams hatte außerdem einen kräftigen einteiligen Rahmen, bei dem Griff, Rahmen und Lauf aus einem Schmiedeteil bestanden. Die Trommel wurde mit einer herausziehbaren Trommelachse befestigt.

Während des Krimkrieges verkaufte Colt einige tausend seiner Revolver an die britische Armee. Zu dieser Zeit erkannte ein junger Oberleutnant bei den Pionieren mit Namen Beaumont, daß sich der Adams-Revolver verbessern ließ. Er konstruierte ein Schloß, mit dem sowohl Double Action als auch Single Action geschossen werden konnte. So konnte entweder der Hahn vorher gespannt und der Schuß mit geringem Abzugswiderstand gelöst werden, oder es konnte, speziell in Notfällen, die Waffe durch kräftiges Durchziehen des Abzuges mit Spannabzug geschossen werden.

Mittlerweile ist dieses System als Double-Action-Schloß weltweit verbreitet. Adams erwarb die Rechte an dieser Konstruktion und verwendete sie für seine Revolver. Schon bald hatte er geschäftlichen Erfolg, denn er erhielt einen Auftrag des Militärs. Allmählich begann nun das Double-Action-System den Vorläufer Single Action in Europa zu verdrängen. Zu diesem Zeitpunkt erschien bereits eine neue und ebenfalls bahnbrechende Erfindung, die den Fortschritt noch rascher seinen Lauf nehmen ließ: die Metallpatrone.

Links: Ein zeitgenössischer Stahlstich zeigt den robusten einteiligen Rahmen des britischen Adams-Revolvers.

Unten: Der Untergrundkämpfer und Bandit George Maddox mit zwei Remington-Revolvern.

MILITÄRISCHE HANDWAFFEN

Steinschloßrevolver 1
Länge: 305 mm
Gewicht: 1'300 g
Kaliber: .40 (10,2 mm)
Kapazität: 8
V_0: 122 m/s

Das Konzept einer mehrschüssigen Waffe mit einer drehbaren Trommel ist eigentlich schon recht alt, wie an der gezeigten Waffe zu erkennen ist, denn sie stammt ungefähr aus dem Jahre 1700 und wurde von T. Annely gefertigt. Trommel und Lauf sind aus Messing gefertigt, die Trommel hat 8 Kammern. Jede Kammer ist mit einer eigenen Pfanne versehen, die durch einen Messingschieber abgedeckt ist. Beim Spannen des Hahnes dreht sich eine geladene Kammer vor den Lauf. Während des Abschlagens des Hahnes wird durch einen kleinen Hebel gleichzeitig der Messingschieber von der jeweiligen Pfanne zurückgeschoben, so daß das Pulver auf der Pfanne gezündet werden kann. Das Konstruktionsprinzip der Waffe war gut, aber es war schwierig, Waffen nach diesem Verfahren herzustellen. Vor allem bestand immer die Gefahr, daß Funken überspränger und dann mehrere oder alle Kammern zugleich gezündet wurden. Deswegen ist diese Waffe mehr als Experimentalmodell anzusehen, für den militärischen Gebrauch war sie nicht geeignet.

Collier-Steinschloßrevolver 2
USA
Länge: 362 mm
Gewicht: 990 g
Kaliber: .473 (12 mm)
Kapazität: 5
V_0: 168 m/s

Für diesen Steinschloßrevolver erhielt der Amerikaner Elisha Collier im Jahre 1818 ein Patent. Sie hat eine Trommel mit fünf Kammern.
Die einzige vorhandene Pulverpfanne wurde zu jedem Schuß aus einem kleinen Magazin im Feuerstahl nachgeladen. Es war eine wirksame Waffe, die aber sehr bald vom neuen Perkussionsrevolver verdrängt wurde.

Turner Pepperbox 3
Länge: 235 mm
Gewicht: 910 g
Kaliber: .476 (12,1 mm)
Kapazität: 6
V_0: 152 m/s

Eine weitere Bauart der frühen Revolver war die sogenannte Pepperbox, bei der ein Laufbündel um eine zentrale Achse rotierte. Die gezeigte Waffe hat ein aus einem Stück Stahl gearbeitetes Laufbündel mit sechs Läufen, von denen jeder ein eigenes Piston hat. Wenn der Abzug durchgezogen wird, spannt sich der Hahn, und das Laufbündel wird um einen Schritt weitergedreht.

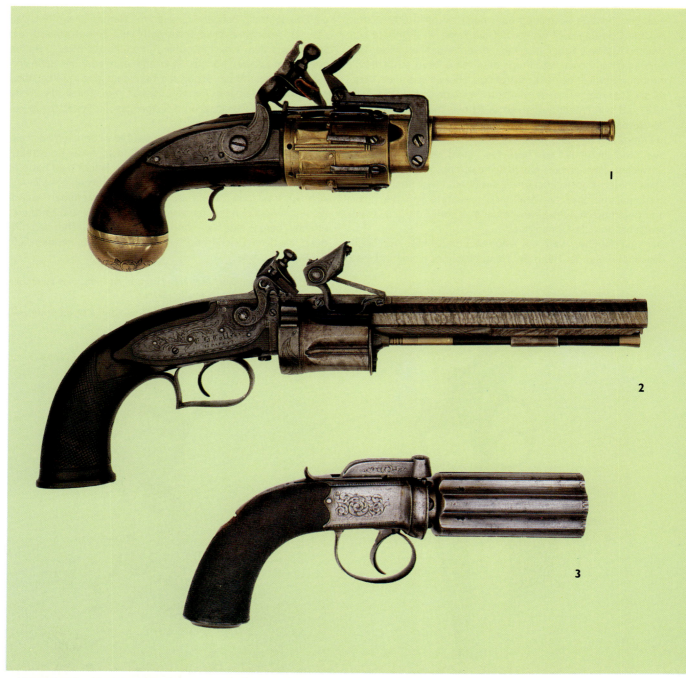

FRÜHE REVOLVER

Cooper Pepperbox 4
Großbritannien
Länge: 197 mm
Gewicht: 740 g
Kaliber: .40 (10,2 mm)
Kapazität: 6
V_0: 152 m/s

In Europa und Amerika waren Pepperbox-Revolver als persönliche Verteidigungswaffen sehr beliebt, aber sie wurden auch häufig an Bord von Schiffen zur Abwehr von Enterkommandos verwendet. Diese aus England stammende Waffe war das Werk von J. Cooper, die Konstruktion basiert auf einem belgischen Entwurf von Mariette aus der Zeit um 1840. Das Rohrbündel mit den sechs Läufen ist aus einem Stück gearbeitet und wird bei der Betätigung des Abzuges durch eine Transportklinke weitergedreht. Die Pistons sind zentrisch hinter den Kammern angebracht und sind nach beiden Seiten durch Trennwände abgeschirmt. Durch das Betätigen des Abzuges wird ein unter der Waffe angebrachter flacher Hahn gespannt, der dann auf das unterste Piston schlägt.
Die Verarbeitung der Waffe ist recht grob, sie stellte somit nicht unbedingt eines der Spitzenprodukte der damaligen britischen Waffenindustrie dar.
Die Pepperbox wurde sehr bald vom Revolver verdrängt.

Perkussionsrevolver von Baker 5
Länge: 292 mm
Gewicht: 990 g
Kaliber: .44 (11,2 mm)
Kapazität: 6
V_0: 152 m/s

Der Perkussionsrevolver von Baker mit Single-Action-Schloß ähnelte eigentlich den klassischen Perkussionsrevolvern, allerdings war das System nicht besonders kräftig, denn der Lauf wurde lediglich von der Trommelachse gehalten.
Die Pistons standen im rechten Winkel zur Kammerachse, wodurch die Gefahr von Mehrfachzündungen erhöht wurde.

Revolver aus der Übergangszeit Großbritannien 6
Länge: 305 mm
Gewicht: 910 g
Kaliber: .42 (10,7 mm)
Kapazität: 6
V_0: 152 m/s

Dieser in der Übergangszeit Mitte des 19. Jahrhunderts entstandene Revolver hatte ein am Lauf angebrachtes Klappbajonett. Über den Spannabzug konnte die Waffe abgefeuert werden, ohne daß zuvor der Hahn gespannt werden mußte. Der Lauf war nur mit der Trommelachse am Rahmen befestigt, auch die Pistons waren nicht besonders geschützt oder abgeschirmt.

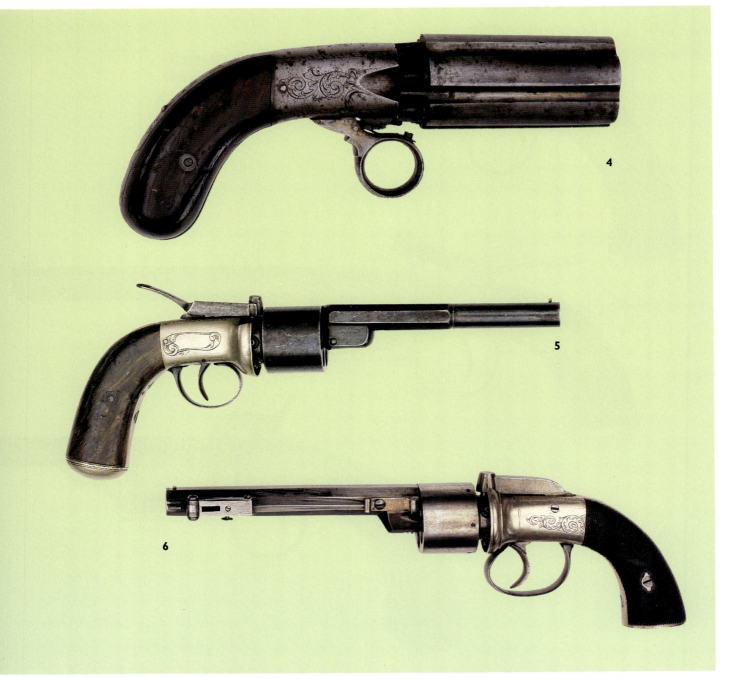

MILITÄRISCHE HANDWAFFEN

Gasdichter Revolver von Lang
Großbritannien 1
Länge: 279 mm
Gewicht: 910 g
Kaliber: .42 (10,7 mm)
Kapazität: 6
V_0: 183 m/s

Diese Waffe ist ein ganz frühes Modell aus einer Serie von britischen Entwürfen, bei denen die gleichen Konstruktionsprinzipien zur Verbesserung der Reichweite und Wirkung von Perkussionsrevolvern angewandt wurden. Sie wurde von J. Lang in London gebaut, die sechsschüssige Trommel wurde durch das Spannen des Hahnes weitergedreht. Während des Fallens des Hahnes wurde außerdem durch einen Stempel die Trommel gegen den Lauf gedrückt. Dadurch wurde eine wirksame Abdichtung erzielt, so daß die Gasverluste minimiert und folglich auch die Leistungsverluste verringert wurden. Der Durchmesser der Kammern war geringfügig größer als der Laufdurchmesser, dadurch wurde sichergestellt, daß die darin geladenen Kugeln ohne Gasverlust in den Lauf getrieben wurden. Die auf dem Lauf angebrachte Visierung war einfach, der Hahn war etwas seitlich versetzt, um den Gebrauch der Visierung zu ermöglichen.
Diese Waffe war zuverlässig und wirkungsvoll.

Gasdichter Revolver von Baker
Großbritannien 2
Länge: 337 mm
Gewicht: 1'390 g
Kaliber: .577 (14,6 mm)
Kapazität: 6
V_0: 183 m/s

Diese Waffe ist viel schwerer als die von Lang gebaute, sie arbeitet aber mit dem gleichen System der Gasabdichtung. Sie wurde im Jahre 1852 in London von T. Baker gebaut und hat ein Single-Action-Schloß. Der Hahn hat zum einfachen Spannen einen langen Sporn. Der Lauf wird im Rahmen durch die Trommelachse und durch die untere Rahmenbrücke gehalten.

Gasdichter Revolver v. Beattie
Großbritannien 3
Länge: 330 g
Gewicht: 1'130 g
Kaliber: .42 (10,7 mm)
Kapazität: 6
V_0: 183 m/s

Auch bei diesem von J. Beattie in London gefertigten Revolver wurde eine Vorrichtung zur Gasabdichtung verwendet. Dadurch sollten Leistungsverluste vermieden und die Gefahr von Mehrfachzündungen beseitigt werden. Der Typ war in Großbritannien recht beliebt und wurde noch nach der Vorstellung der Perkussionsrevolver von Colt auf der Weltausstellung von 1851 weitergefertigt.

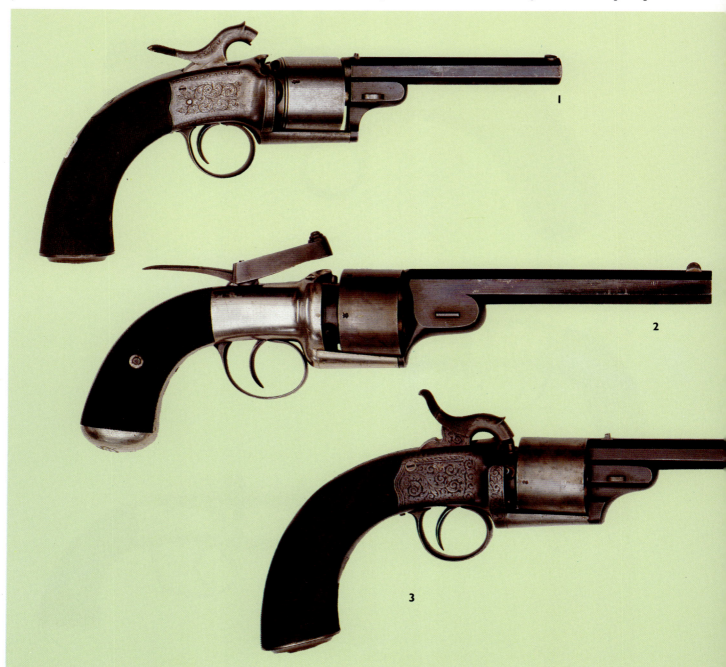

FRÜHE REVOLVER

Gasdichter Revolver v. Parker
Großbritannien 4
Länge: 317 mm
Gewicht: 1'080 g
Kaliber: .42 (10,7 mm)
Kapazität: 6
V_0: 183 m/s

Durch die 6schüssige Trommel in Rohrbündelform und außerdem durch die unter dem Lauf angebrachte Ladepresse erhielt dieser gasdichte Revolver sein charakteristisches Aussehen. Durch die Presse wurden die Kugeln fest in die Kammern eingedrückt. Als besondere Sicherheitseinrichtung waren die Pistons an der Trommel durch kleine, flache Schutzplatten voneinander abgeschirmt.

Zündnadelrevolver von Kufahl
Großbritannien 5
Länge: 244 mm
Gewicht: 620 g
Kaliber: .30 (7,62 mm)
Kapazität: 6
V_0: 152 m/s

Beim Zündnadelsystem wurde eine verbrennbare Patronenhülse aus Papier verwendet, in der sich tief innen vor dem Geschoß das Zündmittel befand. Eine von einer Feder angetriebene Nadel durchstach die Papierhülse und das Zündmittel, woraufhin der Zünder explodierte und die Treibladung zündete. Diese Erfindung aus dem Jahre 1838 stammte von Johann von Dreyse und wurde von der preußischen Armee übernommen, die ein Hinterladergewehr nach diesem System einführte. Für diesen hier abgebildeten Revolver erhielt J. Kufahl in Großbritannien ein Patent, die Waffe wurde etwa 1843 gebaut. Durch die Verwendung von Patronenmunition konnte die Waffe schnell geladen werden; der Ladevorgang konnte durch Herausnehmen der Trommel noch beschleunigt werden. Es war eine wirkungsvolle Waffe, deren Verwendungsfähigkeit aber durch die Notwendigkeit der Benutzung von Spezialmunition eingeschränkt war. Außerdem war die Zündnadel empfindlich und bruchanfällig. Trotzdem wurde der Revolver bis 1880 produziert.

Revolver für Zündkapselstreifen 6
Länge: 267 mm
Gewicht: 680 g
Kaliber: .32 (8,1 mm)
Kapazität: 6
V_0: 168 m/s

Die Trommel dieser Waffe mußte von Hand weitergedreht werden, und sie hat nur ein einziges Piston, durch das die jeweils obenstehende Kammer gezündet wird. Dazu wurde ein Papierstreifen mit Zündkapseln verwendet, der sich in einer Aussparung des Griffes befand.
Heutige Spielzeugpistolen arbeiten noch nach einem sehr ähnlichen System.

MILITÄRISCHE HANDWAFFEN

Colt Dragoon M 1849 1
USA
Länge: 343 mm
Gewicht: 1'930 g
Kaliber: .44 (11,2 mm)
Kapazität: 6
V_0: 259 m/s

Im frühen 19. Jahrhundert hatte Samuel Colt schon eine ganze Anzahl erfolgreicher Revolver und Revolvergewehre entwickelt, ehe er 1846 eine Kavalleriewaffe konstruierte. Bei den ersten Ausführungen hatte er noch eine ganze Reihe von Teilen von früheren Waffen verwendet, aber bis 1848 hatte die Waffe ihre endgültige Form erhalten und hieß «Dragoon». Sie verschoß eine Kugel im wirkungsvollen Kaliber .44 und mußte daher kräftig und solide gebaut sein und wegen des starken Rückstoßes auch ein entsprechendes Waffengewicht haben. Unter dem Lauf war eine kräftige Kugelpresse angebracht, mit der die Kugeln fest in die Kammern gepreßt wurden, damit sie möglichst gasdicht abschlossen und keine Feuchtigkeit an die Ladung gelangen konnte. Abgebildet ist das «Second Model Dragoon», die zweite Ausführung der Kavalleriewaffe. Sie hat einen eckigen Abzugsbügel und rechteckige Ausschnitte für die Trommeltransportklinke in der Trommel. Die Berittenen führten sie meist im Sattelholster mit sich.

Colt Navy 2
USA
Länge: 328 mm
Gewicht: 1'100 g
Kaliber: .36 (9,1 mm)
Kapazität: 6
V_0: 213 m/s

Aufgrund seiner Größe war der Dragoon für viele Zivilisten, aber auch für die Soldaten zu klobig und unhandlich. Darum entwickelte Colt eine kleinere und leichtere Waffe zur Benutzung als Gebrauchswaffe. Der Colt «Navy» im Kaliber .36 wurde 1851 eingeführt und war schon bald im In- und Ausland eine beliebte Waffe geworden. Den Namen Marineausführung hatte er deswegen erhalten, weil auf den Trommeln der frühen Ausführung eine Seeschlachtszene eingraviert war. Im Grunde genommen war die Waffe nichts weiter als ein in allen Dimensionen verkleinerter Dragoon. Der Lauf war an der kräftigen Laufachse befestigt und zusätzlich unten am Rahmen abgestützt. Die Waffe hatte ein Single-Action-Schloß, bei dem vor dem Schuß der Hahn von Hand gespannt werden mußte. Die fest an der Waffe angebrachte Kugelpresse ist auf der Abbildung in halb geöffneter Stellung gezeigt. Diese Waffe wurde zu Hunderttausenden hergestellt und im amerikanischen Bürgerkrieg von beiden Parteien exzessiv eingesetzt.

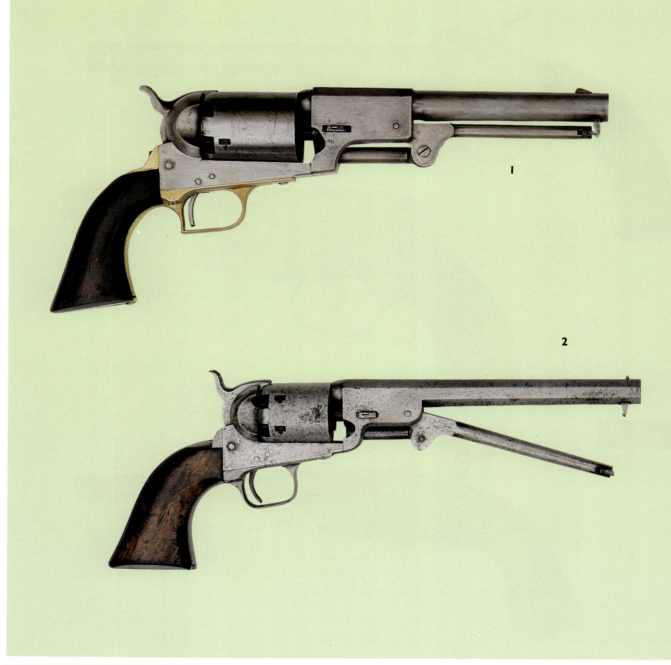

FRÜHE REVOLVER

Colt New Model Army 3
USA
Länge: 356 mm
Gewicht: 1'130 g
Kaliber: .44 (11,2 mm)
Kapazität: 6
V_0: 213 m/s

Der Colt New Model Army war auch unter der Bezeichnung Modell 1860 bekannt, er sollte als leichterer Ersatz den Dragoon ablösen. Der Rahmen stammte vom Navy-Modell, aber die Waffe hatte eine größere Trommel, einen längeren Griff und eine verkleidete Kugelpresse.
Der Standardlauf war 203 mm (8 Zoll) lang, es gab aber auch Varianten mit kürzeren Läufen.
Die hier gezeigte Waffe hat in der Rückstoßplatte hinter der Trommel einen Ausschnitt, der darauf hinweist, daß die Waffe ursprünglich mit einem Anschlagschaft versehen war. Durch den Kolben wurde die Waffe zu einem handlichen Karabiner, der von berittenen Soldaten gern verwendet wurde.
Während des Bürgerkrieges war das Modell 1860 überaus populär, genauso wie die kleinkalibrigere Variante dieser Waffe im Kaliber .36. Samuel Colt starb im Jahre 1862 und hinterließ diese Waffe als eine seiner besten Konstruktionen.

Colt Pocket 4
USA
Länge: 224 mm
Gewicht: 850 g
Kaliber: .31 (7,9 mm)
Kapazität: 5
V_0: 152 m/s

Ab 1848 produzierte Colt eine ganze Serie verschiedener kleinkalibriger «Taschenrevolver», die unterschiedlich lange Läufe und verschieden konstruierte Trommeln hatten. Hier abgebildet ist ein fünfschüssiger Revolver Modell 1849 mit 4 Zoll (102 mm) langem Lauf. Die Waffe war in Zivilkreisen sehr beliebt und wurde auch von vielen Soldaten gern als Zweitwaffe verwendet.

Manhattan-Revolver 5
USA
Länge: 287 mm
Gewicht: 850 g
Kaliber: .31 (7,9 mm)
Kapazität: 5
V_0: 152 m/s

Bei erfolgreichen Entwicklungen gab es immer schon viele Trittbrettfahrer, die die Originalkonstruktion für eigene Zwecke nutzten. Das war speziell während des Bürgerkrieges auf dem Waffensektor der Fall. Abgebildet ist ein Nachbau im Kaliber .31, er wurde von der Manhattan Firearms Company in großen Stückzahlen gefertigt, ehe ihr dies durch Gerichtsbeschluß untersagt wurde.

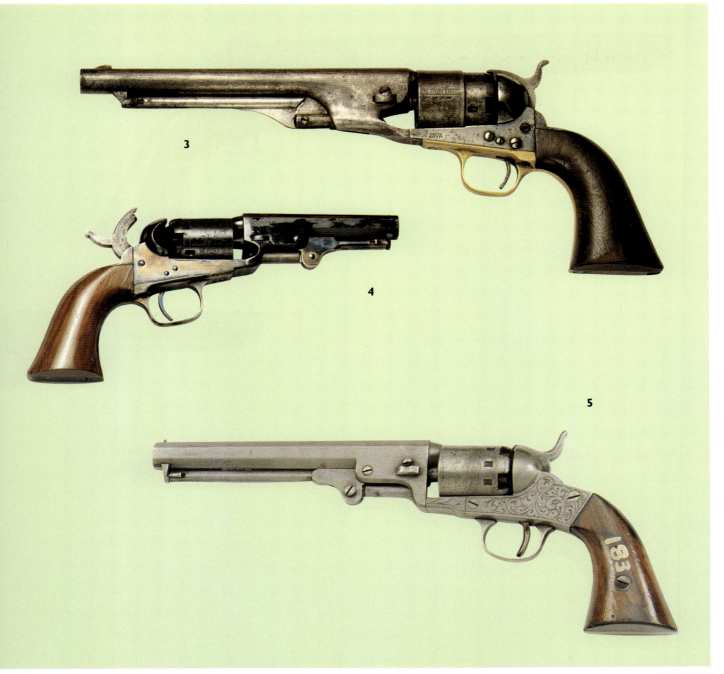

MILITÄRISCHE HANDWAFFEN

Leech & Rigdon 1
USA
Länge: 356 mm
Gewicht: 1'100 g
Kaliber: .36 (9,1 mm)
Kapazität: 6
V_0: 213 m/s

Die Industrie der Südstaaten befand sich nach dem Ausbruch des amerikanischen Bürgerkrieges in ernsthaften Schwierigkeiten, da sowohl Technologie als auch Maschinen bisher hauptsächlich aus dem Norden gekommen waren. Es wurden viele kleinere Fertigungsbetriebe neu gegründet; da man aber normalerweise über keine Erfahrungen auf dem Gebiet der Waffenkonstruktion und -herstellung verfügte, wurden vorhandene Waffen kopiert. Basis vieler solcher Nachbauten bildete der Colt Navy von 1851, und in diesem Kapitel sind eine ganze Reihe dieser Nachbauten in recht unterschiedlicher Qualität beschrieben. Ende 1862 stellte die Firma Leech and Rigdon in Columbus im Staate Mississippi einen kleinen Posten Navy-Kopien her, die aber runde Läufe anstatt der bei Colt üblichen achteckigen Läufe hatten. Die Kopien dieser Firma waren besser verarbeitet als der Durchschnitt, es wurden auch höherwertige Materialien dafür verwendet. Insgesamt wurden etwa 1'500 Waffen produziert.

Rigdon & Ansley 2
USA
Länge: 356 mm
Gewicht: 1'100 g
Kaliber: .36 (9,1 mm)
Kapazität: 6
V_0: 213 m/s

Im Frühling des Jahres 1864 trennten sich die Firmeninhaber von Leech & Rigdon und gingen getrennte Wege.
Rigdon nahm die letzten noch nicht montierten Revolver mit und baute sie mit seinem neuen Partner Ansley in Augustus im Staate Georgia zusammen. Diese Waffen waren dann nicht mehr so gut verarbeitet wie die Produkte der Vorgängerfirma.

FRÜHE REVOLVER

Dance & Bro. Navy 3
USA
Länge: 300 mm
Gewicht: 1'050 g
Kaliber: .36 (9,1 mm)
Kapazität: 6
V_0: 213 m/s

Die Firma Dance Brothers & Park mit Sitz in Columbia, Texas, stellte 1862 einige hundert Revolver nach dem Colt-Muster her. Die abgebildete Waffe ist ein Nachbau des Colt-Modells 1851 Navy, hat allerdings einen runden Lauf, außerdem fehlt die normalerweise hinter der Trommel angebrachte Rückstoßplatte. Man sieht der Waffe an, daß sie unter Kriegsbedingungen gefertigt worden ist.

Dance & Bro. Army 4
USA
Länge: 363 mm
Gewicht: –
Kaliber: .44 (11,2 mm)
Kapazität: 6
V_0: 259 m/s

Auch dieser Revolver im Kaliber .44 (11,2 mm) nach Art des Colt Dragoon wurde von Dance Brothers hergestellt. Genau wie beim Navy-Modell fehlt auch an dieser Waffe die Rückstoßplatte und die Schutzvorrichtung gegen Zündhütchensplitter. Das bedeutete, daß der Schütze im Falle eines zerberstenden Zündhütchens wahrscheinlich von Splittern im Gesicht getroffen worden wäre.

Columbus-Revolver 5
USA
Länge: 325 mm
Gewicht: 1'050 g
Kaliber: .36 (9,1 mm)
Kapazität: 6
V_0: 213 m/s

Die Firma Columbus Firearms Company in Columbus, Georgia, fertigte 1863 einige hundert Nachbauten des Colt Navy. Die meisten dieser Waffen hatten achteckige Läufe, allerdings hat das hier abgebildete Exemplar einen 178 mm langen runden Lauf nach Art des Dragoon. Die Waffe ist grob verarbeitet und deswegen nicht zu den guten Colt-Kopien aus den Südstaaten zu rechnen.

MILITÄRISCHE HANDWAFFEN

Taylor, Sherrard & Co. 1
USA
Länge: 351 mm
Gewicht: 1'930 g
Kaliber: .44 (11,2 mm)
Kapazität: 6
V_0: 259 m/s

Taylor, Sherrard & Company in Lancaster, Texas, begann Anfang 1862 mit der Herstellung eines Revolvertyps, der dem Dragoon von Colt entsprach. Das abgebildete Exemplar hat Ähnlichkeit mit der frühen Ausführung des Colt-Originals, sogar die eckige Form des Abzugsbügels ist genau nachgebildet worden. Es wurden nur wenige dieser Waffen an die Armee ausgeliefert.

Clark, Sherrard & Co. 2
USA
Länge: 340 mm
Gewicht: –
Kaliber: .44 (11,2 mm)
Kapazität: 6
V_0: 213 m/s

Nachdem die frühere Firma in Konkurs gegangen war, wurde sie als Clark, Sherrard & Company neugegründet und begann mit der Herstellung von Nachbauten des Colt Dragoon. Diesmal wurde die Waffe aber mit einem kürzeren Lauf (178 mm/7 Zoll) und einem runden Abzugsbügel gefertigt. Es wurden aber bis Kriegsende kaum noch Waffen dieses Typs ausgeliefert.

Remington-Beals Army 3
USA
Länge: 351 mm
Gewicht: 1'300 g
Kaliber: .44 (11,2 mm)
Kapazität: 6
V_0: 213 m/s

Bei einigen seiner ersten Revolvermodelle verwendete Eliphalet Remington patentierte Konstruktionsmerkmale, für die F. Beals Patentschutz erhalten hatte. Die Waffen waren sofort sowohl auf dem Zivil- als auch auf dem Militärmarkt ein Erfolg. Im Jahre 1858 wurde die Waffe patentiert, es wurden einige tausend davon in der Fabrik von Remington in New York hergestellt. Im Gegensatz zur Konstruktion von Colt verwendete Remington einen geschlossenen Rahmen mit unterer und oberer Rahmenbrücke, der Lauf war in den Rahmen eingeschraubt. Dadurch entstand eine widerstandsfähige und zuverlässige Militärwaffe. Die Pistons waren gut geschützt an der Trommel angebracht, und die patentierte Ladepresse System Beals war unter dem achteckigen Lauf fest montiert. Eine Kimme hatte die Waffe nicht, lediglich ein einfaches Korn war vorn auf dem Lauf montiert. Dieser Revolver war der Vorläufer der später so erfolgreichen Militärrevolver von Remington, mit denen er Colt hart auf den Fersen war.

FRÜHE REVOLVER

Remington-Beals Navy 4
USA
Länge: 326 mm
Gewicht: –
Kaliber: .36 (9,1 mm)
Kapazität: 6
V_0: 213 m/s

Remington stellte auch eine kleinere Version des Army-Revolvers her, bei dem ebenfalls die Ladepresse von Beal verwendet wurde. Diese als «Navy»- bzw. Marineausführung (obwohl die wenigsten davon bei der Marine verwendet wurden) bezeichnete Waffe verschoß eine kleinkalibrigere Kugel im Kaliber .36 (9,1 mm) und war bald sowohl im zivilen als auch im militärischen Bereich beliebter als das Modell im Kaliber .44. Der 190 mm (7,5 Zoll) lange achteckige Lauf war in den geschlossenen Rahmen eingeschraubt. Unter dem Lauf war die Gelenkladepresse angebracht, ein davor angebrachter Steg sorgte dafür, daß sich die Waffe leicht ins Holster einführen ließ. Der große Abzugsbügel war aus Messing, und die Waffe hatte im Gegensatz zu den Colt-Revolvern keinerlei Gravuren. Das Korn war lediglich ein kleiner eingesetzter Messingkegel, und die Kimme bestand aus einer in die Rahmenbrücke eingeschnittenen Nut. Das Double-Action-Schloß hatte einen relativ langsamen Schloßgang, trotzdem schoß die Waffe sehr präzise.

Remington Army 5
USA
Länge: 349 mm
Gewicht: 1'250 g
Kaliber: .44 (11,2 mm)
Kapazität: 6
V_0: 213 m/s

Remington entwickelte schließlich eine eigene Ladepresse von überragender Qualität, die zuerst am Revolvermodell «Improved Army Model» von 1863 verwendet wurde. Auch diese Waffe hatte den für Remington typischen stabilen einteiligen Rahmen mit eingeschraubtem Lauf. Ein kurzer Steg unter der Ladepresse verhinderte, daß sich die Waffe beim Einschieben in ein Holster verfing. Der relativ kleine Abzugsbügel aus Messing war an den Rahmen geschraubt. Die Trommel war glatt, und im Gegensatz zu Colt wurden nur wenige Remington-Waffen graviert. Das Schloß war ein Single-Action-Schloß in einfacher Bauweise, die ganze Waffe war unkompliziert und zuverlässig. Waffen in der Art des hier abgebildeten Revolvers sowie in der leichteren Navy-Ausführung im Kaliber .36 wurden während des Bürgerkrieges und danach zu Hunderttausenden verwendet.
Remington wurde schließlich auf dem zivilen und militärischen Revolvermarkt der Hauptkonkurrent von Colt.

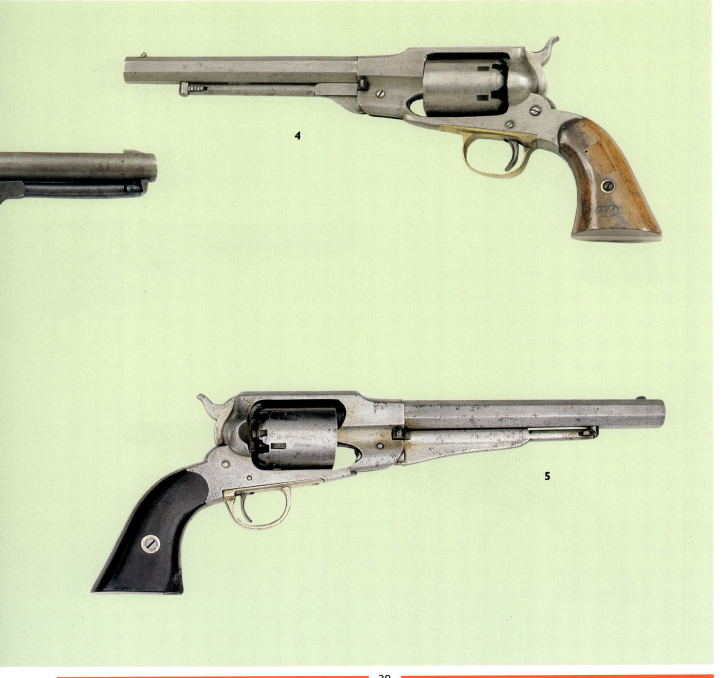

39

MILITÄRISCHE HANDWAFFEN

Starr Single Action 1
USA
Länge: 343 mm
Gewicht: 1'360 g
Kaliber: .44 (11,2 mm)
Kapazität: 6
V_0: 213 m/s

Im Jahre 1856 begann Ebenezer Starr mit seiner von ihm gegründeten Firma Starr Arms Company in New York mit der Herstellung eines Revolvermodells, für das ihm ein Patent erteilt worden war. Die abgebildete Waffe ist das schwere Armeemodell im Kaliber .44 mit einem 203 mm (8 Zoll) langen Lauf. Im Gegensatz zu den Colt-Revolvern verwendete Starr einen geschlossenen Rahmen mit oberer Brücke, der dadurch sehr kräftig war. Trommel und Trommelachse waren aus einem Stück gearbeitet, dadurch konnte es keine Hemmungen durch Pulverablagerungen zwischen Trommel und Achse geben. Nach dem Lösen der Schraube hinter der Trommel konnte die Laufgruppe nach vorn abgekippt und die Waffe einfach gereinigt und gewartet werden. Der Revolver hatte ein Single-Action-Schloß, in Ruhestellung konnte der Hahn zwischen zwei Pistons auf die Trommel gesetzt werden, so daß sich bei einem Hinfallen der Waffe kein Schuß lösen konnte. Der Starr-Revolver wurde im Bürgerkrieg von beiden Seiten eingesetzt.

Starr Double Action 2
USA
Länge: 292 mm
Gewicht: 1'440 g
Kaliber: .44 (11,2 mm)
Kapazität: 6
V_0: 213 m/s

Das Starr ursprünglich erteilte Patent lautete auf einen Double-Action-Revolver (der damals noch «selbstspannend» hieß) in den Kalibern .36 und .44. Die Waffen konnten sowohl durch langsames Durchziehen des Abzuges vorgespannt und dann mit einfacher Abzugsbewegung abgefeuert werden, im Notfall konnte aber auch mit Spannabzug sofort geschossen werden.

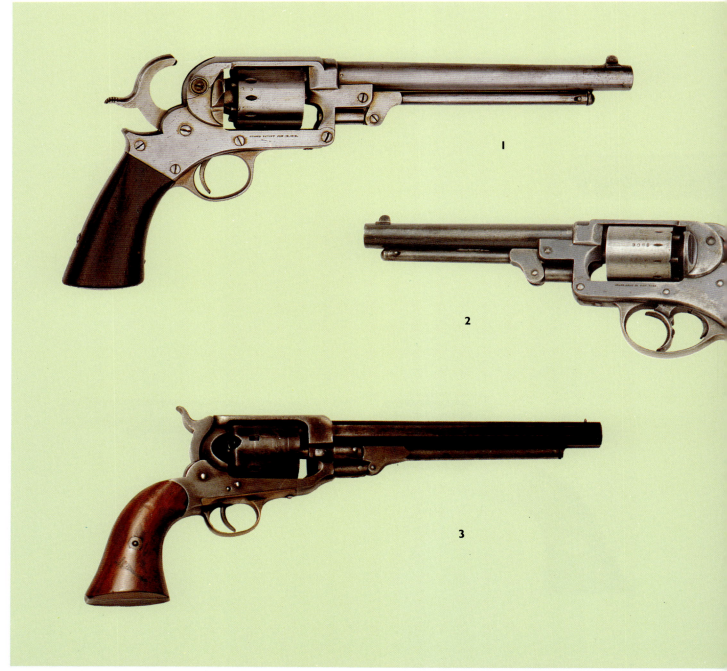

FRÜHE REVOLVER

Whitney Navy 3
USA
Länge: 333 mm
Gewicht: 1'160 g
Kaliber: .36 (11,2 mm)
Kapazität: 6
V_0: 213 m/s

Eli Whitney erhielt ein Patent für einen Revolver im Kaliber .36, der sehr wirksam und deswegen beliebt war und im Bürgerkrieg häufig eingesetzt wurde. Er war gut verarbeitet und robust, der Rahmen geschlossen und zusammen mit dem Lauf aus einem Stück gearbeitet. Der achteckige Lauf war 193 mm (7,6 Zoll) lang. Das Single-Action-Schloß war einfach und zuverlässig.

Spiller & Burr 4
USA
Länge: 333 mm
Gewicht: –
Kaliber: .36 (11,2 mm)
Kapazität: 6
V_0: 213 m/s

Wie die meisten erfolgreichen Konstruktionen wurde auch der Navy-Revolver von Whitney häufig kopiert, in diesem Fall von den in Georgia ansässigen Büchsenmachern Spiller und Burr. Es wurden während des Bürgerkrieges einige hundert davon für die Konföderierten hergestellt, die alle einen einfach gearbeiteten Messingrahmen und einen separaten achteckigen Lauf hatten.

Cofer 5
USA
Länge: 333 mm
Gewicht: –
Kaliber: .36 (11,2 mm)
Kapazität: 6
V_0: 213 m/s

Thomas Cofer aus Virginia baute ein paar hundert Kopien des Whitney-Revolvers mit Messingrahmen. Allerdings hat er den Abzugsmechanismus zu der hier abgebildeten Form vereinfacht. Ursprünglich sollte die Waffe die patentierte Munition von Cofer verschießen, die meisten der Revolver dürften aber für konventionelle Patronen eingerichtet gewesen sein.

41

MILITÄRISCHE HANDWAFFEN

Adams Dragoon 1
Großbritannien
Länge: 330 mm
Gewicht: 1'270 g
Kaliber: .49 (12,4 mm)
Kapazität: 5
V_0: 213 m/s

Im Jahre 1851 versuchte Samuel Colt, die Marktchancen seiner Waffen zu verbessern, indem er als Aussteller an der Weltausstellung in London teilnahm. Er hatte aber Pech, denn in Großbritannien gab es einen begabten Konstrukteur namens Adams, der auch dort ausstellte. Die erste von ihm gefertigte Waffe war ein langläufiger Double-Action-Revolver, der manchmal auch als Dragoon-Modell bezeichnet wurde. Im Gegensatz zu Colt verwendete Adams einen einteiligen geschmiedeten Rahmen, der überaus kräftig war. Auch die aus der Waffe verschossene Kugel im Kaliber .49 (12,4 mm) hatte eine enorme Aufhaltekraft. Britische Offiziere, die in abgelegenen Winkeln der Welt Dienst taten, sahen sich oft wild entschlossenen und körperlich weit überlegenen Gegnern gegenüber. Für diese Einsätze zogen sie das große Kaliber und die hohe Feuergeschwindigkeit dieser Double-Action-Waffe dem genauer schießenden, aber durch sein Single-Action-System langsameren Colt vor.

Adams 2
Großbritannien
Länge: 292 mm
Gewicht: 850 g
Kaliber: .44 (11,2 mm)
Kapazität: 5
V_0: 168 m/s

Für Fußtruppen war der Dragoon zu klobig und zu unhandlich, darum produzierte Adams eine kleinere Version dieser Waffe. Dieser überaus solide gebaute Revolver wurde bald zur bevorzugten Seitenwaffe der britischen Offiziere, die seine Zuverlässigkeit beim Einsatz in Gegenden, in denen weder Büchsenmacher noch Ersatzteile zu finden waren, sehr wohl zu schätzen wußten.

Beaumont-Adams 3
Großbritannien
Länge: 298 mm
Gewicht: 1'080 mm
Kaliber: .44 (11,2 mm)
Kapazität: 5
V_0: 168 m/s

Gegen Ende der 50er Jahre des letzten Jahrhunderts wurde der Adams-Revolver durch den Einbau eines von Leutnant F. Beaumont konstruierten Double-Action-Schlosses verbessert. Jetzt konnte der Hahn von Hand vorgespannt und dadurch genauer geschossen werden. Im Notfall konnte aber immer noch mit Spannabzug sehr schnell geschossen werden.

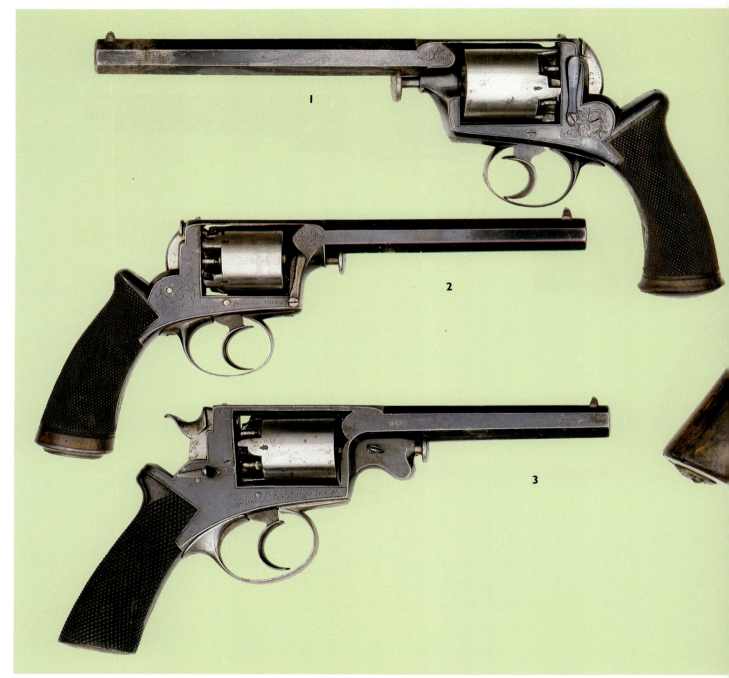

FRÜHE REVOLVER

Beaumont-Adams   4
Großbritannien
Länge: 330 mm
Gewicht: 1'330 g
Kaliber: .49 (12,4 mm)
Kapazität: 5
V_0: 229 m/s

Damit sie weiterhin erfolgreich gegen Colt konkurrieren konnte, wurde die Waffenkonstruktion von Adams weiterentwickelt. Sie erhielt das von Beaumont konstruierte Schloß und eine Gelenkladepresse, deren Handgriff neben dem Lauf angebracht war. Durch diese Presse konnten die Kugeln viel kräftiger und enger eingepreßt werden, wodurch Reichweite und Leistung der Geschosse verbessert wurden. Außerdem wurde so verhindert, daß ein Geschoß aus seiner Kammer wieder herausrutschen konnte.
Trotz aller dieser Eigenschaften zeigte der Adams bei Weitschüssen keine sonderlich gute Leistungen, was aber die Benutzer der Waffe nicht als großen Nachteil ansahen. Ein Offizier benutzte seine Seitenwaffe meist dann, wenn die Situation ernst und der Feind nah war. Dann aber zählten hauptsächlich Aufhaltekraft und Feuergeschwindigkeit.
Und im extremen Notfall konnte der Adams immer noch gut als Keule verwendet werden.

Adams-Kopie   5
Belgien
Länge: 298 mm
Gewicht: –
Kaliber: .36 (9,1 mm)
Kapazität: 6
V_0: 152 m/s

Nicht nur in Amerika wurden erfolgreiche Waffenkonstruktionen nachgebaut, das gab es genausogut auch in Europa.
Der unten abgebildete Revolver ist eine belgische Raubkopie des Double-Action-Revolvers von Adams, allerdings hat die belgische Waffe einen offenen Rahmen der Bauart Colt mit einem an der Trommelachse befestigten Lauf.

Massachusetts Adams   6
USA
Länge: 298 mm
Gewicht: –
Kaliber: .36 (9,1 mm)
Kapazität: 6
V_0: 152 m/s

Bei der Firma Massachusetts Arms wurden während des Bürgerkrieges einige hundert Beaumont-Adams-Revolver in Lizenz hergestellt.
Die meisten dieser Revolver verschossen im Gegensatz zum Original Kugeln im Kaliber .36, es wurden aber auch einige Exemplare im Kaliber .31 gefertigt. Alle Waffen wurden mit Gelenkkugelpresse geliefert.

MILITÄRISCHE HANDWAFFEN

Webley Longspur   1
Großbritannien
Länge: 327 mm
Gewicht: 1'050 g
Kaliber: .44 (11,2 mm)
Kapazität: 5
V_0: 213 m/s

Anfang des 19. Jahrhunderts begannen Mitglieder der Familie Webley mit der Waffenherstellung, und schließlich stand dieser Name stellvertretend für britische Dienstrevolver. Die hier gezeigte Waffe gehört zu den ganz frühen Konstruktionen, für die bereits 1853 Patentschutz erteilt wurde. Der Rahmen war aus Stahl, der 178 mm (7 Zoll) lange Lauf war über Trommelachse und untere Rahmenbrücke mit dem Rahmen verbunden. Eine obere Rahmenbrücke war nicht vorhanden, so daß die ganze Konstruktion nicht so solide wie die Adams-Waffen war. Es war eine Single-Action-Waffe, die durch ihren langen Hahnsporn ihren allgemein bekannten Namen bekam. Wie die meisten britischen Revolver aus dieser Zeit verschoß auch diese Waffe eine überaus wirksame Kugel im Kaliber .44 (11,2 mm), allerdings hatte die Trommel nur fünf Kammern. Neben dem Lauf lag die Kugelpresse. Der Lauf war am Rahmen durch eine Flügelmutter befestigt und ließ sich zum Reinigen leicht abnehmen.

Kopie des Longspur   2
ev. Belgien
Länge: 311 mm
Gewicht: 1'080 g
Kaliber: .42 (10,7 mm)
Kapazität: 6
V_0: 152 m/s

Diese Waffe unbekannter Herkunft basierte auf dem Webley-Modell mit langem Hahnsporn. Vielleicht stammt sie aus einer der zahllosen kleinen Werkstätten, die zu dieser Zeit in Belgien arbeiteten. Der Rahmen entsprach dem Webley, auch hier fehlte die obere Brücke, und der Lauf war über Trommelachse und untere Brücke am Rahmen befestigt. Die kleine, pilzförmige Schraube unter dem Lauf diente zum Lösen des Laufes für die Reinigung. Der Griff der von Adams kopierten Gelenkladepresse lag neben dem Lauf.
Die sechsschüssige Trommel war glatt und hatte auch keine Aussparungen für eine Transportklinke, sie wurde lediglich durch die runde Hahnnase in Position gehalten. Die Waffe hatte ein Double-Action-Schloß. Durch den am Abzugsbügel angebrachten Sporn sollte sich der Revolver besser greifen lassen. Diese Waffe war ein robuster und gut verarbeiteter Dienstrevolver.

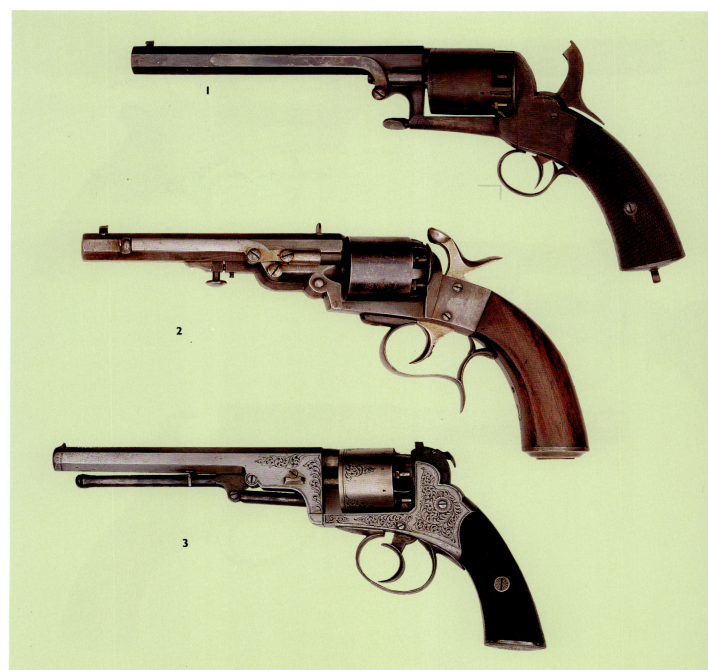

FRÜHE REVOLVER

Bentley 3
Großbritannien
Länge: 305 mm
Gewicht: 940 g
Kaliber: .44 (11,2 mm)
Kapazität: 5
V_0: 183 m/s

Joseph Bentley arbeitete eng mit Webley zusammen, und daher gab es in den Arbeiten beider Konstrukteure viele Gemeinsamkeiten.
Das Bentley-Modell 1858 hatte einen Rahmen aus Stahl, bei dem der Lauf nach der bei Colt üblichen Methode angebracht war. Die Waffe hatte ein Double-Action-Schloß und eine Hahnsicherung.

LeMat 1. Ausführung 4
USA
Länge: 337 mm
Gewicht: 1'640 g
Kaliber: .30 (7,62 mm)
Kapazität: 9/1
V_0: 183 m/s

Jean LeMat war ein in New Orleans lebender französischer Doktor, der für diese ungewöhnliche Revolverkonstruktion im Jahre 1856 ein Patent erhielt. Es war eine massive und solide gebaute Waffe mit einer neunschüssigen Trommel und einem 178 mm (7 Zoll) langen Kugellauf. Das einzigartige Merkmal der LeMat-Waffen war der unter dem Kugellauf angebrachte glatte Lauf im Kaliber .67 (16,5 mm), der üblicherweise mit Postenschrot geladen wurde. Der Hahnkopf konnte gedreht werden, so daß entweder das Zündhütchen am Schrotlauf oder an der Trommel gezündet wurde.
Das Single-Action-Schloß konnte einfach aus der Waffe herausgenommen werden, indem die Schloßplatte vor dem Abzug abgenommen wurde.
Die hier gezeigte Version des LeMat-Revolvers, erste Ausführung, hat einen Abzugsbügel mit spornartiger Verlängerung und einem Ring am Griff zum Anbringen einer Fangschnur. Unter dem Lauf befindet sich eine Gelenkkugelpresse.

LeMat 2. Ausführung 5
USA
Länge: 337 mm
Gewicht: 1'640 g
Kaliber: .30 (7,62 mm)
Kapazität: 9/1
V_0: 183 m/s

Von den LeMat-Revolvern wurden viele Varianten gebaut, aber die Grundkonstruktion war immer gleich. Die Abbildung zeigt einige der Besonderheiten eines Untermodells: Die Ladepresse ist an der linken Waffenseite montiert, der Lauf ist achtkantig, der Abzugsbügel hat eine einfache, gerundete Form. Während des Bürgerkrieges wurden LeMat gern von konföderierten Offizieren verwendet.

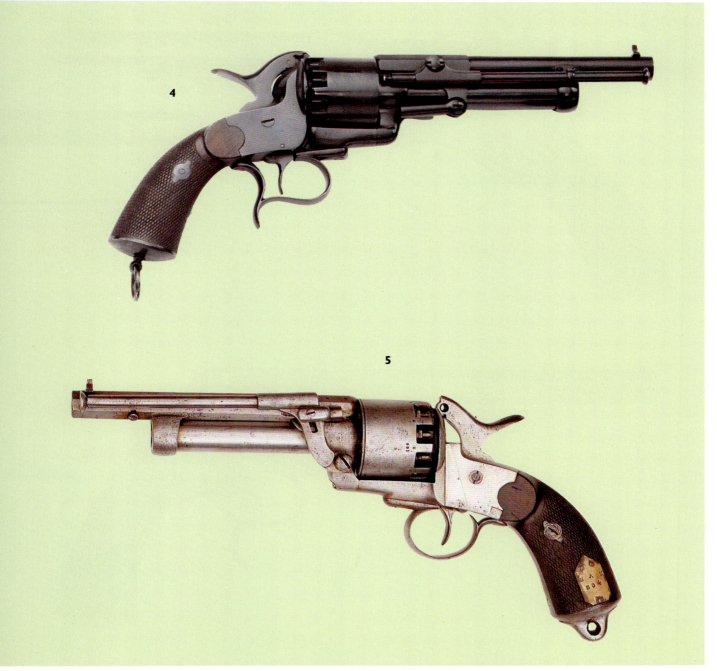

MILITÄRISCHE HANDWAFFEN

Deane-Harding 1
Großbritannien
Länge: 305 mm
Gewicht: 1'160 g
Kaliber: .44 (11,2 mm)
Kapazität: 5
V_0: 168 m/s

Deane war früher Geschäftspartner von Robert Adams gewesen, machte sich aber 1858 selbständig und begann mit der Herstellung dieses Revolvers, für den William Harding das Patent besaß. Der Double-Action-Revolver wurde als Konkurrenzmodell zum Beaumont-Adams entwickelt und verschoß die gleiche Patrone im Kaliber .44, allerdings war der Lauf nur 133 mm (5,25 Zoll) lang. Statt des einteiligen Adams-Rahmens wählte Deane eine zweiteilige Konstruktion, bei der Lauf und obere Brücke aus einem Stück gefertigt waren, dieses Bauteil war mit dem Rahmen vor dem Hahn und unter dem Lauf verbunden. Der Lauf kann zum Reinigen und zum Herausnehmen der Trommel nach vorn gekippt werden. Die Gelenkladepresse befindet sich unter dem Lauf, das Vorderteil wird zum Einpressen der Kugel nach unten geschwenkt. Da man Zweifel an der Zuverlässigkeit dieser Waffe hatte, wurde der Deane-Harding nie besonders häufig verkauft, er stand immer im Schatten des Adams-Revolvers.

Tranter 1. Modell 2
Großbritannien
Länge: 292 mm
Gewicht: 880 g
Kaliber: .44 (11,2 mm)
Kapazität: 5
V_0: 168 m/s

William Tranter, ein in Birmingham wohlbekannter Büchsenmacher, konstruierte diesen Double-Action-Revolver. Bei den frühen Revolvern mit Spannabzug mußte der Abzug sehr kräftig durchgezogen werden, und darunter litt natürlich die Präzision. Tranter fand in der Form des hier abgebildeten Revolvers eine Lösung für das Problem. Wenn der untere der beiden Abzüge gezogen wird, dann wird der Hahn gespannt. Danach reichte die Betätigung des oberen Abzuges mit wenig Widerstand, um den Schuß zu lösen. Im Notfall konnte der Schütze sogar beide Abzüge zugleich durchziehen und somit sehr schnell schießen. Der solide einteilige Rahmen stammte von Adams und wurde in Lizenz gebaut, er machte den Revolver zu einer robusten und zuverlässigen Waffe. Einziger Nachteil der Waffe im militärischen Gebrauch war der separate Ausstoßerstift, der in der Hitze eines Gefechtes sehr leicht verlorengehen konnte.

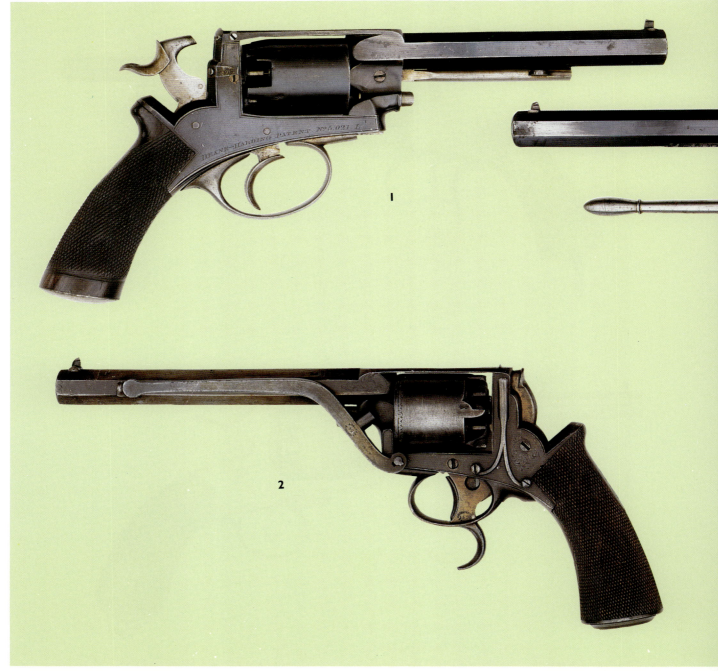

FRÜHE REVOLVER

Tranter 2. Modell 3
Großbritannien
Länge: 292 mm
Gewicht: 820 g
Kaliber: .44 (11,2 mm)
Kapazität: 5
V_0: 186 m/s

Die abgebildete Waffe war eine verbesserte Version des von Tranter entwickelten Revolvers. Zwar war der Ausstoßer immer noch ein von der Waffe getrenntes Bauteil, er konnte aber in einer Halterung ständig an der Waffe belassen werden. Außerdem hatte die Waffe eine eingebaute Sicherung, die verhinderte, daß der Hahn bei nicht vollständig durchgezogenem Abzug fallen konnte.

Tranter 3. Modell 4
Großbritannien
Länge: 298 mm
Gewicht: 1'020 g
Kaliber: .44 (11,2 mm)
Kapazität: 5
V_0: 168 m/s

Im militärischen Bereich wurde oft bemängelt, daß der separate Ladestock des Tranter-Revolvers ein Nachteil sei, darum fertigte Tranter die hier abgebildete Waffe mit fest angebrachter Ladepresse.
Diese Presse erwies sich als schnell und zuverlässig, deswegen wurden Tranters Waffen bald bevorzugt von britischen Armeeoffizieren gekauft.

Westley-Richards 5
Großbritannien
Länge: 311 mm
Gewicht: 1'100 g
Kaliber: .49 (12,4 mm)
Kapazität: 5
V_0: 168 m/s

Die hier abgebildete Waffe ist relativ selten, sie wurde von einem seinerzeit sehr bekannten britischen Büchsenmacher gefertigt. Der Rahmen hatte keine untere Brücke, während Lauf und obere Brücke aus einem Stück gefertigt waren. Am Ende der Brücke war ein Haken, der in den Rahmen einrastete, zusätzlich wurde die Trommelachse unter dem Lauf arretiert.

Die Waffe hatte ein Double-Action-Schloß und einen seitlich versetzten Hahn ohne Sporn. Die Pistons waren dem Hahn entsprechend in einem bestimmten Winkel angebracht. Links am Lauf befand sich eine Kugelpresse, die ebenfalls von ungewöhnlicher Konstruktion war. Der Revolver war zwar sehr gut verarbeitet, aufgrund seiner Empfindlichkeit war er aber für den Militärdienst nicht geeignet. Wegen seines unkonventionellen Aussehens fand er auch sonst recht wenige Käufer.

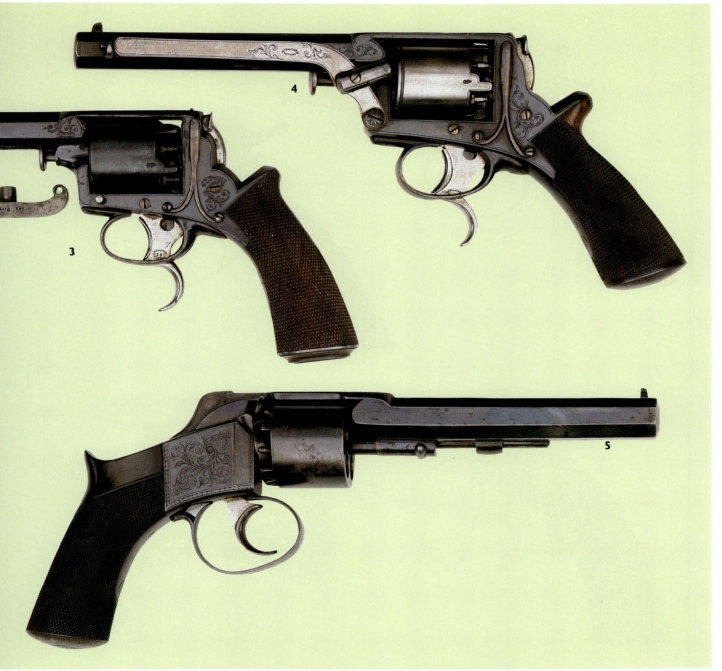

MILITÄRISCHE HANDWAFFEN

Webley Double Action 1
Großbritannien
Länge: 292 mm
Gewicht: 1'050 g
Kaliber: .44 (11,2 mm)
Kapazität: 5
V₀: 168 m/s

Nach dem Modell mit dem langen Hahnsporn produzierte Webley eine Serie von Double-Action-Revolvern für den Dienstgebrauch. Die hier abgebildete Waffe hat einen achteckigen Lauf, der zusammen mit der oberen Rahmenbrücke aus einem Stück gefertigt ist. Dieses Bauteil ist mit dem Rahmen an drei Punkten fest verbunden, und zwar über die Trommelachse, oberhalb des Hahnes und an der unteren Rahmenbrücke. Wie bei den meisten britischen Dienstrevolvern hatte auch diese Trommel nur fünf großkalibrige Kammern, es war ein Kompromiß zwischen Feuerkraft und Waffengröße. Der Revolver hat ein Double-Action-Schloß ohne Sicherung, allerdings kann der Hahn halb gespannt werden. Die Ladepresse der Bauart Colt ist unter dem Lauf angebracht. Webley fertigte einen ähnlichen Revolver mit einteiligem Rahmen, in den der Lauf nach Art des Remington eingeschraubt war.

Kerr 2
Großbritannien
Länge: 279 mm
Gewicht: 1'190 g
Kaliber: .44 (11,2 mm)
Kapazität: 5
V₀: 168 m/s

James Kerr war der Erfinder der an vielen Adams-Revolvern verwendeten Ladepresse. Ab 1858 begann er mit der Herstellung von Single-Action-Revolvern nach eigenen Entwürfen. Die von Adams erfundene Konstruktion des einteiligen Rahmens stand unter Patentschutz, darum verwendete Kerr einen aus einem Stück gearbeiteten Lauf mit Oberbrücke, der mit zwei Schrauben am Rahmen verschraubt wurde. Kerr war der Meinung, daß ein Dienstrevolver sehr oft in abgelegenen Gegenden verwendet wurde, wo ein Büchsenmacher nur schwer zu finden war. Darum montierte er den kompletten Schloßmechanismus auf eine von der Waffe abnehmbare Stahlplatte. Einfache Bauteile, wie zum Beispiel eine gebrochene Schlagfeder, konnten so auch von weniger mit Waffen vetrauten Handwerkern wie dem Dorfschmied ausgewechselt werden. Nach diesem Konzept gebaute Waffen fanden bei den britischen Streitkräften und in den Kolonien weite Verbreitung und wurden vereinzelt auch im amerikanischen Bürgerkrieg verwendet.

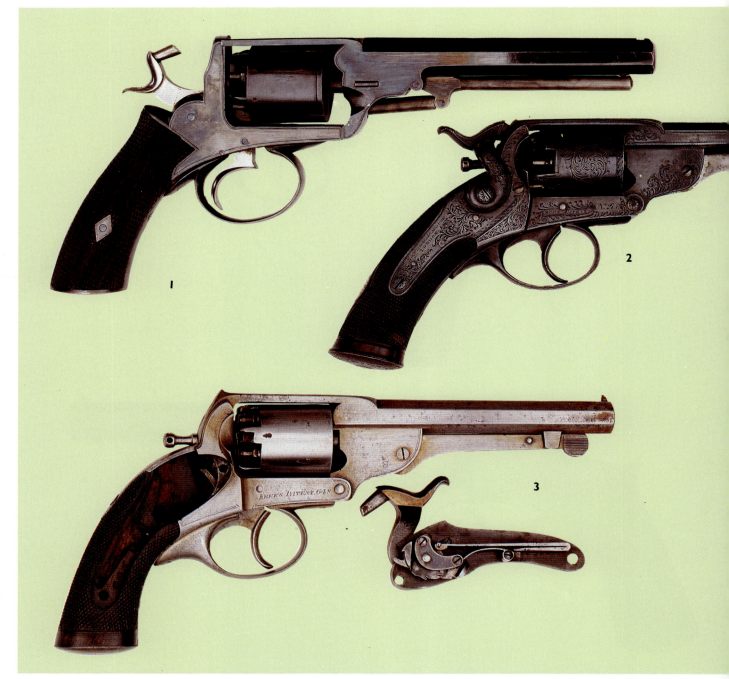

FRÜHE REVOLVER

Kerr späte Ausführung 3
Großbritannien
Länge: 269 mm
Gewicht: 960 g
Kaliber: .44 (11,2 mm)
Kapazität: 5
V_0: 168 m/s

Dieser weniger reich verzierte Kerr-Revolver weicht in einigen technischen Einzelheiten von der Grundkonstruktion ab. Auf der hier abgebildeten Waffe wurde die Schloßplatte abgenommen, um den Mechanismus zu zeigen. Die Ladepresse unter dem Lauf ist eine Variante der von Kerr patentierten Entwicklung, hinter der Trommel ist die aus dem Rahmen herausragende Trommelachse zu sehen.

Daw 4
Großbritannien
Länge: 267 mm
Gewicht: 740 g
Kaliber: .38 (9,6 mm)
Kapazität: 5
V_0: 168 m/s

Bei diesem Revolver wurde eine spezielle Schloßkonstruktion mit sogenannter Verzögerung verwendet. Durch langsame Betätigung des Abzuges konnte der Hahn gespannt werden, ohne daß sich ein Schuß löste. Erst ein weiteres Durchziehen löste dann den Schuß. In den anderen Details entsprach die Waffe mit offenem Rahmen der Colt-Konstruktion.

Revolver für zwei Systeme 5
Großbritannien
Länge: 274 mm
Gewicht: 940 g
Kaliber: .44 (11,2 mm)
Kapazität: 5
V_0: 168 m/s

Erst gegen 1863 fanden Revolver für Patronenmunition in Großbritannien weitere Verbreitung, der Perkussionsrevolver hielt sich aber auch danach noch für viele weitere Jahre.
Dieser Revolver von Webley ist typisch für die in der Übergangszeit entstandenen Waffen, denn er kann sowohl zum Verschießen von Patronenmunition als auch als Perkussionswaffe benutzt werden. Dazu wurde er mit zwei verschiedenen Trommeln ausgeliefert.
Die hier gezeigte Waffe ist mit der Perkussionstrommel abgebildet, die Patronentrommel ist nicht mehr vorhanden, auch die für eine Perkussionswaffe notwendige Kugelpresse befindet sich am Lauf. Für das Laden der Metallpatronen war eine Ladeklappe angebracht.
Der Revolver trägt zwar das Namenszeichen von Webley, es ist aber durchaus möglich, daß er andernorts entstanden ist.
Die Metallpatrone gewann sehr schnell an Boden, und deswegen waren solche Zweisystemrevolver schon bald überholt.

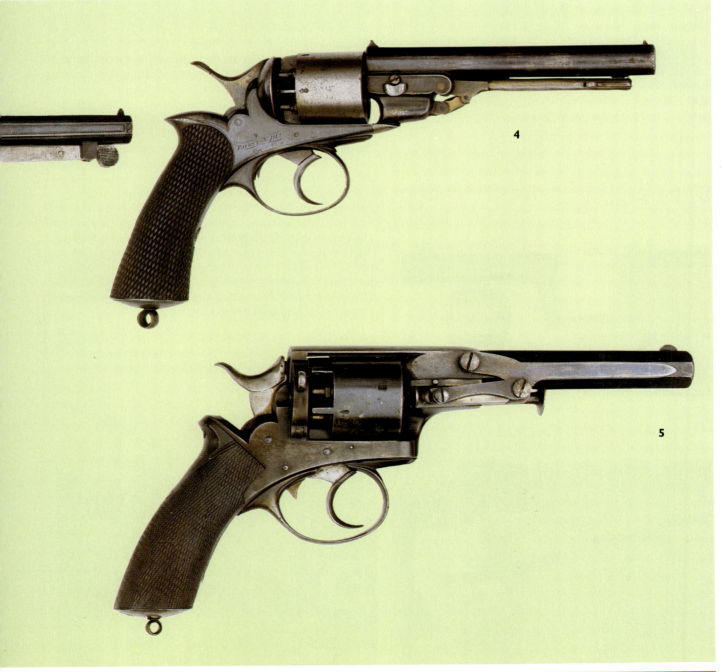

MILITÄRISCHE HANDWAFFEN

MODERNE REVOLVER

Anfang des 19. Jahrhunderts erhielt der französische Büchsenmacher Bernard Houllier ein Patent für eine Patrone, die aus einem Metallzylinder mit geschlossenem Boden bestand. Die Hülse enthielt das Pulver, das Geschoß war vorn in die Hülse eingesetzt. Innerhalb der Hülse befand sich ein Perkussionszündhütchen, auf das ein seitlich etwas aus der Hülse ragender Metallstift aufgesetzt war. Die speziell dafür konstruierte Waffe hatte oben am Verschluß eine entsprechende Öffnung, durch die der Stift ragen konnte. Der Hahn schlug auf den Stift, der Stift traf auf das Zündhütchen, und die Patrone zündete. Danach wurde der Waffenverschluß geöffnet und die leere Hülse entfernt.

Die Stiftfeuerpatrone von Houllier war sofort ein großer Erfolg. In den folgenden Jahren wurden zahllose Pistolen, Revolver und Flinten für dieses System gebaut, die Munition dafür wurde in einigen Ländern sogar bis ungefähr 1940 produziert. Sie war aber nicht überall beliebt, denn für hohen Gasdruck war sie nicht geeignet und konnte daher auch nicht in Büchsen verwendet werden. Außerdem war die Munition wegen der herausstehenden, empfindlichen Zündstifte nicht ganz ungefährlich, es konnte durchaus zu Unfällen damit kommen. Trotz allem fand das Stiftfeuersystem bald weite Verbreitung.

Houllier ließ sich aber auch noch für eine zweite Idee ein Patent erteilen: Er nahm ein Zündhütchen, weitete es am Hals etwas auf und setzte eine kleine Rundkugel darauf. Die so entstandene Patrone war allerdings für militärische Zwecke nicht geeignet, und darum verlor Houllier das Interesse an seiner Erfindung. Ein anderer französischer Büchsenmacher dagegen, der Louis Flobert hieß, verbesserte die Entwicklung und schuf eine ganze Reihe von sogenannten Salongewehren für diese Munition, die sehr beliebt waren. Es folgten noch weitere Verbesserungen, und schließlich wurde aus dem Zündhütchen mit aufgesetzter Kugel von Flobert die Randfeuerpatrone. Die hieß deswegen so, weil die Zündmasse in den hohlen Patronenrand eingegossen war. Beim Laden dieser Patrone lag der Rand am Ende des Patronenlagers an, der Hahn erhielt eine meißelartige Spitze, mit der er auf den Rand schlagen und ihn eindrücken konnte, dadurch zündete die Patrone.

Die Randfeuerpatrone fand schon sehr bald den Weg über den Atlantik, wo zwei Büchsenmacher die Idee aufgriffen. Das waren Horace Smith und Daniel Wesson. Beide hatten ganz konkrete Vorstellungen vom Bau eines Revolvers, mußten aber damit warten, bis die Patente von Colt ausgelaufen waren. Danach brachten sie einen kleinen Revolver heraus, der eine Randfeuerpatrone im Kaliber .22 verschoß und der sich gut verkaufen ließ. Da die Kundschaft aber eine leistungsfähigere Patrone forderte, entwickelten sie größere Randfeuerpatronen und die entsprechenden Revolver dafür. Smith und Wesson waren übrigens auf dem Gebiet der Patente nicht weniger gerissen als Colt. Während sie darauf warteten, daß die Patente von Colt ausliefen, hatten sie die bereits erteilten Patente gesichtet und waren dabei auf eine geschützte Entwicklung gestoßen, die ihnen in ihrer weiteren geschäftlichen Entwicklung eventuell große Schwierigkeiten hätte bereiten können. Darum wandten sie sich an den Patentinhaber und kauften ihm die Rechte an der Erfindung für eine beträchtliche Summe ab.

Unten: Beim Zündnadelsystem stieß eine lange Nadel durch die Patrone und zündete die Ladung.

Ganz unten: Mit Stiftfeuerrevolvern bewaffnete französische Matrosen.

Unten: Ein britischer Offizier verteidigt sich beim Nahkampf im Sudan. Für diese Situationen waren die britischen Revolver konzipiert, bei ihnen waren Spannabzug und großkalibriges, schweres Geschoß kombiniert.

MODERNE REVOLVER

Es ist heute kaum noch vorstellbar, daß sich dieses Patent auf etwas inzwischen so Selbstverständliches wie das völlige Durchbohren der Kammern in der Trommel eines Revolvers bezog. Jetzt hatten zur Abwechslung Smith und Wesson bis 1869 eine Monopolstellung auf dem amerikanischen Revolvermarkt, zumindest was Patronenrevolver betraf.

Der Nachteil der Randfeuerpatrone war (und ist es auch heute noch) das relativ weiche und dünne Metall am Patronenrand, denn es mußte sich ja vom Zündhütchen eindrücken lassen. Daher hielt die Hülse keinen hohen Gasdruck aus, und es gab deswegen auch keine Randfeuerpatronen für Gewehre, die hohe Leistungen erbrachten. Und so blieb für die Patronenkonstrukteure zu dieser Zeit immer noch genug zu tun.

Am Ende der Entwicklungsreihe stand schließlich der Revolver für Zentralfeuerpatronen. Bei der Zentralfeuerpatrone befindet sich das Zündhütchen im Patronenboden, deswegen kann die Hülse so stark wie erforderlich gemacht werden. Im Gegensatz zur Stiftfeuerpatrone oder zur Randfeuermunition ist heute nicht mehr festzustellen, wer die Zentralfeuerpatrone erfunden hat. Sie war wohl eher die Summe einer Reihe von Einzelerfindungen, die im Laufe der Zeit zusammengefügt wurden.

Nachdem die ersten Revolver für Zentralfeuerpatronen gebaut worden waren, tauchten sofort zwei Probleme auf, nämlich das Laden und das Entladen. Bei den frühesten Modellen übernahm man einfach das von den Perkussionsrevolvern übliche System, indem man die Trommel aus der Waffe herausnahm und gegen eine geladene austauschte. Das etwas mühsame Herausstoßen der leeren Hülsen und das Laden der neuen Patronen konnten dann bei der nächstbesten Gelegenheit erledigt werden. Danach tauchte die Ladeklappe auf, das war eine hinter der Trommel auf einer Achse abklappbar angebrachte Klappe, durch die man, wenn sie geöffnet war, an die jeweils gerade abgefeuerte Kammer gelangen konnte. Eine unter dem Lauf angebrachte Ausstoßerstange konnte nach hinten gedrückt und damit die Hülse ausgestoßen werden, dann konnte eine neue Patrone durch die Ladeklappe eingeführt werden. Die neue Lademethode war zwar sehr wirksam, aber langsam. Wer schlau war, führte also zu dieser Zeit immer noch eine geladene Reservetrommel zum schnellen Austausch mit sich.

Unten: Ein amerikanischer Soldat im Zweiten Weltkrieg lädt hier seinen Smith-&-Wesson-Revolver. Dieser große Kipplaufrevolver stand immer im Schatten der Colt-Pistole M 1911.

Um den Ladevorgang zu beschleunigen, wurde eine ganze Reihe von Methoden erprobt, so unter anderem der automatische oder kollektive Hülsenauswurf. Die meisten dieser Konstruktionen waren untauglich oder konnten sich aufgrund ihrer Kompliziertheit nicht halten, so daß schließlich nur zwei wirklich tauglich Systeme übrigblieben: der Kipplaufrevolver und die seitlich an einem Kran ausschwenkbare Trommel.

Schon der Name Kipplaufrevolver weist darauf hin, daß die Waffe keinen geschlossenen, sondern einen zweiteiligen Rahmen hat, das Scharnier befindet sich vor der Trommel. Beim Abkippen drückt ein Nocken eine sternförmige Platte aus der Mitte der Trommel heraus, diese greift unter die Ränder der Hülsen und drückt sie soweit aus den Kammern heraus, daß sie ganz herausfallen. Die meisten Auswerfer sind so gearbeitet, daß der Hub gerade etwas länger als eine Hülse ist und somit nur leere Hülsen ausgeworfen werden können, die längeren scharfen Patronen bleiben dagegen beim Öffnen der Waffe in den Kammern.

Ein anderer Waffentyp ist der Revolver mit geschlossenem Rahmen. Die Pioniere auf diesem Gebiet waren Smith und Wesson. Die Trommelachse, die vorn über den Rahmen herausragt, befindet sich hier auf einem aus der Waffe herausschwenkbaren Arm. Die Trommel wird durch einen Schieber am Rahmen arretiert wenn er betätigt wird, schwingt die Trommel aus der Waffe heraus, die Rückseite ist nun voll zugänglich. Durch Einschieben der Trommelachse kann jetzt der sternförmige Ausstoßer betätigt werden, der die Hülsen auswirft.

Unten: Der russische Nagant-Revolver ist ein typischer Vertreter der Revolver mit Ladeklappe.

Ganz unten: Dieser Kipplaufrevolver ist ein britischer Webley Mark I.

MILITÄRISCHE HANDWAFFEN

Stiftfeuerrevolver   **1**
Deutschland
Länge: 279 mm
Gewicht: 760 g
Kaliber: 11 mm
Kapazität: 6
V_0: 183 m/s

Beim Stiftfeuersystem wurde eine Messinghülse verwendet, die Treibmittel und Geschoß enthielt, während sich das Zündmittel in einem separaten Röhrchen oder «Stift» befand, das seitlich aus der Hülse herausragte. In Europa fand dieses System weite Verbreitung, während es in Amerika und auch in Großbritannien nie ein sonderlicher Erfolg wurde. Die hier gezeigte Waffe ist ein schön gravierter Zündnadelrevolver, der in Deutschland um das Jahr 1850 entstanden ist. Die Patronen wurden von hinten durch eine Ladeklappe geladen und mußten so eingesetzt werden, daß die Zündstifte oben durch entsprechende Ausschnitte in der Trommel ragten. Wenn nach dem Spannen des Hahnes der Abzug gezogen wurde, schlug der Hahn auf den Trommelrand, traf den Zündstift und zündete dadurch die Patrone. Die Messinghülse liderte beim Schuß durch den Gasdruck und dichtete damit die Kammer nach hinten ab. Nach dem Schuß ging der Durchmesser der Hülse wieder etwas zurück, so daß sie leicht ausgezogen werden konnte.

Stiftfeuerrevolver   **2**
Deutschland
Länge: 264 mm
Gewicht: 730 g
Kaliber: 9 mm
Kapazität: 6
V_0: 168 m/s

Ein weiterer Revolver aus dem Jahre 1850 aus Deutschland in einer hervorragenden Verarbeitung. Diese Waffe hat einen kräftigen geschlossenen Rahmen. Die Trommel kann zum Laden sehr einfach herausgenommen werden, dazu muß lediglich die Trommelachse zurückgezogen werden.
Dieser Stiftfeuerrevolver hat ein Double-Action-Schloß.

Lefaucheux Stiftfeuerrevolver
Frankreich   **3**
Länge: 213 mm
Gewicht: 560 g
Kaliber: 9 mm
Kapazität: 6
V_0: 183 m/s

Dieser von einem Franzosen entwickelte Stiftfeuerrevolver wurde im Jahre 1854 in Großbritannien patentiert.
Der Lauf wurde nach Art der frühen Colt-Revolver von der Trommelachse gehalten und unten am Rahmen abgestützt. Ein Abzugsbügel war nicht vorhanden, allerdings konnte der Abzug zur Sicherheit nach vorn geklappt werden.

MODERNE REVOLVER

Lefaucheux Stiftfeuerrevolver 4
Frankreich
Länge: 286 mm
Gewicht: 960 g
Kaliber: 11 mm
Kapazität: 6
V_0: 198 m/s

Dieser Revolver wurde 1851 von der französischen Marine übernommen. Die Waffe war von Eugene Lefaucheux konstruiert worden, dessen Vater bei der Entwicklung der Stiftfeuerpatrone eine entscheidende Rolle gespielt hatte.
Es war eine stabile und wirksame Waffe, bei der der schwere Lauf an der Trommelachse befestigt und zusätzlich unten in den Rahmen verschraubt war. In Bezug auf Reichweite, Feuerkraft und Präzision waren die Stiftfeuerwaffen ihren Perkussionsvorgängern weit überlegen, allerdings war das Laden umständlich, weil die Zündstifte genau ausgerichtet werden mußten. Auch das Ausstoßen der leeren Hülsen dauerte lange, sie mußten nacheinander mit dem unter dem Lauf angebrachten Ausstoßer entfernt werden.
Die Zündstifte der Patronen waren empfindlich und brachen leicht ab, daher mußte die Munition mit großer Vorsicht behandelt werden. Die Ablösung kam schon bald in Form der Zentralfeuerpatrone.

Stiftfeuerrevolver 5
Frankreich
Länge: 229 mm
Gewicht: 620 g
Kaliber: 10 mm
Kapazität: 6
V_0: 183 m/s

In Kontinentaleuropa war das Stiftfeuersystem sehr beliebt und wurde auch von vielen kleinen Waffenherstellern in Belgien und Frankreich angewendet. Diese einfache und billige Waffe unbekannter Herkunft macht einen wenig vertrauenerweckenden Eindruck und ist schlecht verarbeitet. Einige Waffen dieser Art wurden im amerikanischen Bürgerkrieg eingesetzt.

Stiftfeuerrevolver 6
Belgien
Länge: 245 mm
Gewicht: 390 g
Kaliber: .43 (11 mm)
Kapazität: 6
V_0: 198 m/s

Auch dieser Stiftfeuerrevolver eines unbekannten Herstellers stammt aus Belgien. Die Verarbeitungsqualität ist besser als bei den vorher besprochenen Waffen. Der Revolver mit Double-Action-Schloß ist ziemlich kräftig ausgeführt, allerdings hat er keinen geschlossenen Rahmen. Vermutlich wurde die Waffe für paramilitärische oder polizeiliche Zwecke verwendet.

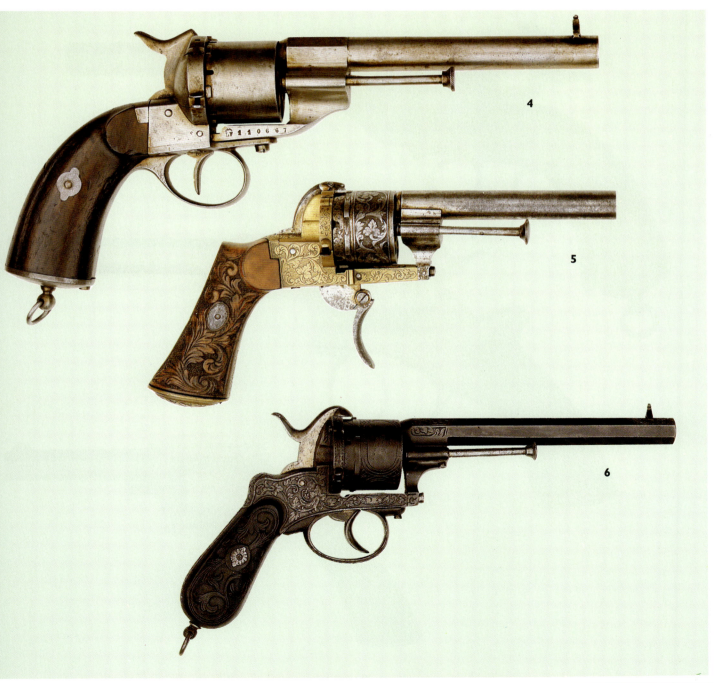

MILITÄRISCHE HANDWAFFEN

Arriaban Stiftfeuer   1
Spanien
Länge: 292 mm
Gewicht: 960 g
Kaliber: 11 mm
Kapazität: 6
V_0: 198 m/s

Nachdem sich die spanische Marine für das Stiftfeuersystem entschieden hatte, fertigte die Firma Arriaban diese Version eines Lefaucheux-Revolvers. Es ist eine gut verarbeitete Waffe, bei der der Lauf an der Trommelachse befestigt und zusätzlich unten in den Rahmen verschraubt ist. Der Hahnsporn ist recht breit und hat zusätzlich eine Riffelung, damit er sich gut greifen läßt.

Tranter Randfeuer   2
Großbritannien
Länge: 305 mm
Gewicht: 1'400 g
Kaliber: .45 (11,4 mm)
Kapazität: 6
V_0: 198 m/s

In Großbritannien fand das Stiftfeuersystem nie eine sonderlich große Verbreitung, die Hersteller bevorzugten die Randpatrone, bei der die Zündmasse in den äußeren Patronenrand eingegossen ist. Die hier abgebildete Waffe von Tranter erschien erstmals 1863 und ist ebenso wie seine früheren Perkussionsrevolver auf dem geschlossenen, einteiligen Rahmen von Adams aufgebaut.

Im Gegensatz zu früheren Tranter-Revolvern hat diese Waffe aber eine sechsschüssige Trommel, früher waren es nur 5 Schuß. Tranter hatte ein Patent für eine Ladepresse mit Scharnier, die sich auch an dieser Waffe befindet, hier wird sie allerdings zum Hülsenausstoßen verwendet. Die Waffe hat ein Double-Action-Schloß, wobei hier der Double-Action-Abzug, den Tranter an seinen Perkussionsrevolvern verwendete, nicht eingebaut ist. Wie alle aus dieser Periode stammenden britischen Dienstrevolver verschießt auch der Tranter eine großkalibrige Patrone mit schwerem Geschoß, das genügend Energie hatte, um den entschlossensten Gegner zu stoppen.

Tranter Pocket   3
Großbritannien
Länge: 203 mm
Gewicht: 540 g
Kaliber: .32 (8,1 mm)
Kapazität: 7
V_0: 168 m/s

Tranter baute auch Taschenrevolver für den Zivilmarkt, die aber meist von Soldaten als Zweitwaffe verwendet wurden. Die hier gezeigte Waffe verschoß eine Randfeuerpatrone, die nur auf kürzeste Entfernungen einigermaßen wirksam war. Die Trommel faßte 7 Patronen, einen Auswerfer hatte die Waffe nicht.

MODERNE REVOLVER

Allen & Wheelock 4
USA
Länge: 203 mm
Gewicht: 430 g
Kaliber: .32 (8,1 mm)
Kapazität: 6
V_0: 152 m/s

Nachdem Smith & Wesson ein Patent für ihre Trommelkonstruktion mit ganz durchbohrten Kammern erhalten hatten, mußten sie einen guten Teil ihrer Zeit damit verbringen, den Schutz ihres Patentes vor Gerichten durchzupauken.
Einer der von ihnen verklagten Hersteller war die Firma Allen & Wheelock, die allerdings diesen Taschenrevolver schon über vier Jahre lang gebaut hatte, ehe sie verklagt wurde. Es ist eine Taschenwaffe für eine Randfeuerpatrone, sie hatte ein Single-Action-Schloß mit seitlich angebrachtem Hahn, verdecktem Abzug und geschlossenem Rahmen. Auf dem Rahmen befinden sich recht schlecht ausgeführte Gravuren.
Die Waffe hat 6 Schuß, die Trommel kann allerdings nur außerhalb der Waffe nachgeladen werden. Dazu müssen die Trommelachse herausgezogen, die Trommel herausgenommen und die Hülsen nacheinander aus den Kammern gestoßen werden. Diese Billigwaffe war militärisch wenig nützlich.

Lagresse 5
Frankreich
Länge: 298 mm
Gewicht: 790 g
Kaliber: 11 mm
Kapazität: 6
V_0: 168 m/s

Diese ungewöhnlich verschnörkelte Waffe entstand ungefähr im Jahre 1866 in Paris.
Sie hatte einen achtkantigen Lauf, der vorn an den Rahmen angeschraubt war, auch die Trommelachse war durch den Rahmen geführt. Die Trommel war voll geflutet, sie hatte eine separate Rückstoßplatte mit Ladeklappe. In der Rückstoßplatte befanden sich entsprechende Bohrungen, durch die der Schlagstift des Hahnes auf die Patronen schlagen konnte.
Auf der Abbildung der Waffe ist seitlich an Rahmen und Griff gut die Lademulde zu erkennen, durch die die Patronen geladen wurden. Bemerkenswert ist der große Spalt zwischen Trommel und Lauf, der zu erheblichen Gasdruckverlusten geführt haben dürfte. Die Waffe hatte außerdem eine Ausstoßerstange zum Entfernen der Hülsen.
Der Lagresse-Revolver hatte ein Double-Action-Schloß. Trotz seines etwas klobigen und verschnörkelten Aussehens dürfte er damals eine recht wirksame Waffe gewesen sein.

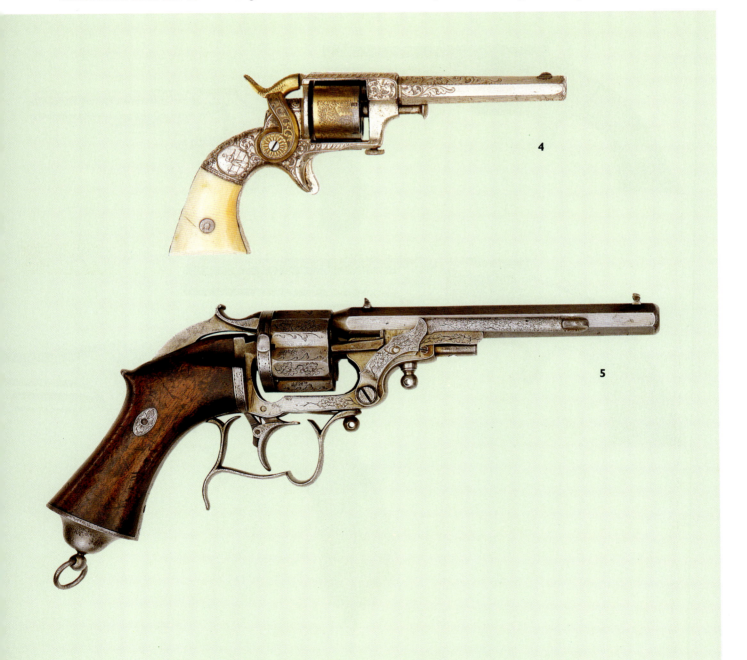

MILITÄRISCHE HANDWAFFEN

Smith & Wesson Tip-up 1
(Erste Ausführung) USA
Länge: 178 mm
Gewicht: 330 g
Kaliber: .22
Kapazität: 7
V₀: 152 m/s

Nachdem Smith und Wesson von Rollin White das Patent für eine Trommel mit durchgehenden Bohrungen gekauft hatten, entwickelten sie dafür einen Taschenrevolver.
Das Modell 1 erschien erstmals im Jahre 1857, die hier abgebildete Waffe stammt aus der zweiten Serie, die ab 1860 gefertigt wurde. Es war eine einfache Waffe mit Single-Action-Schloß und verdecktem Abzug, die eine kleinkalibrige Randfeuerpatrone ähnlich der heutigen .22 kurz verschoß; der Rahmen war aus Messing gefertigt und war ursprünglich versilbert. Der Lauf war an der Oberseite des Rahmens drehbar gelagert und konnte nach oben gekippt werden, nachdem der Löseknopf unten am Rahmen betätigt worden war. Zum Ausstoßen der Hülsen und zum Nachladen mußte die Trommel aus der Waffe herausgenommen werden.
Dieser Revolvertyp wurde sehr schnell sowohl im Zivilbereich als auch beim Militär äußerst beliebt und wurde noch im Bürgerkrieg sehr viel verwendet.

Smith & Wesson Tip-up 2
(Zweite Ausführung) USA
Länge: 254 mm
Gewicht: 600 g
Kaliber: .32 (8,1 mm)
Kapazität: 6
V₀: 183 m/s

Im Jahre 1861 entwickelten Smith und Wesson die zweite Ausführung ihres erfolgreichen Kipplaufrevolvers, sie wurde auch Army-Modell genannt. Der Rahmen war nicht mehr aus Messing, sondern aus Eisen, und die Waffe verschoß die stärkere Patrone .32, außerdem wurde der Revolver jetzt mit verschiedenen Lauflängen gebaut. Die abgebildete Waffe hat einen 127 mm (5 Zoll) langen Lauf.

Smith & Wesson Tip-up 3
(Dritte Ausführung) USA
Länge: 168 mm
Gewicht: 250 g
Kaliber: .22
Kapazität: 7
V₀: 152 m/s

Nach dem Bürgerkrieg produzierten S&W diese Ganzstahlausführung ihres Kleinkaliberrevolvers. Die Waffe hatte eine gut aussehende Nickelbeschichtung und einen Griff in Vogelkopfform. Sie war hauptsächlich für den Zivilbereich vorgesehen und wurde als Taschenpistole in Gegenden der USA getragen, wo das Mitführen von Waffen in großen Holstern nicht mehr üblich war.

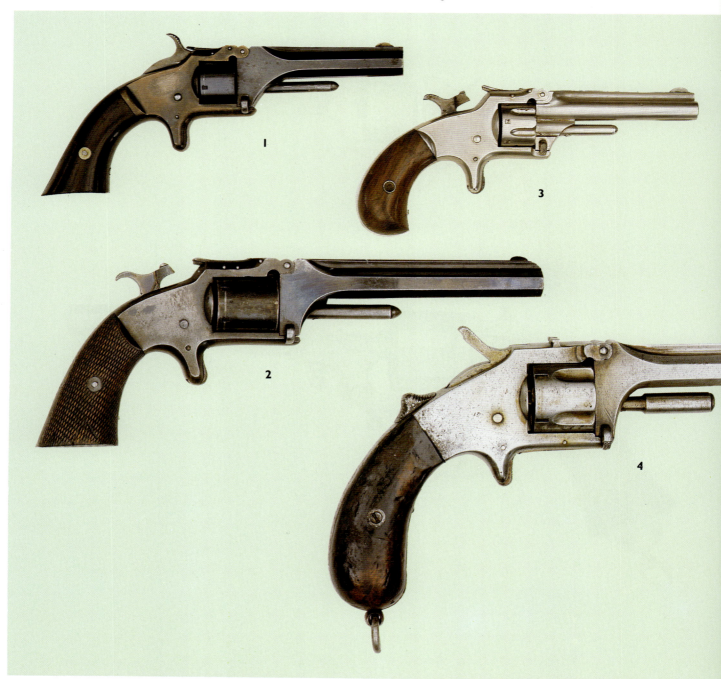

56

MODERNE REVOLVER

Smith-&-Wesson-Kopie 4
Europa
Länge: 273 mm
Gewicht: 900 g
Kaliber: .44 (11,2 mm)
Kapazität: 5
V_0: 183 m/s

Das Patent von Smith und Wesson bezog sich nur auf die Vereinigten Staaten, daher konnten die Hersteller in Europa sofort Revolver herstellen, die Trommeln mit ganz durchbohrten Kammern hatten. Die hier gezeigte Waffe ist eine recht unverfrorene Kopie des Smith-&-Wesson-Revolvers, allerdings verschoß sie eine größere und viel leistungsfähigere Patrone.

Adams Zentralfeuer 5
Großbritannien
Länge: 292 mm
Gewicht: 940 g
Kaliber: .44 (11,2 mm)
Kapazität: 5
V_0: 168 m/s

Die Randfeuerpatrone war für große Kaliber zu empfindlich und wurde deswegen oft durch Zentralfeuerpatronen ersetzt. Da bei dieser Patronenart das Zündmittel in der Mitte des Patronenbodens angebracht war, konnten viel stärkere Patronen gefertigt werden, die obendrein noch erheblich sicherer waren. Deshalb wurde in Amerika und in Großbritannien die Zentralfeuerpatrone im militärischen Bereich die Standardmunition. Es gab viele Waffenbesitzer, die sich nicht von ihren gewohnten Perkussionswaffen trennen wollten, daher wurden viele dieser Waffen auf das neue System umgebaut. Die abgebildete Waffe war ein Perkussionsrevolver, in den eine neue Trommel für Patronenmunition eingesetzt worden war. Auf der einen Seite des Rahmens war hinter der Trommel eine Ladeklappe angebracht worden, die Hinterseite der Trommel auf der anderen Rahmenseite war mit einer Platte verschlossen worden. Auf den Rahmen war eine Führungshülse für die Ausstoßerstange durch Hartlöten angebracht worden.

Devisme 6
Frankreich
Länge: 317 mm
Gewicht: 910 g
Kaliber: 10,4 mm
Kapazität: 6
V_0: 168 m/s

Der französische Büchsenmacher Devisme experimentierte sehr früh mit Zentralfeuerpatronen. Der hier gezeigte Revolver entstand schon im Jahr 1867, er hat ein Single-Action-Schloß und eine vollgeflutete Trommel. Die Rahmenbrücke kann entriegelt und der Lauf abgekippt werden, so daß die Trommel geladen werden kann.

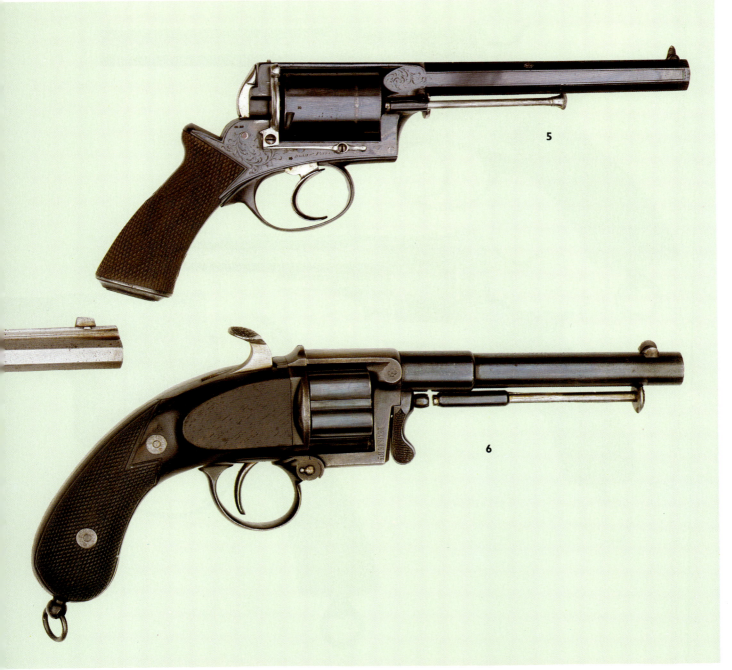

MILITÄRISCHE HANDWAFFEN

Thomas   1
Großbritannien
Länge: 273 mm
Gewicht: 880 g
Kaliber: .45 (11,4 mm)
Kapazität: 5
V_0: 183 m/s

Diese Konstruktion erschien im Jahre 1869 und war ein früher Versuch, die Ladegeschwindigkeit des Revolvers zu erhöhen. Die Double-Action-Waffe verschoß eine Dienstpatrone und hatte einen achtkantigen Lauf. Der Lauf konnte entriegelt und auf der Achse um 180 Grad geschwenkt werden, danach konnte er weiter vorgezogen werden. Dabei wurden die Ränder der Hülsen von einem fest montierten, sternförmigen Auszieher erfaßt und so weit aus den Kammern gezogen, daß sie problemlos aus der Waffe herausgeschüttelt werden konnten. Danach wurde dann der Lauf wieder zurückgeschwenkt und verriegelt. Nachgeladen wurde dann auf die herkömmliche Art durch die auf dem Foto hinter der Trommel sichtbare Ladeklappe. Dieses System funktionierte recht ordentlich, ließ sich aber nicht gut verkaufen. Es wurde bald durch bessere und zuverlässigere Konstruktionen ersetzt. Nur wenige dieser Waffen wurden im Militärdienst verwendet.

Tip-up-Revolver   2
Großbritannien
Länge: 216 mm
Gewicht: 600 g
Kaliber: .38 (9,6 mm)
Kapazität: 6
V_0: 183 m/s

Bei dieser Waffe unbekannter Herkunft ist der Lauf am Rahmen drehbar gelagert, so daß er zum Laden nach oben geschwenkt werden kann. Dabei schwingen auch Trommel und Trommelachse mit nach oben. Der auf dem Foto sichtbare dicke Stift unter dem Lauf wurde zur Betätigung eines sternförmigen Auswerfers eingedrückt und damit die Hülsen aus den Kammern ausgezogen.

Webley No. 1   3
Großbritannien
Länge: 241 mm
Gewicht: 1'190 g
Kaliber: .577 (14,6 mm)
Kapazität: 6
V_0: 183 m/s

Dieser gewaltig große Revolver war zum Verschießen der Boxer-Patrone .577 eingerichtet und verschoß damit die gleiche Munition wie das britische Dienstgewehr.
Die Waffe hatte einen enorm kräftigen einteiligen Rahmen mit integriertem Lauf. Zum Laden mußten Trommel und Rückstoßplatte aus der Waffe herausgenommen werden.

58

MODERNE REVOLVER

Galand & Sommerville 4
Belgien/Großbritannien
Länge: 254 mm
Gewicht: 990 g
Kaliber: .45 (11,4 mm)
Kapazität: 6
V_0: 183 m/s

Diese Waffe war eine Gemeinschaftskonstruktion von Galand in Belgien und Sommerville in England. Sie wurde 1868 auch in beiden Ländern gefertigt.
Nach Betätigung des Hebels unter dem Lauf können Lauf und Trommel nach vorn vom Rahmen weggezogen werden, wobei ein sternförmiger Auszieher die Hülsen auswirft.

Bland-Pryse 5
Großbritannien
Länge: 292 mm
Gewicht: 1'300 g
Kaliber: .577 (14,6 mm)
Kapazität: 6
V_0: 198 m/s

Im Jahre 1876 wurde Charles Pryse ein britisches Patent für die Konstruktion eines Kipplaufrevolvers erteilt, und schon 1877 wurde dieser Typ bei mehreren Herstellern in Großbritannien gebaut, besonders bei Webley. Die hier abgebildete Waffe ist von einem unbekannten Hersteller, ist aber ohne jeden Zweifel von der Bauart Bland-Pryse.

Sie ist gut verarbeitet, wobei Lauf und Brücke aus einem Stück gefertigt sind. Der Lauf wird oben am Rahmen direkt hinter der Trommel verriegelt, vorn unten am Rahmen ist der Lauf drehbar gelagert.
Die Waffe hat an beiden Seiten des Rahmens einen Entriegelungshebel, sie müssen beide gedrückt werden, dann läßt sich der Lauf mitsamt der Trommel nach vorn kippen. An der Rückseite der Trommel ist ein Auswerferstern angebracht, mit dem die Hülsen entfernt werden.
Diese Waffe hat das gewaltige Kaliber .577 (14,6 mm), welches eine enorme Aufhaltekraft entwickelte.

Webley Bulldog 6
Großbritannien
Länge: 140 mm
Gewicht: 310 g
Kaliber: .32 (8,1 mm)
Kapazität: 5
V_0: 152 m/s

Die Revolver der «British Bulldog»-Serie kamen von Webley und wurden in den 80er Jahren des letzten Jahrhunderts gebaut. Der hier gezeigte Revolver zählt zu den kleineren Ausführungen und verschießt die Zentralfeuerpatrone .32 (8,1 mm). Sie hat einen kräftigen einteiligen Rahmen und ein Double-Action-Schloß. Es war eine handliche und beliebte Taschenwaffe.

MILITÄRISCHE HANDWAFFEN

LeMat   1
USA
Länge: 259 mm
Gewicht: 1'390 g
Kaliber: .44 (11,2 mm)
Kapazität: 9/1
V_0: 183 m/s

Die ungewöhnliche Revolverkonstruktion von LeMat ist bereits auf Seite 45 beschrieben worden, und auch diese monströse Waffe ist nach den gleichen Prinzipien gebaut worden.
Der Single-Action-Revolver verschoß nicht weniger als neun Patronen des für seine hervorragende Aufhaltekraft bekannten Kalibers .44. Dazu kam noch der unter dem Kugellauf angebrachte Schrotlauf im Kaliber .65 (16,5 mm), der normalerweise mit Postenschrot geladen wurde. Der Schrotlauf hatte hinter der Trommel einen eigenen Verschluß und konnte zum Laden seitlich abgeschwenkt werden.
An der Schlagfläche des Hahnes befand sich ein drehbar angebrachter Schlagstift, der wahlweise zum Abfeuern der Trommelkammern oder des Schrotlaufes verstellt werden konnte.
Der Revolver wurde wahrscheinlich zur Bewaffnung der Wärter in den französischen Strafkolonien verwendet, für den Militärdienst war er zu klobig.

Tranter Zentralfeuer   2
Großbritannien
Länge: 267 mm
Gewicht: 990 g
Kaliber: .45 (11,4 mm)
Kapazität: 6
V_0: 198 m/s

1868 konstruierte William Tranter diesen Dienstrevolver, der die spätere Version der Boxer-Patrone im Kaliber .45 verschoß. Die Boxer-Patrone war ursprünglich für das britische Dienstgewehr entwickelt worden, sie hatte einen Eisenboden mit einer Bohrung für das Zündhütchen, die eigentliche Hülse bestand aus spiralförmig gedrehter Messingfolie. Für diese Konstruktion wurde noch der Adams-Rahmen verwendet, wobei Rahmen und Lauf aus einem Werkstück gearbeitet waren. Die Trommel war glatt, mit dem unter dem Lauf angebrachten ausschwenkbaren Ausstoßer mußten die Hülsen einzeln ausgestoßen werden. Die Konstruktion dieses soliden Revolvers war sehr fachmännisch durchdacht, so hatte er zum Beispiel eine abnehmbare Schloßplatte, damit Schloß und Schlagfeder zur Reinigung und Reparatur gut zugänglich waren.

60

MODERNE REVOLVER

Adams-Kopie 3
Belgien
Länge: 279 mm
Gewicht: 990 g
Kaliber: 10,7 mm
Kapazität: 6
V_0: 183 m/s

1868 hatte Adams seinen Revolver für Zentralfeuerpatronen so gut durchkonstruiert, daß er in Europa oft nachgebaut wurde. Diese belgische Kopie hat eine Trommel der Bauart Adams, eine Ladeklappe und eine in den Rahmen gefräste Lademulde. Im Gegensatz zu den britischen Waffen hat sie einen zweiteiligen Rahmen; Lauf und obere Rahmenbrücke sind aus einem Stück gearbeitet.

Mauser Zick-Zack 4
Deutschland
Länge: 298 mm
Gewicht: 1.190 g
Kaliber: 10,9 mm
Kapazität: 6
V_0: 198 m/s

Dieser Revolver wurde 1878 von der deutschen Armee auf seine Eignung für den Dienst hin überprüft, und eine Übernahme wurde erwogen.
Der Entwurf von Peter Paul Mauser hat zickzackförmige Nuten in der Trommel, in die eine Klinke eingreift. Durch das Betätigen des Abzuges wird die Klinke bewegt und die Trommel entsprechend weitertransportiert. An der linken Seite des Rahmens befindet sich ein Lösehebel, nach dessen Betätigung der ringartige Hebel vor dem Abzugsbügel gezogen werden kann. Dadurch wird die Laufgruppe mit der Trommel entriegelt, die dann zum Laden nach oben geschwenkt werden kann. Durch die Aufwärtsbewegung wird ein sternförmiger Auswerfer betätigt, der die Hülsen auswirft. In dieser Aufwärtsstellung des Laufes muß die Waffe auch nachgeladen werden. Die Waffe wurde aber nicht in den Militärdienst übernommen, weil sie als zu kompliziert galt. Mauser selbst beschäftigte sich in der Folge mit vielen anderen Entwicklungen.

Tip-up-Revolver 5
Großbritannien
Länge: 267 mm
Gewicht: 990 g
Kaliber: .50 (12,7 mm)
Kapazität: 6
V_0: 183 m/s

Der Mauser-Revolver diente als Vorbild für diesen von einem unbekannten Hersteller gefertigten Revolver, es wurde auch das gleiche Kipplaufsystem verwendet. Für den Trommeltransport allerdings wurde das konventionelle Funktionsprinzip angewendet, was am Fehlen des «Zick-zack» gut zu erkennen ist. Das Nachladen einer senkrecht stehenden Trommel war sehr umständlich.

MILITÄRISCHE HANDWAFFEN

Pryse-Nachbau 1
Großbritannien
Länge: 190 mm
Gewicht: 710 g
Kaliber: .45 (11,4 mm)
Kapazität: 5
V₀: 198 m/s

Diese in Großbritannien entstandene Waffe entspricht den von Webley nach dem Pryse-Patent für Kipplaufwaffen gebauten Revolvern. Der Lauf ist unten am Rahmen auf einer Achse drehbar gelagert und kippt zum Nachladen zusammen mit der Trommel nach vorn. Die abgebildete Waffe war ein kompakter und relativ leichter Revolver, der eine leistungsstarke Patrone verschoß.

Pryse-Nachbau 2
Großbritannien
Länge: 216 mm
Gewicht: 710 g
Kaliber: .45 (11,4 mm)
Kapazität: 5
V₀: 198 m/s

Dieser Revolver der Bauart Pryse stammt wahrscheinlich aus der Fertigung von Webley. Eine neue Sicherungseinrichtung sorgte dafür, daß der Hahn im entspannten Zustand keinen direkten Kontakt mit dem Zündhütchen hatte, sondern auf einer speziellen Raste ruhte. Dadurch konnte sich auch dann kein Schuß lösen, wenn die Waffe hinfiel oder einem harten Stoß ausgesetzt war.

Webley-Pryse No. 4 3
Großbritannien
Länge: 273 mm
Gewicht: 1'020 g
Kaliber: .476 (12,1 mm)
Kapazität: 6
V₀: 198 m/s

Diese Waffe ist einer der frühen Pryse-Revolver von Webley, sie wurde gern von britischen Armeeoffizieren geführt. Der senkrechte Hebel hinter der Trommel betätigte den Kipplauf, der zum Nachladen zusammen mit der Trommel abgekippt werden konnte. Ein eingebauter sternförmiger Auswerfer warf beim Abkippen die Hülsen aus. Die Waffe war mit einem Double-Action-Schloß ausgestattet, das als zusätzliche Sicherungsmaßnahme eine Sicherheitsrast für den Hahn hatte. Dabei berührte der Hahn in der Ruhestellung das Zündhütchen der Patrone nicht, sondern blieb auf einer besonderen Raste ca. 4 mm davor stehen. Auf der Abbildung ist der Hahn gespannt und die Trommel arretiert.
Durch die Sicherheitsrast wurde verhindert, daß sich durch einen harten Schlag auf den Hahn, wie er etwa durch Hinfallen entstehen konnte, versehentlich ein Schuß löste.
Der Revolver war eine beliebte Dienstwaffe.

MODERNE REVOLVER

Modell 1873 4
Frankreich
Länge: 241 mm
Gewicht: 1'080 g
Kaliber: 11,4 mm
Kapazität: 6
V_0: 198 m/s

Dieser gewaltige Revolver wurde von der Waffenmanufaktur in St. Etienne gefertigt, es war der erste Revolver für Zentralfeuerpatronen, der bei der französischen Armee eingeführt wurde. Er war von robuster, schwerer und widerstandsfähiger Bauweise mit einteiligem Rahmen. Die große Schraube unter dem Lauf diente zur Befestigung des Ausstoßers System Colt. Das Schloß war eine konventionelle Double-Action-Konstruktion, auf dem Bild ist der Hahn halb gespannt. Dadurch wurden Abzug und Trommel arretiert, so daß die Waffe gefahrlos getragen werden konnte. Auch die rechts am Rahmen angebrachte und geöffnete Ladeklappe ist gut zu sehen. Links am Rahmen war eine leicht abnehmbare Schloßplatte aufgeschraubt, durch die man leichten Zugang zu Schloß und Schlagfeder hatte. Das Modell 1873 erwarb sich schon bald einen guten Ruf als zuverlässige und wirkungsvolle Dienstwaffe und wurde auf allen Kriegsschauplätzen, auf denen die französische Armee kämpfte, in großem Maße eingesetzt.

Reichsrevolver 5
Deutschland
Länge: 254 mm
Gewicht: 990 g
Kaliber: 11,5 mm
Kapazität: 6
V_0: 198 m/s

Diese Konstruktion aus dem Jahre 1883 war das Ergebnis der Arbeit einer Kommission, die 1879 den Auftrag erhalten hatte, die Ausrüstung des deutschen Heeres zu reformieren.
Der Reichsrevolver hatte einen soliden einteiligen Rahmen mit eingeschraubtem Lauf. Es war eine einfach aufgebaute Waffe mit einem Double-Action-Schloß und einem links am Rahmen angebrachten Sicherungshebel. Rechts am Rahmen hinter der Trommel befand sich die Ladeklappe. Die Kammern verjüngten sich nach vorn etwas, um eine sichere Geschoßführung zu ermöglichen.
Es gab an diesem Revolver keinen Ausstoßer oder Auswerfer, so daß sich der Benutzer zum Ausstoßen der Hülsen entweder einen passenden Holzstab besorgen oder die Zylinderachse entfernen und dazu benutzen mußte. Der Reichsrevolver war eine konservative und einfallslose Konstruktion, die typisch war für Waffen, die von staatlichen Planungsgruppen entwickelt worden waren.

63

MILITÄRISCHE HANDWAFFEN

Gasser   1
Österreich
Länge: 375 mm
Gewicht: 1'740 g
Kaliber: 11 mm
Kapazität: 6
V_0: 274 m/s

Gasser war eine in Österreich wohlbekannte Firma, die in den 70er und 80er Jahren des letzten Jahrhunderts Revolver in großen Stückzahlen für die Armeen der Balkanstaaten baute. Der hier abgebildete Kavallerierevolver hat einen offenen Rahmen nach Art der Colt-Revolver, wobei der Lauf an der Trommelachse befestigt ist. Die Waffe verschoß die starke Patrone des Werndl-Karabiners.

Gasser Montenegrin   2
Österreich
Länge: 264 mm
Gewicht: 940 g
Kaliber: 10,7 mm
Kapazität: 5
V_0: 168 m/s

Dieser von Gasser entwickelte Waffentyp wurde in vielen Balkanländern verwendet und wird oft als Montenegriner bezeichnet. Die hier abgebildete Waffe hat einen geschlossenen Rahmen, die typische Gasser-Sicherung über dem Abzug wurde beibehalten. An der Waffe fehlt die normalerweise unter dem Lauf angebrachte Ausstoßerstange.

Colt Single Action Army   3
USA
Länge: 279 mm
Gewicht: 990 g
Kaliber: .45 (11,4 mm)
Kapazität: 6
V_0: 198 m/s

Colt hatte sich des Patentgesetzes bedient, um den frühen Revolvermarkt zu beherrschen. Nach der Einführung der Messingpatrone allerdings sah er sich mit Smith und Wesson konfrontiert, die das Monopol für Revolvertrommeln mit durchbohrten Kammern besaßen. Nachdem das Patent abgelaufen war, hatte Colt sofort diesen klassischen Revolver für Zentralfeuerpatronen parat. Er erschien im Jahre 1873 und wurde unter dem Namen «Single-Action Army» beim Militär eine populäre Waffe. Er wurde in einer Reihe von verschiedenen Kalibern und drei unterschiedlichen Lauflängen gefertigt. Die hier abgebildete Waffe hat einen 140 mm (5,5 Zoll) langen Lauf und verschießt eine Patrone im Kaliber .45. Die Waffe hat einen geschlossenen Rahmen mit oberer Rahmenbrücke, der Lauf ist eingeschraubt. Hinter der Trommel ist die ausschwenkbare Ladeklappe angebracht, die Auswerferstange befindet sich unter dem Lauf. Für diesen Revolver ist außerdem noch die Bezeichnung Modell 1873 üblich.

MODERNE REVOLVER

Colt Single Action Army 4
USA
Länge: 330 mm
Gewicht: 1'080 g
Kaliber: .44 (11,2 mm)
Kapazität: 6
V_0: 198 m/s

Dieser Single-Action-Revolver von Colt hat einen 190 mm (7,5 Zoll) langen Lauf und verschießt eine Patrone im Kaliber .44. Er wird auch als «Kavallerie-Modell» bezeichnet.
Auch die langläufigen Varianten der Waffe erfreuten sich großer Beliebtheit. Die Versionen mit dem 140 mm (5,5 Zoll) langen Lauf waren auch als Artilleriemodell bekannt, während die Waffen mit den kurzen Läufen (121 mm; 4,75 Zoll) oftmals als Zivilrevolver bezeichnet wurden. Besonders bekannt wurden die Revolver unter dem Namen «Peacemaker» (Friedensstifter). Dadurch wurde Colts Position am Markt weiter gefestigt, wenn auch bei weitem nicht in dem Maße, wie Hollywood uns das heutzutage vorgaukeln möchte. Die aus dieser Waffe verschossene Patrone war die in der Winchester Modell 1873 verwendete Munition, eine Maßnahme, die die Munitionsbeschaffung in den abgelegenen Gegenden des Wilden Westens vereinfachte.

Rast & Gasser 5
Österreich
Länge: 222 mm
Gewicht: 790 g
Kaliber: 8,1 mm
Kapazität: 8
V_0: 229 m/s

Dieser Revolver mit einem soliden geschlossenen Rahmen wurde 1898 in die österreichische Armee eingeführt. Die Ladeklappe hinter der Trommel ist gut zu sehen, sie wird zum Laden nach hinten weggeschwenkt.
Die Trommel faßt acht Patronen, allerdings ließ die Aufhaltekraft der Munition für eine Dienstwaffe zu wünschen übrig.

Doppellaufrevolver 6
Belgien
Länge: 190 mm
Gewicht: 510 g
Kaliber: .22
Kapazität: 12
V_0: 198 m/s

Diese ungewöhnliche Waffenkonstruktion hat zwei nebeneinanderliegende Läufe, die gleichzeitig von einem Hahn abgefeuert werden. Damit sollte vermutlich die Aufhaltekraft der verschossenen leichten Patrone verbessert werden. Es wäre einfacher und sinnreicher gewesen, wenn man die Waffe in einem größeren Kaliber gebaut hätte.

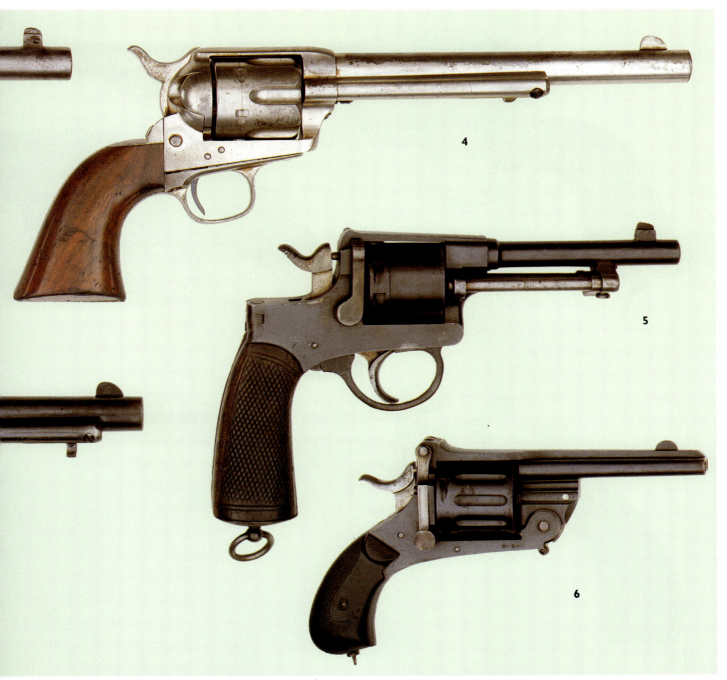

MILITÄRISCHE HANDWAFFEN

Remington 1
USA
Länge: 330 mm
Gewicht: 1'220 g
Kaliber: .44
Kapazität: 6
V_0: 213 m/s

Die Firma Remington baute im Jahre 1875 ihren ersten Revolver für Patronenmunition, der aber noch stark den vorhergehenden Perkussionsmodellen glich.
Die Abbildung gibt die klassische Linienführung und die solide Ausführung der Waffe im Kaliber .44 gut wieder. Sie hatte einen einteiligen Rahmen mit integrierter Rahmenbrücke, in den der runde Lauf eingeschraubt war. Hinter der Trommel befand sich eine Ladeklappe, der Ausstoßer System Colt befand sich unter dem Lauf. Unter dem Ausstoßer war ein Steg angearbeitet, durch den die Waffe leichter in ein Holster einzuführen und herauszuziehen war.
Es war eine robuste, zuverlässige und genau schießende Waffe, die mehrfach der US Army zur Übernahme angeboten wurde, die aber zugunsten des Colt zurückgewiesen wurde. Im Jahre 1891 erschien eine verbesserte Version dieser Waffe, die sich aber am Markt gegen Colt nicht durchsetzen konnte.

Smith & Wesson 2
New Model No. 3 USA
Länge: 305 mm
Gewicht: 1'250 g
Kaliber: .32
Kapazität: 6
V_0: 244 m/s

Erst ab 1870 baute Smith & Wesson auch Revolver in Militärkalibern. Der Revolvertyp «New Model No.3» wurde in großen Stückzahlen im Jahre 1871 an die russische Armee verkauft, außerdem wurde eine Reihe von Varianten davon für den amerikanischen Zivilmarkt hergestellt, wobei es Modelle mit Double-Action-Schloß und in stärkeren Kalibern gab. Die hier gezeigte Waffe ist eine Variante aus dem Jahre 1887 im Kaliber .32 und mit Single-Action-Schloß.
Es ist eine sehr solide gefertigte Kipplaufwaffe. Zum Nachladen mußte der Schieber vor dem Hahn betätigt werden, danach kippte der Lauf mit der Trommel ab. Dabei wurden die Hülsen von einem eingebauten Auswerfer in Sternform ausgeworfen. Die Waffe war zwar gut und durchaus wirkungsvoll, konnte sich aber gegen die mächtige Konkurrenz von Colt und Remington nie richtig durchsetzen.

66

MODERNE REVOLVER

Smith & Wesson   3
New Model No. 3 USA
Länge: 292 mm
Gewicht: 1'130 g
Kaliber: .44 (11,2 mm)
Kapazität: 6
V_0: 229 m/s

Auch diese Waffe ist eine Variante des No. 3 von Smith & Wesson. Der hier abgebildete Revolver hat ein Double-Action-Schloß und einen Hahn mit Sicherheitsrast. Er verschießt die russische Patrone .44. Die Amerikaner waren Kipplaufrevolvern gegenüber mißtrauisch, die solche starken Kaliber verschossen. Deswegen fand diese Waffe dort nie viele Abnehmer.

Smith & Wesson   4
Safety Model USA
Länge: 171 mm
Gewicht: 370 g
Kaliber: .44 (11,2 mm)
Kapazität: 6
V_0: 214 m/s

Durch den vollständig verdeckten Hahn konnte sich diese Waffe nicht in Kleidung oder Ausrüstung verfangen. Die Waffe konnte nur mit Spannabzug geschossen werden, außerdem war auf dem Griffrücken eine Handballensicherung angebracht, die eingedrückt werden mußte, ehe geschossen werden konnte. Es war eine sichere und zuverlässige Verteidigungswaffe.

Smith-&-Wesson-Kopie   5
Belgien
Länge: 317 mm
Gewicht: 1'020 g
Kaliber: .44
Kapazität: 6
V_0: 214 m/s

Die hier gezeigte Waffe ist ein Nachbau des an die russische Armee gelieferten Modells No. 3 von Smith & Wesson, eine Kopie von recht dürftiger Qualität. Sie hat ein Double-Action-Schloß, allerdings fehlen die Sicherheitsraste für den Hahn und einige andere Sicherheitseinrichtungen. Dieser Revolver wurde in Belgien von einem unbekannten Hersteller gefertigt.

Smith-&-Wesson-Kopie   6
Belgien
Länge: 203 mm
Gewicht: 620 g
Kaliber: .38 (9,6 mm)
Kapazität: 6
V_0: 226 m/s

Auch diese Kopie eines Smith-&-Wesson-Revolvers mit Double-Action-Schloß kommt aus Belgien, ist aber ganz ordentlich verarbeitet. In der Waffe sind gute Aufhaltekraft und kompakte Dimensionen vereint. Sie wurde sicherlich als Selbstverteidigungswaffe oder sogar als Zusatzwaffe beim Militär verwendet.

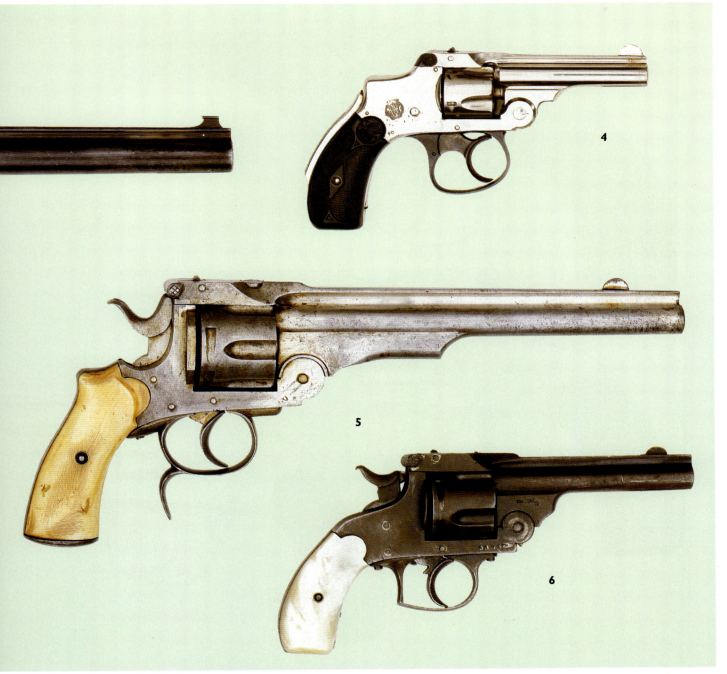

MILITÄRISCHE HANDWAFFEN

Smith & Wesson 1
Hammerless USA
Länge: 190 mm
Gewicht: 510 g
Kaliber: .38 (9,6 mm)
Kapazität: 5
V_0: 190 m/s

Diese Waffe mit verdecktem Hahn entspricht von der Konstruktion her dem «safety»-Modell, verschießt aber eine stärkere Patrone. Außerdem wird ein Schloß mit einem zweistufigen Abzug verwendet, bei dem zuerst mit einem kräftigen Zug der Hahn gespannt werden kann, um dann mit wenig Abzugswiderstand den Schuß zu lösen. Am Griff befindet sich eine Handballensicherung.

Smith & Wesson 2
Double Action USA
Länge: 190 mm
Gewicht: 510 g
Kaliber: .38 (9,6 mm)
Kapazität: 5
V_0: 190 m/s

Im Jahre 1895 wurde diese spätere Version des «New Model» von Smith & Wesson auf den Markt gebracht. Es war ein Double-Action-Revolver mit Kipplauf. Die Waffe wurde in verschiedenen Kalibern und Größen hergestellt. Die hier abgebildete Waffe im Kaliber .38 hat einen kurzen Lauf (83 mm/3,25 Zoll).

Iver Johnson 3
USA
Länge: 165 mm
Gewicht: 390 g
Kaliber: .32 (8,1 mm)
Kapazität: 5
V_0: 168 m/s

Im Jahre 1871 begann Iver Johnson mit der Herstellung von billigen Feuerwaffen, die unter verschiedenen Namen vertrieben wurden. Später errichtete er in Massachusetts eine Fabrik und produzierte Revolver. Diese Waffe mit Double-Action-Schloß stammt aus dem Jahre 1891, es war eine recht sicher zu handhabende und wirksame Selbstverteidigungswaffe, die nicht viel kostete. Sie erinnert in ihrer Form etwas an das Modell No.3 von Smith & Wesson und ist genau wie diese eine Kipplaufwaffe. Nach dem Öffnen kippen Lauf und Trommel nach vorn ab, wodurch der sternförmige Auswerfer hochgedrückt wird und die leeren Hülsen auswirft. Mit 76 mm Länge ist der Lauf sehr kurz, er ist kräftig dimensioniert und hat eine Schiene, in die das Korn eingesetzt ist. Die Kimme ist ein einfacher Einschnitt in die oben aus der Rahmenbrücke ragende Verschlußklinke.

MODERNE REVOLVER

Iver Johnson 4
USA
Länge: 190 mm
Gewicht: 420 g
Kaliber: .32 (8,1 mm)
Kapazität: 5
V_0: 168 m/s

Die hier gezeigte Waffe ist eine spätere Ausführung aus der Serie der Iver-Johnson-Revolver, sie ist ein recht guter Kompromiß zwischen Preiswürdigkeit und Wirksamkeit.
Der Revolver ist gut verarbeitet, er hat einen vernickelten Rahmen und arbeitet nach dem Kipplaufsystem. Die Arretierung für den Lauf wurde an dieser Ausführung geändert, dabei greifen zwei seitlich aus dem Rahmen stehende Stifte in entsprechende Aussparungen in der Brücke.
Außerdem ist die Waffe mit einer etwas ungewöhnlichen Sicherung ausgestattet, für die Iver Johnson um 1890 herum ein Patent erhielt. Statt den Schlag des Hahnes direkt auf den Schlagbolzen auszuführen, wird er bei dieser Waffe auf einen Hebel geleitet, der ihn auf den Schlagbolzen lenkt. Dieser Hebel schwenkt erst in die richtige Stellung, wenn der Hahn voll gespannt ist. Bei entspanntem Hahn kann der Hahn den Schlagbolzen nicht berühren, er liegt auf dem Rahmen auf.

Harrington & Richardson 5
USA
Länge: 222 mm
Gewicht: 650 g
Kaliber: .38 (9,6 mm)
Kapazität: 6
V_0: 190 m/s

Gilbert Harrington und William Richardson gründeten im Jahre 1874 in Massachusetts eine Firma, in der zuverlässige Revolver zu annehmbaren Preisen für zivilen und militärischen Gebrauch hergestellt werden sollten. Um 1890 entwickelten sie eine Serie von Kipplaufrevolvern mit automatischem Hülsenauswurf in einer Reihe von verschiedenen Kalibern und Größen.
Die hier gezeigte Waffe im Kaliber .38 hat einen 102 mm langen Lauf. Die Verschlußkonstruktion stammte vom Smith & Wesson, bei dem Lauf und Trommel nach vorn zum Nachladen abkippten. Im Vergleich zu den sonstigen recht kompakten Abmessungen hat die Waffe einen großen Griff, der sehr gut in der Hand liegt.
Durch die verwendete Patrone mit ihrer guten Stoppwirkung ist der «Defender» eine weit wirksamere Verteidigungswaffe als viele vergleichbare Taschenrevolver.

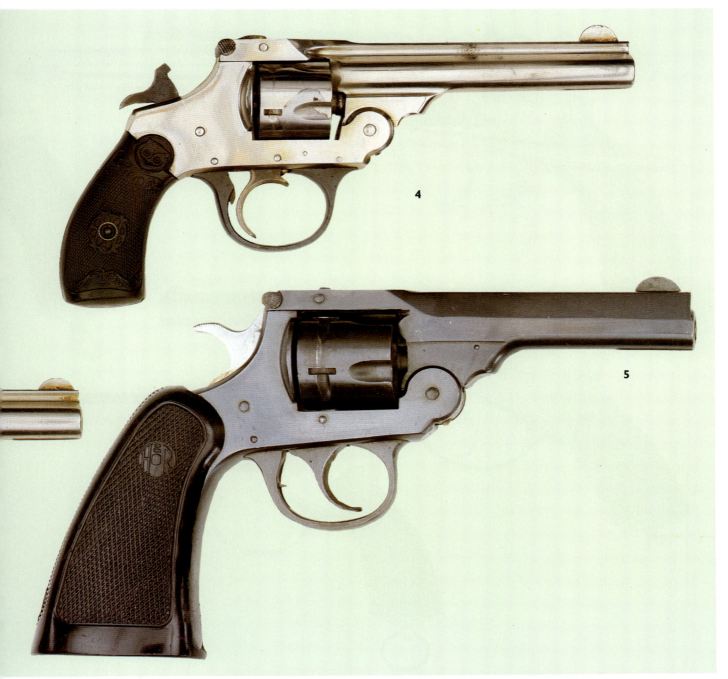

69

MILITÄRISCHE HANDWAFFEN

Galand 1
Belgien
Länge: 330 mm
Gewicht: 1'300 g
Kaliber: 11 mm
Kapazität: 6
V_0: 213 m/s

Nach seiner Zusammenarbeit mit Sommerville (siehe Seite 58) machte sich Charles Galand selbständig und produzierte Revolver nach eigenen Entwürfen.
Der hier abgebildete Double-Action-Revolver ist etwas ungewöhnlich, da er mit einem etwas unstabilen Klappschaft aus Draht ausgestattet ist. Der Abzugsbügel mit seiner spornartigen Verlängerung ist das Hinterteil eines vorn an der Waffe gelagerten Hebels. Nach Betätigung eines am Abzugsbügel angebrachten Löseknopfes kann der Hebel nach unten geschwenkt werden, dadurch werden Lauf und Trommel auf der Trommelachse nach vorn geschoben. Gleichzeitig tritt ein sternförmiger Auswerfer heraus und drückt die Hülsen so weit aus den Kammern, daß sie herausgeschüttelt werden können. Das Nachladen der Waffe erfolgt auf konventionelle Art durch die Ladeklappe, nachdem Trommel und Lauf wieder zurückgeschwenkt worden sind.

Tranter Double Action 2
Großbritannien
Länge: 260 mm
Gewicht: 740 g
Kaliber: .38 (9,6 mm)
Kapazität: 5
V_0: 183 m/s

Großkalibrige Randfeuerpatronen wurden lange verwendet, dafür ist dieser aus einem Perkussionsrevolver konvertierte Tranter ein gutes Beispiel. Er wurde mit einer neuen Trommel, einer Ladeklappe und einem geänderten Hahn versehen. Durch den soliden einteiligen Rahmen des Ursprungsmodells war auch der Umbau eine robuste und zuverlässige Waffe mit langer Lebensdauer.

Kopie des Pryse-Revolvers 3
Großbritannien
Länge: 216 mm
Gewicht: 820 g
Kaliber: .455 (11,5 mm)
Kapazität: 5
V_0: 183 m/s

Auch die hier abgebildete Waffe ist eine Kopie des Webley-Pryse, sie stammt aus Belgien. Der Revolver ist sehr genau kopiert und hat alle Merkmale der Originalwaffe wie die Laufarretierung des nach unten abkippbaren und oben verriegelten Laufes. Auch die Sicherheitsrast des Hahnes ist an dieser Waffe vorhanden.

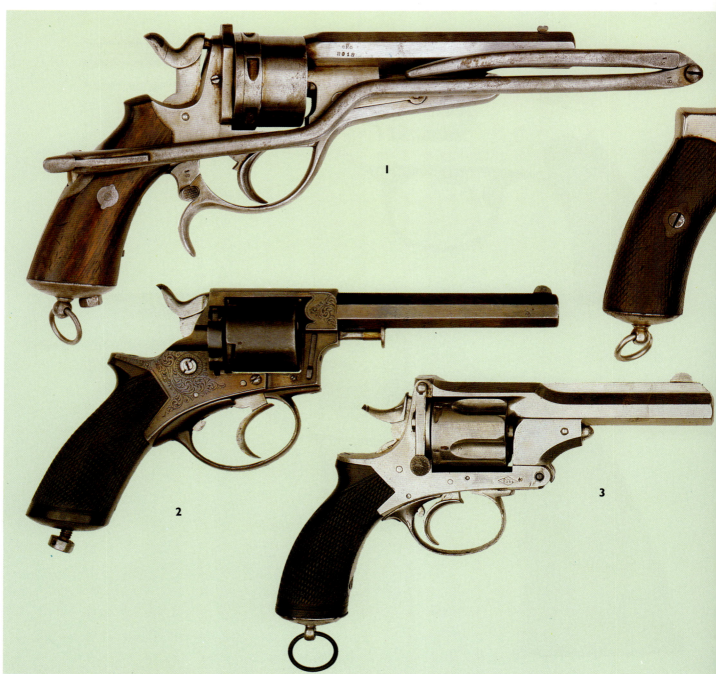

MODERNE REVOLVER

Chamelot-Delvigne   4
Belgien/Italien
Länge: 284 mm
Gewicht: 1'130 g
Kaliber: 10,4 mm
Kapazität: 6
V_0: 190 m/s

Das robuste Double-Action-Schloß der Bauart Chamelot-Delvigne wurde erstmals von Pirlot Freres in Lüttich in Belgien gefertigt. Es war sehr bald in Europa weitverbreitet und wurde in vielen Dienstwaffentypen verwendet. Die hier gezeigte Waffe ist eine italienische Version des Chamelot-Delvigne Modell 1872, sie wurde um 1880 bei Glisenti gebaut. Die Waffe hat einen 159 mm langen Lauf und verschießt eine Patrone im Kaliber 10,4 mm mit ausreichender Präzision und Aufhaltekraft. Der Lauf ist in den kräftigen einteiligen Rahmen eingeschraubt. An der rechten Seite des Rahmens ist eine Ladeklappe angebracht, die nach hinten und unten schwenkt, die Ausstoßerstange befindet sich in einem Gehäuse unter dem Lauf. Die Griffschalen sind aus glattem Holz. Der ganze Revolver ist eine schlichte, aber zuverlässige Konstruktion.

Chamelot-Delvigne   5
Belgien
Länge: 241 mm
Gewicht: 1'080 g
Kaliber: 11,4 mm
Kapazität: 6
V_0: 183 m/s

Dieser belgische Revolver entspricht dem Chamelot-Delvigne, seine Herkunft ist allerdings unbekannt. Er hat einen kräftigen geschlossenen Rahmen und einen eingeschraubten Lauf, eine seitliche Ladeklappe und einen in einem Gehäuse geführten Ausstoßer. Ungewöhnlich für einen Revolver ist das seitlich verstellbare Korn.

Lebel Modell 1892   6
Frankreich
Länge: 254 mm
Gewicht: 790 g
Kaliber: 8 mm
Kapazität: 6
V_0: 213 m/s

Dieser 1892 bei den französischen Streitkräften eingeführte Revolver blieb bis in den Zweiten Weltkrieg im Dienst. Er hat einen geschlossenen Rahmen, die Trommel kann auf einem eigenen Kran nach rechts aus dem Rahmen geschwenkt werden. Sie wurde von einem auf der rechten Rahmenseite angebrachten Hebel gehalten, der hier in geöffneter Stellung gezeigt wird.

MILITÄRISCHE HANDWAFFEN

Enfield Mark II   1
Großbritannien
Länge: 292 mm
Gewicht: 1'130 g
Kaliber: .476 (12,1 mm)
Kapazität: 6
V_0: 213 m/s

Die Erfahrungen der Kolonialkriege in den 70er Jahren des letzten Jahrhunderts hatten gezeigt, daß der eingeführte Adams-Revolver im Kaliber .45 nicht in allen Situationen genügend Aufhaltekraft entwickelte.
Als Antwort darauf wurde eine neue Patrone im Kaliber .476 (12,1 mm) entwickelt, und von dem Amerikaner Owen Jones kam die Konstruktion für einen entsprechenden Revolver. Die Waffe wurde unter der Bezeichnung Mark I bei der RSAF Enfield hergestellt und im Jahre 1880 eingeführt, das Nachfolgemodell Mk II erschien 1882. Im Gegensatz zum Adams hatte dieser Revolver einen zweiteiligen Rahmen, der Lösehebel für die Laufverriegelung befand sich am Rahmen vor dem Hahn. Nach dem Lösen der Arretierung kippte der Lauf nach unten, wobei aber im Gegensatz zu den Webley-Modellen die Trommel auf ihrer Achse nach hinten geschoben wurde. Die Hülsen wurden von einem am Rahmen befestigten sternförmigen Auswerfer ausgezogen.

Bodeo Modell 1889   2
Italien
Länge: 267 mm
Gewicht: 910 g
Kaliber: 10,4 mm
Kapazität: 6
V_0: 198 m/s

Im Jahre 1891 wurde dieser Revolver als Ordonnanz-Seitenwaffe beim italienischen Heer eingeführt. Vereinzelt wurde die Waffe sogar noch im Zweiten Weltkrieg verwendet. Es war eine einfach und robust konstruierte Waffe mit geschlossenem Rahmen, in den der achtkantige, konische Lauf eingeschraubt war. Bei geöffneter Ladeklappe war der Hahn blockiert.

Meiji Typ 26   3
Japan
Länge: 235 mm
Gewicht: 910 g
Kaliber: 9 mm
Kapazität: 6
V_0: 183 m/s

Dieser japanische Revolver wurde 1893 konstruiert. Nach japanischer Zeitrechnung war es das 26. Jahr der Meiji-Ära, daher die Waffenbezeichnung. Es ist eine kräftig dimensionierte Waffe nach Art der Smith-&-Wesson-Revolver, allerdings sind weder die verwendeten Materialien noch die Verarbeitung besonders gut. Das Double-Action-Schloß hat einen schweren Gang.

MODERNE REVOLVER

Nagant Modell 1895   4
Belgien/Rußland
Länge: 193 mm
Gewicht: 790 g
Kaliber: 7,62 mm
Kapazität: 7
V_0: 305 m/s

Konstrukteur dieser Waffe war der Belgier Leon Nagant sie wurde 1895 bei der russischen Armee als Seitenwaffe eingeführt. Ab 1901 wurde sie im Arsenal von Tula in Lizenz hergestellt, und in den folgenden 30 Jahren wurden mehrere Millionen Stück dieses Revolvers in verschiedenen Versionen gebaut. Nagant hatte ein System konstruiert, mit dem die üblichen Gasverluste am Revolverspalt vermieden werden sollten. Beim Spannen des Hahnes schiebt sich die Trommel mit der jeweils schußbereiten Kammer über das konisch ausgearbeitete Laufende. Die Abdichtung wird zusätzlich noch verbessert, indem die Patrone mit ihrem Vorderteil in den Lauf ragt. Ob dieser hohe Konstruktionsaufwand den erzielten Nutzen überhaupt gerechtfertigt hat, sei dahingestellt. Sicher ist aber, daß der Nagant eine widerstandsfähige, wirksame und zuverlässige Waffe war.

Eibar-Revolver   5
Spanien
Länge: 279 mm
Gewicht: 1'000 g
Kaliber: 11 mm
Kapazität: 6
V_0: 213 m/s

Diese spanische Kopie eines Smith-&-Wesson-Revolvers wurde von Aranzabal hergestellt und erfreute sich in Spanien und Südamerika großer Beliebtheit. Sie stammt aus der Zeit um 1890 und hat einen Kipplauf. Sie ist in allen Teilen sehr kräftig gehalten, nur die Verarbeitungsqualität läßt zu wünschen übrig.

Trocaola-Revolver   6
Spanien
Länge: 254 mm
Gewicht: 1'130 g
Kaliber: .455 (11,5 mm)
Kapazität: 6
V_0: 198 m/s

Auch diese Waffe war eine spanische Kopie des Smith-&-Wesson-Revolvers, allerdings war die Qualität sehr viel besser als sonst üblich. Sie wurde ab 1900 gefertigt; im Jahre 1915 kaufte die britische Armee große Mengen dieser Waffen, um den Waffenmangel zu verringern. Die hier abgebildete Waffe gehörte zu einer dieser Lieferungen, sie trägt britische Militärstempelung.

MILITÄRISCHE HANDWAFFEN

Webley R.I.C. No. 1 — 1
Großbritannien
Länge: 235 mm
Gewicht: 850 g
Kaliber: .45 (11,4 mm)
Kapazität: 6
V₀: 198 m/s

Dieses Modell wurde erstmals im Jahre 1867 gefertigt, durch die Einführung bei der irischen Polizei (Royal Irish Constabulary) 1868 erhielt sie dann ihren Namen. Es war eine kompakte, aber sehr wirkungsvolle Waffe mit einem 114 mm (4,5 Zoll) langen Lauf, der in den Rahmen eingeschraubt war. Der Lauf war im Prinzip rund, allerdings war er nach oben hin zur Verstärkung etwas hochgezogen. Das Korn war in diese leichte Laufschiene eingesetzt, die Kimme bestand lediglich aus einem Längseinschnitt in die Rahmenbrücke. Rechts hinter der Trommel war eine Ladeklappe angebracht und unter dem Lauf ein schwenkbarer Ausstoßer. Das Schloß war in Double-Action-Bauweise ausgeführt und konnte als Sicherungsmaßnahme halb gespannt werden. Die Griffschalen waren aus Nußbaumholz, unter dem Griff befand sich der Ring für die Fangschnur.
Revolver dieses Typs wurden in einer ganzen Reihe von verschiedenen Kalibern und Lauflängen hergestellt.

Webley R.I.C. No. 2 — 2
Großbritannien
Länge: 210 mm
Gewicht: 760 g
Kaliber: .45 (11,4 mm)
Kapazität: 6
V₀: 198 m/s

Die abgebildete Waffe ist eine Militärausführung des R.I.C.-Revolvers mit 89 mm (3,5 Zoll) langem Lauf. Der Lauf ist mit einer Schiene versehen, und die Griffform ist geändert, die Waffe hat Griffschalen aus Hartgummi. Diese Waffe wurde im zweiten afghanischen Krieg 1878–88 verwendet.

Kopie des R.I.C. — 3
Großbritannien
Länge: 222 mm
Gewicht: 850 g
Kaliber: .45 (11,4 mm)
Kapazität: 5
V₀: 198 m/s

Das R.I.C.-Modell wurde schon bald einer der populärsten Revolvertypen, die Webley bis dahin hergestellt hatte, und er wurde auch schon bald von vielen anderen Herstellern nachgebaut. Die hier gezeigte Waffe ist eine britische Version, die aber im Gegensatz zum Original einen einteiligen Rahmen mit integriertem Lauf hat. Die teilweise geflutete Trommel faßt nur fünf Patronen.

MODERNE REVOLVER

R.I.C.-Kopie 4
Belgien
Länge: 203 mm
Gewicht: 790 g
Kaliber: .45 (11,4 mm)
Kapazität: 5
V₀: 183 m/s

Nachbauten des R.I.C.-Revolvers gab es nicht nur in Großbritannien: diese Waffe zum Beispiel stammt aus Belgien. Sie entspricht im wesentlichen der zweiten Ausführung der Vorbildwaffe und hat einen geschlossenen Rahmen, in den der achtkantige Lauf eingeschraubt ist. Diese R.I.C.-Kopie gehört zu den qualitativ besseren Nachbauten, auch was die verwendeten Materialien betrifft.

Webley-Wilkinson 5
Großbritannien
Länge: 279 mm
Gewicht: 1'080 g
Kaliber: .455 (11,5 mm)
Kapazität: 6
V₀: 198 m/s

Dieser Dienstrevolver von Webley wurde erstmals 1892 hergestellt, er entspricht in vielen Details dem vorher beschriebenen Modell Webley-Pryse. Hauptunterschied ist die unterschiedliche Verriegelungsmethode des Kipplaufes hinten am Rahmen. Dabei greift die Rahmenbrücke über einen Riegel, die Verriegelung wird durch eine Federraste gehalten. Diese Raste kann durch einen Hebel an der linken Rahmenseite betätigt werden, das System ist kräftig und zuverlässig. Bei nicht vollständig geschlossener Waffe sperrt die Raste den Hahn, so daß nicht geschossen werden kann. Nach dem Aufkippen der Waffe kippt der Lauf nach unten, und die Hülsen werden ausgeworfen, so daß nachgeladen werden kann.
Die Waffe wurde zwar von Webley hergestellt, trug aber das Markenzeichen des berühmten Blankwaffenherstellers Wilkinson aus London, der sie zusammen mit den im eigenen Hause gefertigten Degen an britische Offiziere verkaufte.

Webley-Kaufmann 6
Großbritannien
Länge: 279 mm
Gewicht: 1'080 g
Kaliber: .455 (11,5 mm)
Kapazität: 6
V₀: 198 m/s

Dieser Spannabzugrevolver wurde aus dem Webley-Pryse entwickelt und gehört zu den bekannten Kipplauftypen. Allerdings wurde hier ein anderes Verriegelungssystem verwendet, bei dem eine Zunge an der Rahmenbrücke in einen Ausschnitt des Rahmens greift. Verriegelt werden beide Teile durch einen beweglichen Federbolzen, der zum Öffnen herausgedrückt wird.

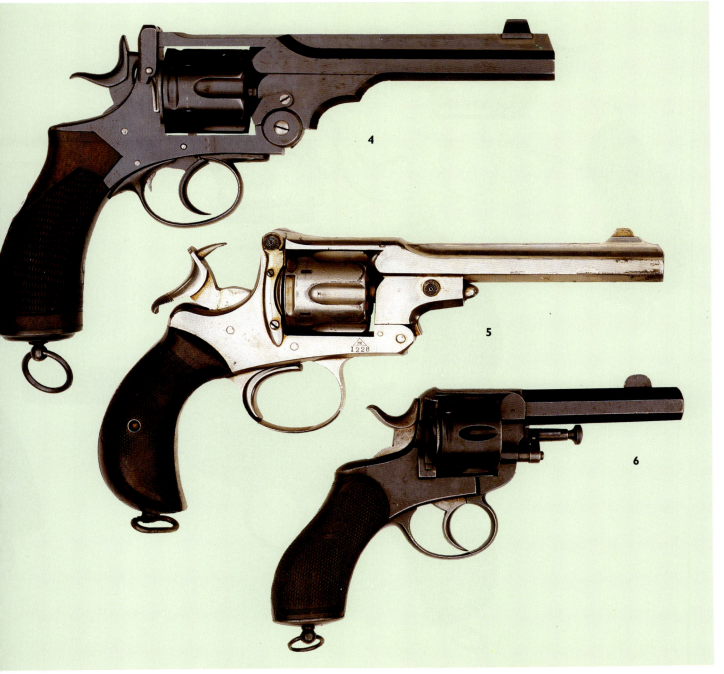

MILITÄRISCHE HANDWAFFEN

Webley New Model   1
Großbritannien
Länge: 267 mm
Gewicht: 1'080 g
Kaliber: .45 (11,4 mm)
Kapazität: 6
V_0: 198 m/s

Nachdem Colt im Jahre 1877 einen Revolver mit geschlossenem Rahmen herausgebracht hatte, folgte Webley sehr schnell mit einer eigenen Konstruktion. Die für das Kaliber .45 (11,4 mm) eingerichtete Waffe konnte auch Patronen in den Kalibern .455 (11,5 mm) und .476 (12,1 mm) verschießen, aber das funktionierte mit den anderen Webleys aus dieser Periode auch.

Webley-Government   2
Großbritannien
Länge: 286 mm
Gewicht: 1'130 g
Kaliber: .455 (11,5 mm)
Kapazität: 6
V_0: 198 m/s

Diese aus dem Webley-Kaufmann etwa 1885 weiterentwickelte Waffe war ein Kipplaufrevolver, bei dem Rahmen und Brücke mit einem steigbügelförmigen Verschluß verriegelt wurden. Bei nicht völlig geschlossener Waffe wurde der Hahn gesperrt, so daß nicht geschossen werden konnte. Webley und Green waren wegen der Urheberschaft an dieser Erfindung in einen langen Rechtsstreit verwickelt.

Webley Mark I   3
Großbritannien
Länge: 216 mm
Gewicht: 960 g
Kaliber: .455 (11,5 mm)
Kapazität: 6
V_0: 183 m/s

Im Jahre 1880 wurde der Enfield Mk II (siehe Seite 72) bei den britischen Streitkräften eingeführt. Im Dienst zeigten sich aber dann sehr schnell die Mängel dieser Waffe. Nach weiteren Truppenerprobungen im Jahre 1887 entschied man sich dann für eine neue Waffe, nämlich das Modell Webley Service Mk I. Die Waffe mit einer Lauflänge von 102 mm war ein relativ kompakter Revolver im Kaliber .455. Der Kipplauf funktionierte nach dem normalen Webley-System, er wurde mit dem angeblich von Edwinson Green erfundenen, steigbügelförmigen Verschluß verriegelt. Es war eine außerordentlich kräftig gehaltene Konstruktion mit einer Schiene auf dem achtkantigen Lauf. Die kleine Erhebung am Rahmen direkt vor der Trommel verhinderte das Verhaken der Waffe beim Einführen in das Holster. Die Griffschalen wurden aus Vulkanit hergestellt, unten am Griff war ein Ring zum Anbringen der Fangschnur angebracht.

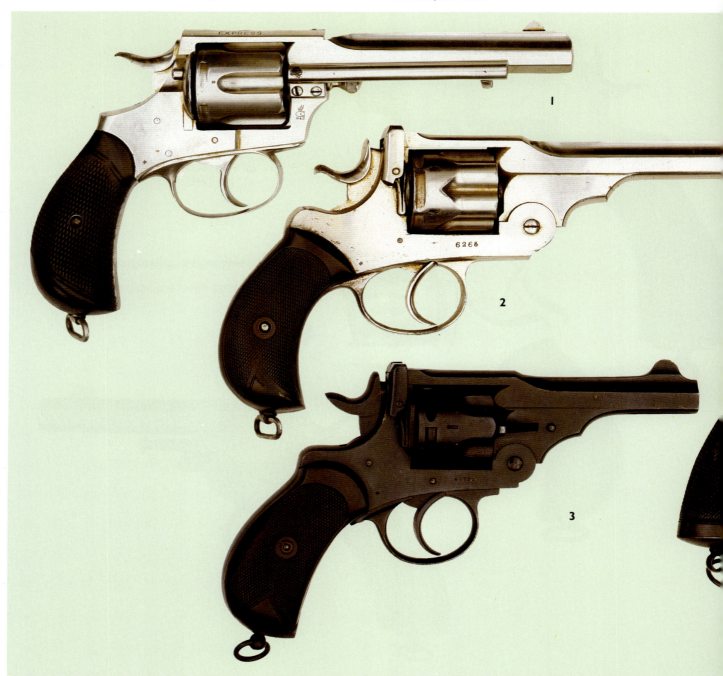

MODERNE REVOLVER

Webley Mark IV   4
Großbritannien
Länge: 279 mm
Gewicht: 1'050 g
Kaliber: .455 (11,5 mm)
Kapazität: 6
V_0: 198 m/s

Der im Jahre 1899 eingeführte Mk IV wurde schnell als das Burenkriegsmodell bekannt. Gegenüber dem Vorgängermodell waren nur wenige Details an der Waffe geändert worden, die Waffe war mit einer Reihe von verschiedenen Lauflängen lieferbar. Die hier gezeigte Waffe hat den kurzen 3-Zoll-Lauf (76 mm), sie ist durch eine Waffensprengung zerstört worden.

Tranter Army   5
Großbritannien
Länge: 298 mm
Gewicht: 1'020 g
Kaliber: .45 (11,4 mm)
Kapazität: 6
V_0: 198 m/s

Im Jahre 1879 sah auch William Tranter Absatzchancen für einen Kipplaufrevolver, deswegen gab er schließlich das Adams-Konzept mit dem soliden einteiligen Rahmen auf und konstruierte diese neue Waffe mit einem zweiteiligen Rahmen. Die für den Militärdienst bestimmte Waffe erinnert sehr an die frühen Konstruktionen von Tranter. Lauf und Rahmenbrücke sind aus einem Stück gefertigt, und das Kipplaufsystem entspricht dem der Webley- und Smith-&-Wesson-Revolver. In der Rahmenbrücke befindet sich eine rechteckige Öffnung, in die das vierkantig ausgearbeitete Verschlußoberteil eingreift, beide Teile werden mit einem auf der linken Seite des Rahmens angebrachten Federhaken verriegelt. In Ruhestellung liegt der Hahn mit einer Nut im Oberteil seiner Schlagseite auf einer Erhebung an der Rahmenbrücke. Beim Aufkippen der Waffe wirft ein sternförmiger Auswerfer die leeren Hülsen aus. Die Trommel ist zur Gewichtsreduzierung geflutet und kann leicht aus der Waffe herausgenommen werden.

Webley Mark III   6
Großbritannien
Länge: 210 mm
Gewicht: 540 g
Kaliber: .38 (9,6 mm)
Kapazität: 6
V_0: 183 m/s

Die später entwickelten Modelle Mk II und Mk III von Webley waren eigentlich für den Militärdienst vorgesehen. Der gezeigte Revolver war aber eine für den Polizei- und Zivileinsatz entwickelte, etwas kleinere Waffe, die auf Basis der Militärversion entstanden war und die Patrone .38 (9,6 mm) verschoß. Es war eine wirksame Nahkampfwaffe, die aber einen etwas zu kleinen Griff hatte.

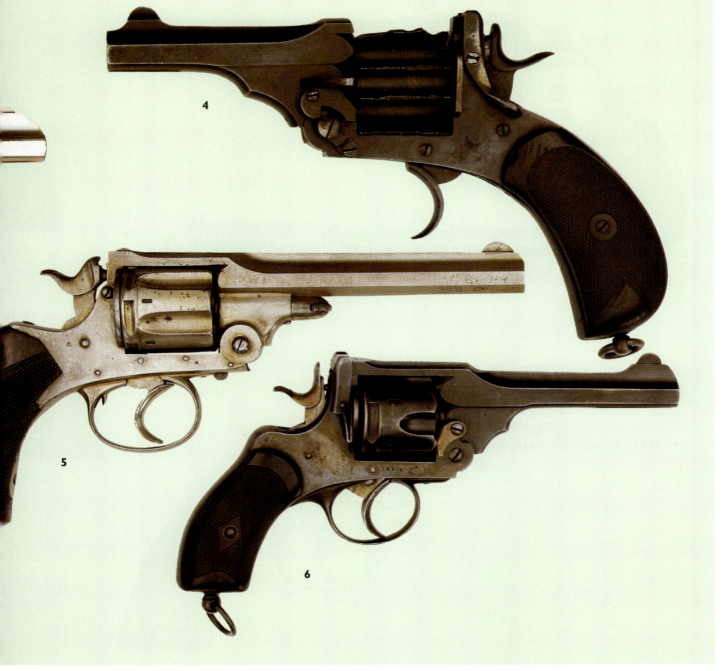

77

MILITÄRISCHE HANDWAFFEN

Colt Double Action 1
USA
Länge: 260 mm
Gewicht: 1'020 g
Kaliber: .476 (12,1 mm)
Kapazität: 6
V_0: 229 m/s

Dieser Revolver mit geschlossenem Rahmen aus dem Jahre 1887 war die erste Waffe von Colt, die ein Double-Action-Schloß hatte. Sie wurde in verschiedenen Kalibern und Größen gefertigt; die hier gezeigte Waffe verschießt die britische Dienstpatrone .476 (12,1 mm). Der Revolver erntete wegen seiner für Colt ungewöhnlichen Unausgewogenheit und mangelnden Zuverlässigkeit viel Kritik.

Colt New Navy 2
USA
Länge: 286 mm
Gewicht: 960 g
Kaliber: .38 (9,6 mm)
Kapazität: 6
V_0: 238 m/s

Diese Waffe wurde 1892 bei der amerikanischen Marine eingeführt, sie wurde aber auch beim Heer und bei der Marineinfanterie verwendet. Beim Heer war man allerdings der Meinung, daß es der Patrone .38 an Aufhaltekraft fehlte, darum wurde dort bald das New-Service-Modell eingeführt. Der New Navy war ein Double-Action-Revolver mit geschlossenem Rahmen und eingeschraubtem Lauf. Zum Ausschwenken war die Trommel auf dem patentierten Colt-Kran montiert, sie wurde nach links ausgeschwenkt und konnte schnell geladen werden. Die Hülsen wurden mit einem manuell betätigten Auswerfer ausgestoßen. Der durch den Daumen zu betätigende Schieber zum Lösen der Trommel kann auf dem Foto gut gesehen werden, er befindet sich unter dem Hahn.
Diese Waffe hatte einen 152 mm (6 Zoll) langen Lauf, sie wurde aber auch mit 76 mm (3 Zoll) und 114 mm (4,5 Zoll) langen Läufen geliefert. Auch im Kaliber .41 war dieser grundsolide und zuverlässige Revolver lieferbar.

Colt Army Special 3
USA
Länge: 286 mm
Gewicht: 990 g
Kaliber: .38 (9,6 mm)
Kapazität: 6
V_0: 305 m/s

Bei der US Army hatte man herausgefunden, daß es dem New-Navy-Revolver an Aufhaltekraft fehlte. Darum sollte die Waffe umgerüstet werden auf das Kaliber .38 Spezial, eine längere, viel leistungsfähigere Patrone als die bisherige Standardpatrone. Das abgebildete Modell 1908 hat eine der neuen Munition angepaßte Trommel und einen Abzugsbügel mit veränderter Form.

MODERNE REVOLVER

Colt Police Positive   4
USA
Länge: 260 mm
Gewicht: 680 g
Kaliber: .22
Kapazität: 6
V_0: 213 m/s

Für die Verwendung bei der Polizei fertigte Colt verschiedene Varianten des New-Service-Modells in den Kalibern .32 und .38. Diese Waffen waren sofort ein Erfolg, und schon bald kam von den Benutzern die Forderung nach einer Kleinkaliberversion für das Übungsschießen in geschlossenen Räumen und für das Scheibenschießen. Dies hier ist ein Police Positive im Kaliber .22 lfB.

Colt New Service   5
USA
Länge: 273 mm
Gewicht: 1'130 g
Kaliber: .455 (11,5 mm)
Kapazität: 6
V_0: 198 m/s

Auch diese Waffe gehörte zu der neuen Serie von Double-Action-Revolvern, die Colt gegen Ende des 19. Jahrhunderts fertigte. Es ist die größte und robusteste Waffe dieser Serie. Bei dieser Waffe war es gelungen, eine hohe Ladegeschwindigkeit mit den Vorteilen eines kräftigen Rahmens zu vereinen, indem man für die Trommel den bei Colt neukonstruierten Kran verwendete. Der Revolver wurde in sechs Größen hergestellt, die hier abgebildete Waffe hat einen 140 mm (5 ½ Zoll) langen Lauf mit einem Blattkorn und einer Kimmenrille in der Rahmenbrücke; der große, gut in der Hand liegende Griff hat Griffschalen aus Hartgummi mit Fischhaut. Es war eine große und solide Waffe, die den New Army Colt bei den amerikanischen Streitkräften ablöste. Sie war ab 1907 bis zur Einführung der Selbstladepistole die offizielle Seitenwaffe der amerikanischen Offiziere. Dieser Revolver ist für die britische Ordonnanzpatrone .455 eingerichtet, da er im Ersten Weltkrieg an Großbritannien geliefert wurde.

Colt Target   6
USA
Länge: 324 mm
Gewicht: 1'200 g
Kaliber: .455 (11,5 mm)
Kapazität: 6
V_0: 198 m/s

Diese Waffe war speziell für das Scheibenschießen konzipiert. Sie verschoß die britische Dienstpatrone und gehörte wahrscheinlich einem Armeeoffizier, der begeisterter Pistolenschütze war. Die Waffe hatte einen 190 mm langen Lauf und ein verstellbares Visier. Der Abzugsmechanismus ist zur Erhöhung der Präzision sorgfältig überarbeitet worden.

MILITÄRISCHE HANDWAFFEN

Kynoch-Revolver 1
Großbritannien
Länge: 292 mm
Gewicht: 1'190 g
Kaliber: .455 (11,5 mm)
Kapazität: 6
V_0: 198 m/s

Für die Konstruktion dieses schweren Dienstrevolvers erhielt George Kynoch im Jahre 1885 ein britisches Patent, die Waffe wurde in der Fabrik von Kynoch in Birmingham hergestellt. Ursprünglich sollte sie nach dem Scheitern des Enfield Mk II an einem Auswahlverfahren zur Ermittlung eines neuen Dienstrevolvers teilnehmen, statt dessen wurde aber der Webley übernommen. Die Waffe ist sehr interessant, denn sie hat das ursprünglich von William Tranter für seinen Perkussionsrevolver verwendete Doppelabzugssystem. Durch Betätigen des unteren Abzuges wird der Hahn gespannt, danach kann die Waffe durch Betätigung des oberen Abzuges, der nur einen sehr geringen Abzugswiderstand hat, abgefeuert werden. Im Notfall konnten beide Abzüge zugleich betätigt werden, wobei dann schnell aber ungenau geschossen wurde. Der Hahn wird durch den Rahmen verdeckt und kann nicht von Hand gespannt werden. Die Waffe ist als Kipplaufrevolver mit zweiteiligem Rahmen ausgeführt.

Webley-Fosbery 2
Großbritannien
Länge: 292 mm
Gewicht: 1'080 g
Kaliber: .455 (11,5 mm)
Kapazität: 6
V_0: 198 m/s

Nachdem ihm in Indien das Victoria-Kreuz verliehen worden war, nahm Oberst George Fosbery seinen Abschied von der britischen Armee und widmete sich der Waffenkonstruktion. Der gezeigte Revolver wurde 1901 nach seinen Plänen bei Webley hergestellt. Auf den ersten Blick sieht er wie ein normaler Dienstrevolver mit Double-Action-Schloß aus. Wenn man aber genauer hinsieht, bemerkt man, daß Rahmenoberteil mit Lauf und Trommel auf dem Griffstück beweglich gelagert sind. Durch den Rücklauf wird die Trommel automatisch weitergedreht, wobei der Hahn gespannt wird. Es muß zur Schußabgabe jetzt nur noch der Abzug betätigt werden. Auf dem Schießstand erbrachte die Waffe beeindruckende Leistungen, im Felddienst war sie weniger erfolgreich. Das Rücklaufsystem verschmutzte leicht, außerdem mußte der Schütze die Waffe beim Schuß absolut fest mit ausgestrecktem Arm halten und durfte den Rückstoß nicht abfangen, weil sonst die Rückstoßkräfte eventuell für die Funktion des Systems nicht ausreichen.

80

MODERNE REVOLVER

Smith & Wesson Gold Seal 3
USA
Länge: 298 mm
Gewicht: 1'080 g
Kaliber: .455 (11,5 mm)
Kapazität: 6
V_0: 198 m/s

Die Revolver von Smith & Wesson verkauften sich in den USA nicht sonderlich gut, weil viele Schützen meinten, daß Kipplaufrevolver für starke Patronen nicht gut geeignet seien. Darum fertigte die Firma schließlich um 1897 herum einen Revolver mit festem Rahmen.
Die hier abgebildete Version der Waffe erschien 1908. Sie war unter den Bezeichnungen «Hand Ejector», «New Century» oder «Gold Seal» bekannt. Sie hatte einen festen Rahmen mit eingeschraubtem Lauf. Das Double-Action-Schloß ging sehr weich, daher konnte man mit dem Revolver schnell und präzise schießen. Ein Schieber an der linken Rahmenseite entriegelte die Trommel, die dann auf einer separaten Achse ausschwenkte. Dieses Konstruktionsmerkmal unterschied die Revolver von Smith & Wesson von den diversen Colt-Modellen aus der gleichen Epoche. Durch Eindrücken der Trommelachse wurden danach mit einem Auswerferstern die leeren Hülsen aus der Trommel geworfen.

Smith & Wesson Modell 1917 4
USA
Länge: 244 mm
Gewicht: 960 g
Kaliber: .45 (11,4 mm)
Kapazität: 6
V_0: 213 m/s

Nachdem die USA in den Ersten Weltkrieg eingetreten waren, bestand plötzlich eine große Nachfrage nach militärischen Faustfeuerwaffen. Um den Bedarf zu decken, produzierte S&W diese Version ihres Revolvermodells. Da die Pistole M 1911 von Colt die offizielle Seitenwaffe der amerikanischen Streitkräfte war, wurde der Revolver für die gleiche Patrone im Kaliber .45 ACP eingerichtet.

Smith & Wesson British Service 5
USA
Länge: 254 mm
Gewicht: 820 g
Kaliber: .38 (9,6 mm)
Kapazität: 6
V_0: 198 m/s

Im Jahre 1940 stand Großbritannien ziemlich allein seinen Gegnern gegenüber. Es bestand ein verzweifelter Bedarf an Rüstungsgütern aller Art.
Zu den vielen Waffen, die Amerika als Hilfslieferungen schickte, gehörten auch Tausende dieser großen Smith-&-Wesson-Revolver, die alle für das britische Standarddienstkaliber .38 eingerichtet waren.

MILITÄRISCHE HANDWAFFEN

Webley & Scott Mk V 1
Großbritannien
Länge: 279 mm
Gewicht: 1'080 g
Kaliber: .455 (11,5 mm)
Kapazität: 6
V₀: 198 m/s

Der im Burenkrieg verwendete Webley Mk IV wurde schließlich im Jahre 1913 durch den Mark V abgelöst. Die neue Waffe glich in vieler Hinsicht ihrem Vorgänger, sie verschoß die Patrone .455 und hatte ein Double-Action-Schloß. Beim Kipplaufsystem wurde das übliche Webley-System mit dem steigbügelförmigen Verschluß angewendet, die Trommel kann einfach herausgenommen werden.

Webley & Scott Mk VI 2
Großbritannien
Länge: 279 mm
Gewicht: 1'050 g
Kaliber: .455 (11,5 mm)
Kapazität: 6
V₀: 198 m/s

Diese Waffe war die letzte und auch bekannteste Waffe von Webley in der Reihe der britischen Dienstrevolver. In diesen Revolver waren alle mit den früheren Modellen gemachten Erfahrungen eingeflossen.
Er wurde 1915 eingeführt und wurde in beiden Weltkriegen in großem Maße eingesetzt, wobei er in großen Stückzahlen gefertigt wurde.
Es ist ein normaler Kipplaufrevolver mit dem Webley-üblichen Verriegelungssystem. Es war eine robuste und zuverlässige Waffe, die sich auch im Schützengrabenkampf gut hielt. Einige Offiziere verwendeten sie mit einem privat erworbenen Anschlagschaft, und es war sogar ein Bajonett dafür lieferbar.
Im Jahre 1932 wurde der Mk VI offiziell ausgemustert und auf die Patrone .38 umgestellt. Viele Offiziere führten ihre privat beschafften Waffen aber noch lange weiter. Der Revolver schoß zwar nicht allzu präzise, aber er war äußerst widerstandsfähig, und man konnte sich im Kampf absolut auf ihn verlassen.

Webley & Scott Mk VI 3
Großbritannien
Länge: 279 mm
Gewicht: 1'080 g
Kaliber: .22 lfB
Kapazität: 6
V₀: 183 m/s

Die Schießausbildung an einer großkalibrigen Faustfeuerwaffe dauert lange und ist teuer. Deswegen wird bei vielen Streitkräften eine Kleinkaliberversion der Dienstwaffe zur Ausbildung verwendet, die billiger ist und mit der man auch gefahrlos in geschlossenen Räumen schießen kann. Der hier gezeigte Webley Mk VI verschießt die Kleinkaliberpatrone .22 lfB.

MODERNE REVOLVER

Enfield No. 2 Mark I 4
Großbritannien
Länge: 254 mm
Gewicht: 820 g
Kaliber: .38 (9,6 mm)
Kapazität: 6
V_0: 213 m/s

Nach dem Ersten Weltkrieg kam man bei der britischen Armee zu der Erkenntnis, daß die Verwendung einer so starken Patrone wie der .455, die im Webley Mk VI verschossen wurde, eigentlich unnötig war, deswegen entschied man sich für eine neue Patrone im Kaliber .38. Dadurch konnte die Waffe leichter gehalten werden, auch der Rückschlag wurde merklich reduziert. Die Waffe ließ sich besser handhaben, und auch die Ausbildung damit wurde einfacher.
Viele der Webley-Patente waren zu dieser Zeit bereits ausgelaufen, deswegen entschloß sich die britische Regierung, die Waffen in Zukunft in der staatlichen Waffenfabrik von Enfield bauen zu lassen. Das danach entstandene Revolvermodell Enfield No.2 Mk I hatte starke Ähnlichkeit mit dem Webley Mk VI, war aber deutlich kleiner und leichter. Es hat das gleiche Kipplaufsystem und wird durch den steigbügelförmigen Webley-Verschluß verriegelt. Der Lauf ist achtkantig und das Korn aufgeschraubt. Der Revolver hat ein Double-Action-Schloß.

Enfield No. 2 Mk I* 5
Großbritannien
Länge: 254 mm
Gewicht: 760 g
Kaliber: .38 (9,6 mm)
Kapazität: 6
V_0: 213 m/s

Nachdem der Enfield-Revolver eingeführt worden war, stellte sich heraus, daß der Hahnsporn sich besonders im Kampfraum von Panzern oder in engen Fahrzeugteilen gern an Ausrüstungsteilen verfing. Daher wurde das geänderte Modell Mark I* eingeführt, bei dem der Hahnsporn fortgelassen worden war. Die Waffe konnte nur noch über den Abzug gespannt werden.

Webley Mk IV 6
Großbritannien
Länge: 286 mm
Gewicht: 960 g
Kaliber: .38 (9,6 mm)
Kapazität: 6
V_0: 283 m/s

Selbst nachdem Webley wegen der Revolverfertigung in Enfield keine Militäraufträge mehr bekam, entwickelte man dort eine eigene Revolverkonstruktion im Kaliber .38. Sie ähnelte dem Enfield-Modell so sehr, daß sie schließlich aufgrund des Waffenmangels im Zweiten Weltkrieg zu Tausenden von der Armee bestellt wurde.

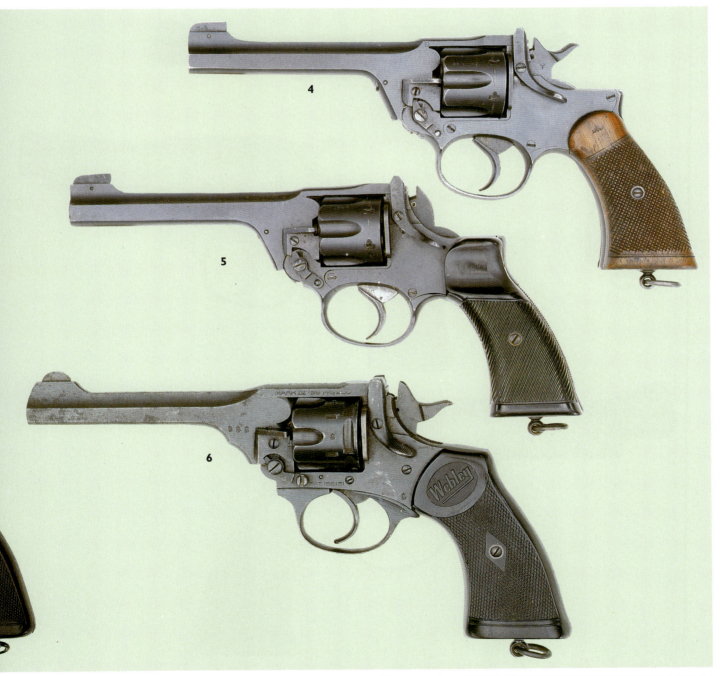

MILITÄRISCHE HANDWAFFEN

Colt Official Police   1
USA
Länge: 260 mm
Gewicht: 960 g
Kaliber: .38 (9,6 mm)
Kapazität: 6
V_0: 213 m/s

Im Jahre 1926 wurden die Militärmodelle von Colt umbenannt in «Colt Official Police»-Revolver. Das geschah hauptsächlich deswegen, weil die Polizeibehörden weiterhin Revolver verwendeten, während die Streitkräfte auf Selbstladepistolen umgerüstet hatten. Die hier abgebildete Waffe ist im Kaliber .38, hauptsächlich wurde der Revolver aber im Kaliber .41 gebaut.

Smith & Wesson Military   2
USA
Länge: 203 mm
Gewicht: 790 g
Kaliber: .38 (9,6 mm)
Kapazität: 6
V_0: 183 m/s

Dieser Revolver basiert auf einem S&W-Polizeimodell, bei dem der Lauf verkürzt und mit einem großen Rampenkorn versehen wurde. Wahrscheinlich wurden die Änderungen vorgenommen, damit die Waffe besser verdeckt getragen werden konnte. Der abgeänderte Revolver war aber nur noch auf kürzeste Entfernungen wirksam, so daß die Änderungen von fraglichem Wert waren.

Taurus Magnum M 86   3
Brasilien
Länge: 235 mm
Gewicht: 990 g
Kaliber: .357 (9,06 mm)
Kapazität: 6
V_0: 427 m/s

Moderne Revolver werden beim Militär kaum noch verwendet, bei der Polizei hingegen sind sie noch recht häufig anzutreffen. Durch die Entwicklung von neuen Magnum-Patronen gewinnen sie wohl auch etwas von ihrer Popularität zurück. Diese Patronen sind beträchtlich leistungsfähiger als normale Pistolenpatronen und benötigen kräftig gebaute Waffen.

Die meisten Schützen vertrauen hier nur den solide gebauten Revolvern mit kräftigen Rahmen, und die hier gezeigte Waffe ist dafür ein gutes Beispiel. Sie verschießt die Patrone .357 Magnum, deren Hülse 2,54 mm länger ist als die Hülse der .38er Spezial. Hersteller ist Taurus in Brasilien. Die Waffe hat ein starres Korn und wegen der großen Reichweite der Munition ein verstellbares Visier. Sie ist gut verarbeitet und kräftig dimensioniert. Zum Nachladen wird die Trommel auf einem eigenen Kran nach links aus dem Rahmen geschwenkt.

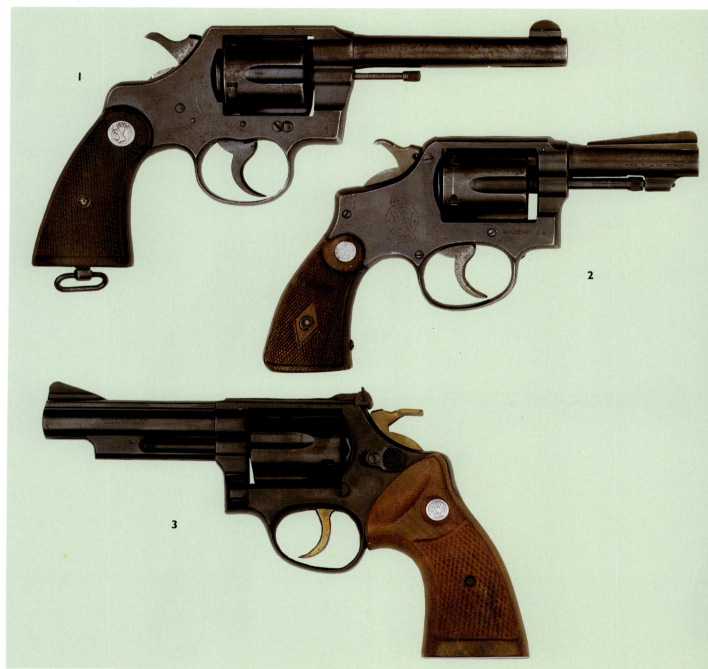

MODERNE REVOLVER

Colt Python   4
USA
Länge: 292 mm
Gewicht: 1'230 g
Kaliber: .357 Mag. (9,06 mm)
Kapazität: 6
V₀: 427 m/s

Der Colt Python wird oft als der beste Revolver der Welt bezeichnet, er verschießt die überaus leistungsfähige Patrone .357 Magnum. Er hat einen hervorragend verarbeiteten einteiligen Rahmen und eine ventilierte Schiene auf dem Lauf, die unter anderem beim Deutschuß von Vorteil ist. Für den genau gezielten Schuß hat die Waffe ein Balkenkorn und ein in Höhe und Seite verstellbares Visier. Die Waffe wird in den USA von vielen Polizeien verwendet, besonders dort, wo man sich wegen der zunehmend stärker werdenden Bewaffnung der Kriminellen Sorgen macht. Im militärischen Bereich dagegen wird die Waffe hauptsächlich nur von Sondereinheiten verwendet. Anti-Terror-Einheiten müssen im Einsatz ihr Ziel mit dem ersten Schuß treffen, darum werden die Schützen im Umgang mit der Waffe gründlich ausgebildet. Sie müssen mit dem beträchtlichen Rückschlag, Schußknall und Mündungsfeuer der Waffe problemlos fertigwerden. Die schwere Waffe hat natürlich auch eine nicht zu unterschätzende abschreckende Wirkung.

Smith & Wesson Modell 686   5
USA
Länge: 292 mm
Gewicht: 1'300 g
Kaliber: .357 Mag. (9,06 mm)
Kapazität: 6
V₀: 427 m/s

Diese Waffe, eine von mehreren in der S&W-Produktpalette im Kaliber .357 Magnum, ist ein direkter Konkurrent der Python, kostet allerdings fast nur die Hälfte. Das hier abgebildete Modell 686 mit einteiligem Rahmen besteht ganz aus rostfreiem Edelstahl.
Die Trommel wird für den Ladevorgang nach links aus dem Rahmen geschwenkt, wobei zur Beschleunigung ein handelsüblicher Schnellader verwendet werden kann. Das einfache Blattkorn ist nicht verstellbar, das Visier dagegen kann nach Höhe und Seite verstellt werden. Der Lauf ist mit einer Schiene versehen, während die unter dem Lauf liegende Verkleidung der Auswerferstange bis zur Mündung vorgezogen ist. Diese Smith-&-Wesson-Waffe ist bei Scheibenschützen sehr beliebt, außerdem wird sie gern von Jägern bei der Jagd auf gefährliche Großwildarten geführt. Sie wird auch bei militärischen Sondereinheiten, Polizeien und Sondereinsatzkommandos verwendet. Die abgebildete Waffe hat den Standardlauf mit 6 Zoll (152 mm) Länge.

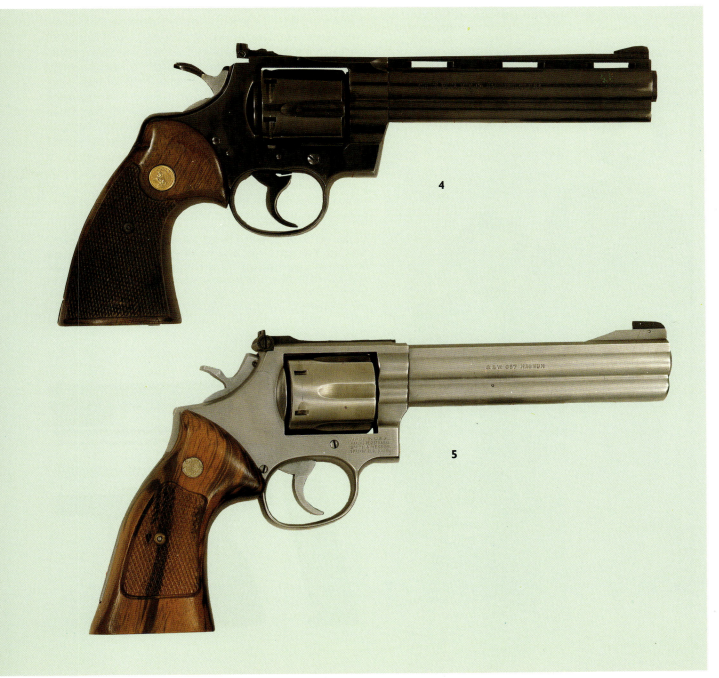

MILITÄRISCHE HANDWAFFEN

SELBSTLADEPISTOLEN

Die allgemeine Einführung des Repetiergewehres mit Zylinderverschluß gegen Ende der 80er Jahre des letzten Jahrhunderts veranlaßte eine ganze Reihe von Konstrukteuren dazu, Faustfeuerwaffen nach dem gleichen Prinzip zu entwerfen. Dazu wurde üblicherweise ein Hebel an der Waffenunterseite angebracht, am Ende dieses Hebels befand sich ein Ring. In diesen Ring steckte der Schütze einen Finger und konnte so durch eine Vorwärtsbewegung des Hebels den Verschluß der Waffe betätigen. Beim Zurückziehen wurde eine Patrone zugeführt und der Verschluß geschlossen. Im letzten Stadium des Zurückziehens wirkte der Hebel entweder gleichzeitig als Abzug, oder aber der Schießfinger befand sich jetzt neben dem eigentlichen Abzug,

Unten: 1901 entstand dieses Foto, auf dem zwei Kommandeure der Buren in Südafrika abgebildet sind. Einer von ihnen trägt eine Mauser C 96. Diese Waffe wurde im Burenkrieg von beiden Seiten eingesetzt, mit dem als Holster ausgearbeiteten Anschlagschaft ließ sich die Waffe schnell in einen handlichen Selbstladekarabiner verwandeln. Bemerkenswert an diesem Krieg war, daß mit Gewehren sehr häufig über extrem lange Distanzen geschossen wurde.

der betätigt werden konnte, ohne daß man den Repetierhebel loslassen mußte. Diese mechanischen Repetierpistolen funktionierten gut, solange sie neu waren, gut geölt wurden und solange die Munition dafür sorgfältig ausgesucht worden war. Wenn sie erst einmal verschlissen und verschmutzt waren oder wenn die verwendete Munition nicht ganz genau paßte, traten sehr häufig Hemmungen auf.
Dieser Waffentyp fand aber nie eine sonderlich große Verbreitung. Bevor er sich durchsetzen konnte, erschien Hiram Maxim mit seiner Maschinengewehrkonstruktion auf der Szene. Die Waffenkonstrukteure gingen nun davon aus, daß man die entsprechenden Funktionsprinzipien dieser Waffe vielleicht auch auf Faustfeuerwaffen übertragen könne. Sie hatten recht mit ihrer Annahme, und mit dem Erscheinen der ersten Selbstladepistole verschwand die Repetierpistole in der Versenkung. Sie ist hier eigentlich nur deshalb erwähnt worden, weil sie das Bindeglied zwischen den Selbstladepistolen und ihren Vorgängern ist. Josef Laumann in Wien erhielt im Jahre 1890 für eine Repetierpistole ein Patent, es war eine konventionelle Konstruktion mit einem Zylinderverschluß und Repetierhebel. Ein Jahr darauf nahm er daran noch einige geringfügige Änderungen vor, aber im darauffolgenden Jahr 1892 beantragte er Patentschutz für eine Waffe mit einem völlig neuen Funktionsprinzip. Statt durch die Betätigung eines Hebels per Hand wurde der Verschluß jetzt durch die Kraft des Rückstoßes der Patrone geöffnet.
Laumann beließ einen Teil des Hebelmechanismus seiner Repetierpistole in der Konstruktion und erhielt dadurch eine Waffe,

Unten: An dieser zerlegten FN GP 35 (High Power) ist die typische Browning-Konstruktion gut zu sehen. Über dem Rahmen sieht man die Schließfederführungsstange mit der aufgesetzten Schließfeder. Darüber befindet sich der Lauf mit den zwei Riegelzapfen auf dem Rücken und dem Steuernocken an der Laufunterseite. Ganz oben ist der Schlitten. Links vom Griffstück sehen Sie das 13schüssige Magazin.

SELBSTLADEPISTOLEN

die als Rückstoßlader mit verzögertem Rücklauf arbeitete, es war die erste Waffe dieses Typs. Seine Konstruktion kam 1892 als Schonberger-Pistole auf den Markt, sie war nach dem Direktor der Steyr-Waffenfabrik benannt, wo sie hergestellt wurde. An dieser Stelle wollen wir uns einmal mit einer sprachlichen Ungenauigkeit beschäftigen: Die sogenannten Automatikpistolen sind in aller Regel gar keine automatischen Waffen. Der Begriff «automatisch» hat nur bei den Pistolen wirklich eine Berechtigung, die durch einmaliges Betätigen solange ununterbrochen schießen, wie der Abzug in der hinteren Stellung gehalten wird oder das Magazin leergeschossen ist. Einige der ganz frühen automatischen Pistolen hatten diese Eigenschaft tatsächlich, es zeigte sich aber sehr rasch, daß eine vollautomatische Waffe das Magazin im Bruchteil einer Sekunde leergeschossen hatte und dabei so heftig schlug, daß sie nicht unter Kontrolle gehalten werden konnte und das Trefferergebnis dementsprechend schlecht war. Daher wurde der Unterbrecher eingeführt, mit dessen Hilfe nach jedem Schuß der Abzugsmechanismus erst einmal vom restlichen Mechanismus abgekoppelt wird, so daß für jeden Schuß der Abzug erneut durchgezogen werden muß. Daher ist die «automatische Pistole» oder «Automatic» in Wirklichkeit eine Selbstladepistole. Zwar gibt es auch heute noch vollautomatische Pistolen, aber sie werden nur in einigen Spezialbereichen verwendet, und ihre Benutzung erfordert sehr viel Übung.

Im Jahre 1893 erschien die Borchardt-Pistole, deren Kniegelenkverschluß vom Maxim-Maschinengewehr übernommen worden war. Aus ihr wurde nach einigen Jahren die Parabellum-Pistole entwickelt, die im englischsprachigen Raum hauptsächlich als «Luger» bekannt ist. Im folgenden Jahr brachte Bergmann das erste Modell einer Serie von Rückstoßladern mit unverriegeltem Masseverschluß heraus, und im Jahre 1895 erschien auch die Mauser, eine Waffe mit sehr charakteristischer Form aus einer ebenso berühmten Fabrik. Jetzt war das Eis gebrochen, es erschienen ständig neue Pistolenkonstruktionen, und das Militär freundete sich schnell mit diesen Neuentwicklungen an. Die Parabellum-Pistole wurde schon 1900 beim Schweizer Bundesheer eingeführt, in Österreich-Ungarn war es 1907 die Roth-Pistole, die deutschen Streitkräfte bekamen 1908 die deutsche Version der Parabellum-Pistole, und im Jahre 1911 wurde bei den amerikanischen Streitkräften mit der Colt M 1911 eine Konstruktion von John M. Browning eingeführt, die zu den ganz großen Klassikern der Waffengeschichte gehört. Browning verkaufte der Fabrique Nationale d'Armes in Herstal bei Lüttich in Belgien eine ganze Reihe von Pistolenkonstruktionen, die unter dem Namen Browning auf den Markt kamen. Zur Zeit des Ausbruches des Ersten Weltkrieges hatte FN schon fast zwei Millionen dieser Browning-Pistolen verkaufen können. Pistolen, die relativ schwache Patronen verschießen (7,65 mm oder noch kleiner, auch noch 9 mm kurz), werden meist als Rückstoßlader mit unverriegeltem Masseverschluß gebaut. Ab und zu gibt es auch noch Waffen, die mit verzögertem Schlittenrücklauf bzw. halbstarr verriegeltem Verschluß arbeiten, besonders wenn eine etwas stärkere Patrone verwendet wird. Wenn aber wirklich leistungsfähige Munition verschossen werden soll, dann führt kein Weg am verriegelten Verschluß vorbei. Hier hat sich in den letzten 90 Jahren besonders das Browning-System bewährt, bei dem die Entriegelung über ein Kettenglied oder einen Nocken durchgeführt wird. Auch das 1907 erstmals von Steyr-Mannlicher und später auch von Colt angewendete System der Laufdrehung erscheint noch hier und da, es gibt das von Walther entwickelte und jetzt auch von Beretta verwendete Schwenkriegelsystem und außerdem noch ein gutes halbes Dutzend anderer Systeme, zu denen auch Gasdrucklader gehören. Die große Typen- und Systemvielfalt, die in den 30er Jahren ihren Höhepunkt fand, ist aber leider verschwunden, sie wurde auf dem Altar der Rationalisierung geopfert. Eine moderne, computergesteuerte Werkzeugmaschine kann ein Pistolengriffstück herstellen, bei dem die Fertigungstoleranzen unter 5 Micron liegen, und sie kann das über beliebig lange Zeiträume und Stückzahlen durchführen. Allerdings müssen die Teile so konstruiert sein, daß sie einfach zu fertigen sind. In der heutigen kostenbewußten und vom Wettbewerb beherrschten Welt ist deswegen kein Platz mehr für komplizierte Systeme wie den Kniegelenkverschluß von Borchardt oder die Roth-Pistole mit dem langen Rücklauf des Laufes. Das ist eigentlich schade.

Links: Ein französischer Hauptfeldwebel beim Reinigen seiner Colt M 1911. Diese große und zuverlässige Selbstladepistole zählt zu den ganz großen Klassikern der Waffengeschichte.

Unten: Ein noch recht jugendlicher deutscher Soldat führt Amerikaner in die Kriegsgefangenschaft. Bewaffnet ist er mit einer Walther P 38.

MILITÄRISCHE HANDWAFFEN

Borchardt-Pistole 1
Deutschland
Länge: 349 mm
Gewicht: 1'300 g
Kaliber: 7,65 mm
Kapazität: 8
V_0: 335 m/s

Diese große und schwere Pistole war die Konstruktion von Hugo Borchardt, sie erschien erstmals im Jahre 1893. Die Waffe steckte in einem gleichzeitig als Anschlagschaft dienenden Holzholster. Als Kavalleriekarabiner hatte sie nur mäßigen Erfolg. Ihr Funktionsprinzip ähnelte dem des Maxim-Maschinengewehres, denn hinter dem Lauf befand sich ein separater Verschluß, der durch ein zweiteiliges Verschlußgelenk gehalten wurde. Nach dem Schuß liefen durch den Rückstoß bedingt Lauf und Verschluß zusammen zurück, bis der Lauf durch eine Vorrichtung gestoppt wurde. Der Gelenkverschluß begann sich nun zu öffnen, so daß der Verschluß ganz nach hinten laufen konnte und dabei die Hülse auszog und den Hahn spannte.
Durch eine starke Schließfeder wurde der Verschluß wieder vorgebracht, dabei führte er die nächste Patrone aus dem Magazin ins Patronenlager ein. Nachdem die beiden Schenkel des Gelenkes gestreckt waren, war die Pistole feuerbereit.

Mauser Modell 1898 2
Deutschland
Länge: 298 mm
Gewicht: 1'130 g
Kaliber: 7,63 mm
Kapazität: 10
V_0: 427 m/s

Die erste Selbstladepistole von Mauser wurde im Jahre 1896 gefertigt, und dieses verbesserte Modell erschien 1898.
Es verschoß eine modifizierte Borchardt-Patrone und arbeitete wiederum als Rückstoßlader. Die Waffe mußte vor dem ersten Schuß gespannt werden, dazu wurde die Laufgruppe mitsamt Verschluß durch den geriffelten Griff vor dem Hahn zurückgezogen. Dadurch wird eine Patrone geladen und der Hahn gespannt. Danach brauchte der Schütze nur noch für jeden Schuß den Abzug durchzuziehen, bis die Munition verschossen war. Das integrierte Kastenmagazin faßte zehn Patronen, es wurde von oben durch das Patronenauswurffenster geladen. Das hölzerne Holster diente gleichzeitig als abnehmbarer Anschlagschaft.
Im Burenkrieg wurden diese Mauserpistolen von beiden Seiten verwendet.

SELBSTLADEPISTOLEN

Mauser Modell 1912   3
Deutschland
Länge: 298 mm
Gewicht: 1'250 g
Kaliber: 7,63 mm
Kapazität: 10
V_0: 427 m/s

Die frühen Mauser-Pistolen wurden nicht in den deutschen Militärdienst übernommen, dafür wurden sie aber von anderen Ländern in großer Zahl gekauft. Das Modell 1912 war die leicht überarbeitete Version des Modells 1898, beide Waffen sind sich sehr ähnlich. Auch die neue Waffe mußte mit einem Ladestreifen mit zehn Patronen geladen werden, das Magazin war fest eingebaut, und sie hatte das als Anschlagschaft verwendbare Holzholster. Hauptunterschied zum Vorgänger war die verbesserte Sicherung, die links am Griffstück angebracht war und mit der der gespannte Hahn gesperrt werden konnte. Mauser-Pistolen dieser Bauart wurden auf der ganzen Welt verwendet. In den 20er Jahren entwickelten spanische Ingenieure eine Vorrichtung, mit der die Waffe Dauerfeuer schießen konnte. Mauser reagierte um 1930 mit der Konstruktion einer Waffe, die mit einem abnehmbaren 10- oder 20-Schuß-Magazin geladen werden konnte. Gut gezieltes Dauerfeuer ließ sich aber mit der Waffe nicht schießen, da sie zu kurz war.

Mauser 9 mm   4
Deutschland
Länge: 298 mm
Gewicht: 1'250 g
Kaliber: 9 mm Para
Kapazität: 10
V_0: 351 m/s

Bis zum Ausbruch des Ersten Weltkrieges war die Umstellung der kaiserlichen deutschen Streitkräfte auf die Patrone 9 mm Parabellum, die ja speziell für die Pistole 08 entwickelt worden war, abgeschlossen. Von der Parabellum konnten aber nie genug Waffen geliefert werden, darum konstruierte Mauser im Jahre 1916 sein Modell 1912 so um, daß es die stärkere neue Patrone mit der geradwandigen Hülse verschießen konnte. Diese Umbauten sind leicht an der großen Zahl «9» zu erkennen, die in die Griffschalen eingeschnitten und dann mit roter Farbe ausgemalt wurde. Manchmal wird diese Variante auch als Modell 1916 bezeichnet. Wie alle anderen Selbstladepistolen hatte auch dieses Mausermodell ein verstellbares Visier, was für eine auf kurze Entfernungen verwendete Waffe eine unnötige Komplizierung ist. Die abgebildete Waffe hat keinen Holzanschlagschaft, obwohl ein solcher in den Schützengräben gern verwendet wurde. Die Waffe wurde bis weit in die 30er Jahre verwendet.

MILITÄRISCHE HANDWAFFEN

Bergmann Modell 1896 1
Deutschland
Länge: 254 mm
Gewicht: 1'130 g
Kaliber: 7,63 mm
Kapazität: 5
V_0: 380 m/s

Theodor Bergmann schuf seine erste Selbstladepistole im Jahre 1894, die hier gezeigte Waffe ist das verbesserte Modell 1896. Die Pistole ist ein einfacher Rückstoßlader mit unverriegeltem Masseverschluß und feststehendem Lauf, bei der der Verschluß durch den Rückstoß geöffnet wird. Diese Funktionsweise kommt aber nur für Waffen in Frage, die relativ schwache Patronen verschieben, und mit dieser Waffe bewegte sich der Konstrukteur tatsächlich schon am Rande des Machbaren. Es gab an der Pistole auch keinen Auszieher, die Hülse wurde einfach durch den noch vorhandenen Gasdruck ausgeblasen. Sie wurde dann von der nachfolgenden Patrone abgelenkt und durch das Auswurffenster ausgeworfen. Das fest eingebaute Magazin wurde geöffnet, indem die vor dem Abzug angebrachte Platte nach unten geschoben wurde. Geladen wurde die Waffe mit Ladeclips mit 5 Patronen. Die Pistole war sehr gut verarbeitet, leider war sie aber unzuverlässig und daher für den harten Militärdienst nicht zu gebrauchen.

Bergmann Modell 1897 2
Deutschland
Länge: 267 mm
Gewicht: 750 g
Kaliber: 7,63 mm
Kapazität: 5
V_0: 335 m/s

Diese Pistole war eine verbesserte Version des Modells 1896. Sie hatte einen verriegelten Verschluß, der erst öffnete, wenn der Gasdruck auf einen ungefährlichen Wert abgefallen war. Außerdem hatte die Waffe ein abnehmbares Magazin. Die Waffe selbst war gut und zuverlässig, aber aufgrund der schwachen Munition fand sie keine nennenswerte Akzeptanz als Dienstwaffe.

Bergmann Simplex 3
Deutschland
Länge: 190 mm
Gewicht: 590 g
Kaliber: 8 mm
Kapazität: 6 oder 8
V_0: 198 m/s

Diese von Bergmann entwickelte Taschenpistole wurde ab 1904 in Belgien in Lizenz hergestellt. Sie arbeitete als Rückstoßlader mit unverriegeltem Masseverschluß und verschoß eine spezielle Patrone mit reduzierter Leistung, das Kastenmagazin war abnehmbar. Die Bergmann Simplex war eine leichte und handliche Selbstverteidigungswaffe, der es aber an Stoppwirkung fehlte.

SELBSTLADEPISTOLEN

Bergmann-Bayard 4
Deutschland
Länge: 251 mm
Gewicht: 1'010 g
Kaliber: 9 mm
Kapazität: 6
V_0: 305 m/s

Diese Waffe von 1901 wurde speziell als Militärpistole entwickelt. Sie verschoß eine starke Patrone im Kaliber 9 mm und arbeitete als Rückstoßlader mit verriegeltem Verschluß nach dem Prinzip des langen Rücklaufes des Laufes, bei dem Lauf und Verschluß bis zum hinteren Anschlag zusammen zurücklaufen und erst dort entriegelt werden. Die Waffe hatte ein abnehmbares Kastenmagazin.

Mannlicher Modell 1901 5
Österreich
Länge: 239 mm
Gewicht: 940 g
Kaliber: 7,63 mm
Kapazität: 8
V_0: 312 m/s

Die Waffenfabrik in Steyr in Österreich wurde von Josef Werndl gebaut, und dessen Sohn, der ebenfalls Josef hieß, führte amerikanische Massenproduktionsverfahren ein, mit deren Hilfe man preiswertere Waffen fabrizieren konnte. Eines der frühen Produkte der Fabrik war diese Selbstladepistole, die von Ferdinand Ritter von Mannlicher entwickelt worden war.

Das Modell 1901 ist eine überarbeitete Version der ursprünglich aus dem Jahre 1894 stammenden Konstruktion, sie hat einen Verschluß mit verzögertem Rücklauf. Dabei ist der Verschluß nicht mit dem Lauf verriegelt, sondern sein Rücklauf wird durch eine mechanische Vorrichtung so lange verzögert, bis der Gasdruck auf ein ungefährliches Maß abgesunken ist. Das Magazin befindet sich zwar im Griffstück, aber es kann nicht herausgenommen werden und muß von oben mit Ladestreifen beladen werden.
Diese gut verarbeitete und zuverlässige Pistole verschoß eine recht wirksame Patrone.

Mannlicher Modell 1903 6
Österreich
Länge: 267 mm
Gewicht: 990 g
Kaliber: 7,65 mm
Kapazität: 6
V_0: 332 m/s

Diese Mannlicherkonstruktion hatte einen verriegelten Verschluß, weil sie stärkere Munition verschoß. Nach dem Spannen wurden Lauf und Verschluß durch eine Warze am Rahmen so lange verriegelt, bis nach dem Schuß der Gasdruck auf ein ungefährliches Maß abgesunken war. Mit dem großen Sicherungshebel vor dem Abzug konnte der Hahn ge- und entspannt werden.

MILITÄRISCHE HANDWAFFEN

Browning Modell 1900 — 1
Belgien
Länge: 171 mm
Gewicht: 620 g
Kaliber: 7,65 mm
Kapazität: 7
V_0: 287 m/s

John Moses Browning entwarf im Jahre 1900 seine erste Selbstladepistole. Nach Streitereien mit amerikanischen Herstellern verkaufte er die Rechte an seiner Konstruktion nach Belgien an die Firma Fabrique Nationale (FN) und schuf damit den Beginn einer jahrzehntelangen Partnerschaft. Es war eine robuste und zuverlässige Pistole mit einem feststehenden Lauf.

Der Verschluß war ein in den Schlitten integriertes Teil an der Oberseite des Schlittens. Die Verschlußfeder war über den Lauf gesteckt. Zum Spannen wurde der Schlitten zurückgezogen und dann losgelassen, beim Vorlauf wurde eine Patrone ins Patronenlager geladen. Durch sein Eigengewicht verursachte der Schlitten nach dem Schuß genügend Verzögerung, so daß der Gasdruck vor dem Öffnen des Verschlusses ausreichend absinken konnte. Ein Auszieher an der Schlittenseite sorgte dafür, daß die Hülse ausgezogen und dann durch das Patronenauswurffenster links am Schlitten ausgeworfen wurde.

Browning Modell 1900 — 2
Belgien
Länge: 171 mm
Gewicht: 620 g
Kaliber: 7,65 mm
Kapazität: 7
V_0: 287 m/s

Browning-Selbstladepistolen verschossen eine speziell für diese Waffen entwickelte Patrone, die von manchen Fachleuten als zu schwach für den Militärdienst angesehen wurde. Trotzdem waren sie bei den Soldaten sehr beliebt; die abgebildete Waffe wurde noch in den späten 50er Jahren von einem französischen Offizier in Algerien geführt. Die Griffschalen an der Waffe sind nicht original.

Colt Modell 1903 — 3
USA
Länge: 171 mm
Gewicht: 680 g
Kaliber: .32 (8,1 mm)
Kapazität: 8
V_0: 274 m/s

Die erste von Colt entwickelte Selbstladepistole erschien 1903, aber sie wurde sehr bald durch diesen gefälligen Entwurf von John Browning abgelöst. Die Waffe arbeitete als einfacher Rückstoßlader mit unverriegeltem Masseverschluß und hatte einen verdeckten Hahn. Mit der Pistole konnte nur geschossen werden, wenn die Handballensicherung eingedrückt war.

SELBSTLADEPISTOLEN

Webley-Mars   4
Großbritannien
Länge: 311 mm
Gewicht: 1'360 g
Kaliber: .38 (9,6 mm)
Kapazität: 7
V_0: 533 m/s

Nach der Jahrhundertwende begann man bei Webley nach einem geeigneten Entwurf für eine Selbstladepistole zu suchen. Die hier gezeigte Waffe hatte Hugh Gabbet-Fairfax konstruiert, sie wurde unter dem Handelsnamen Mars verkauft. Es war eine schwere und unhandliche Waffe, die eine speziell dafür konstruierte Patrone mit Flaschenhülse verschoß. Die Pistole hatte einen verriegelten Verschluß, der durch eine Drehbewegung des Laufes entriegelt wurde. Durch die starke Patrone hatte die Pistole einen starken Rückschlag, auch die Hülse wurde recht heftig ausgeworfen. Aus diesen Gründen lehnten die britischen Militärbehörden, die allerdings ohnehin der Selbstladepistole sehr kritisch gegenüberstanden, eine Übernahme der Waffe ab. Danach übernahm Gabbet-Fairfax den Vertrieb der Waffe selbst, die sich aber nicht gut verkaufen ließ. Im Jahre 1904 ging er in Konkurs.

Webley & Scott M 1904   5
Großbritannien
Länge: 254 mm
Gewicht: 1'360 g
Kaliber: .455 (11,5 mm)
Kapazität: 7
V_0: 229 m/s

Webley ließ aber bei der Selbstladepistole nicht locker und entwickelte schließlich im Jahre 1904 diese Pistole. Sie verschoß eine Patrone, die etwas größer und leistungsfähiger war als die britische Ordonnanzpatrone. Die M 1904 war eine klobige und eckige Waffe, mit einem für den Deutschuß sehr ungünstigen Griffwinkel. Sie arbeitete als Rückstoßlader, bei dem Lauf und Schlitten im Moment der Schußabgabe durch eine senkrecht stehende Verriegelungswarze miteinander verriegelt waren. Nach kurzem gemeinsamem Rücklauf kippte die Warze ab und gab den Schlitten frei, der dann allein weiter zurücklief. Die Waffe war schwer und etwas kompliziert, vor allen Dingen war sie anfällig gegen Verschmutzung und neigte dann zu Hemmungen, was natürlich im Militärdienst fatal sein kann. Die britischen Streitkräfte zeigten auch nie sonderliches Interesse an der Pistole, so daß sie nur in begrenzten Stückzahlen auf den Zivilmarkt kam. Später diente sie allerdings als Grundlage für Neuentwürfe.

MILITÄRISCHE HANDWAFFEN

Webley No. 1 Mk I   1
Großbritannien
Länge: 216 mm
Gewicht: 1'100 g
Kaliber: .455 (11,5 mm)
Kapazität: 7
V_0: 229 m/s

Diese verbesserte Selbstladepistole wurde von Webley im Jahre 1906 konstruiert und dann 1913 von der britischen Marine übernommen. Es war eine große und etwas eckige Pistole mit abnehmbarem Magazin.
Sie verschoß die große Revolverpatrone .455 (11,5 mm) in einer leistungsgesteigerten Version.
Die Pistole arbeitete als Rückstoßlader, wobei Lauf und Verschluß während des ersten Teils des Rücklaufes miteinander verriegelt waren. Durch ein Nockensystem wurde das Laufhinterteil etwas nach unten abgekippt, dadurch wurde der Schlitten entriegelt und konnte allein weiter zurücklaufen. Am Rücken des Griffstückes befand sich eine Handballensicherung, die von der Hand des Schützen eingedrückt werden mußte, ehe die Waffe abgefeuert werden konnte. Später gab es noch eine Version mit einem abnehmbaren Anschlagschaft, die an das Royal Flying Corps ausgegeben wurde. Die Webley No. 1 Mk I wurde aber schnell durch das Maschinengewehr ersetzt.

Webley Modell 1909   2
Großbritannien
Länge: 203 mm
Gewicht: 960 g
Kaliber: 9 mm Browning
Kapazität: 7
V_0: 229 m/s

Diese Pistole wurde zur Ausrüstung von Polizei und anderen paramilitärischen Verbänden entwickelt, bei denen die starke Patrone .455 (11,5 mm) nicht benötigt wurde. Sie verschoß die Patrone 9mm Browning und arbeitete als Rückstoßlader mit unverriegeltem Masseverschluß. Diese Waffe wurde in großer Zahl für die Polizei in Südafrika beschafft.

Webley & Scott .32 in   3
Großbritannien
Länge: 159 mm
Gewicht: 570 g
Kaliber: .32 (8,1 mm)
Kapazität: 8
V_0: 274 m/s

Webley sah auf dem Markt für einfache Pistolen mit relativ leichter Munition sehr gute Verkaufsmöglichkeiten und baute darum 1906 dieses Modell. Es war eine einfache und robuste Konstruktion. Die Waffe arbeitete als Rückstoßlader mit unverriegeltem Masseverschluß.
Sie war bei Polizei und Militär überaus beliebt und wurde bis 1940 produziert.

SELBSTLADEPISTOLEN

Harrington & Richardson 4
USA
Länge: 165 mm
Gewicht: 570 g
Kaliber: .32 (8,1 mm)
Kapazität: 6
V_0: 299 m/s

Der amerikanische Hersteller Harrington & Richardson baute eine Pistole, die auf der leichten Webley-Konstruktion mit unverriegeltem Masseverschluß basierte. Sie hatte im Gegensatz zum britischen Modell einen innenliegenden Hahn und einen großen Ausschnitt an der Schlittenoberseite. Die H&R hatte, obschon eine gute Waffe, gegen die amerikanische Konkurrenz nie große Chancen.

Schouboe M 1907 5
Dänemark
Länge: 224 mm
Gewicht: 1'190 g
Kaliber: 11,35 mm
Kapazität: 6
V_0: 488 m/s

Der dänische Leutnant Jens Schouboe konstruierte im Jahre 1903 eine einfache Pistole mit unverriegeltem Masseverschluß. Im Jahre 1907 versuchte er dann, seine Konstruktion zu vergrößern und für eine starke Ordonnanzpatrone einzurichten. Aus Pistolen mit unverriegeltem Masseverschluß kann man aber keine starken Patronen verschießen, darum entwickelte Schouboe ein leichtes Holzgeschoß, das mit einem dünnen Metallmantel umgeben war. Dadurch konnte er die Rückstoßkräfte reduzieren, denn dieses leichte Geschoß verließ den Lauf sehr schnell und hielt darum den Gasdruck in vertretbaren Grenzen. Schouboes Waffenkonstruktion funktionierte sogar im rauhen Dienstbetrieb zuverlässig. Das Problem an der Sache war aber das Geschoß: durch das geringe Gewicht hatte es kaum Aufhaltekraft und verlor sehr schnell seine Präzision. Die Waffe war technisch gesehen deswegen interessant, weil bei ihr die eigentlichen militärischen Anforderungen schlicht ignoriert worden waren. Die Produktion wurde 1917 eingestellt.

Schwarzlose Modell 1908 6
Deutschland
Länge: 137 mm
Gewicht: 910 g
Kaliber: 9 mm
Kapazität: 6
V_0: 305 m/s

Diese von Andreas Schwarzlose im Jahre 1908 hergestellte Pistole ließ sich kaum verkaufen. Ihr Verschluß war am Rahmen befestigt, während der Lauf beweglich gelagert war und nach dem Schuß durch den Gasdruck nach vorn lief. Während der Lauf durch die Rückholfeder in seine Grundstellung zurückgebracht wurde, spannte er den Hahn und lud die nächste Patrone.

MILITÄRISCHE HANDWAFFEN

Parabellum (Pistole 08) 1
Deutschland
Länge: 222 mm
Gewicht: 850 g
Kaliber: 9 mm Para
Kapazität: 8
V_0: 351 m/s

Georg Luger entwickelte aus der Borchardt-Konstruktion eine Reihe von Pistolen, die nach der Adresse des Herstellerwerkes als Parabellum-Pistolen bekannt wurden. Die ersten dieser Selbstladepistolen hatten noch das Kaliber 7,65 mm Parabellum, aber im Jahre 1908 hatte Luger die Patrone so umkonstruiert, daß sie ein Geschoß im Kaliber 9 mm aufnehmen konnte.

Danach entwickelte er für diese Patrone eine Pistole. Die P 08 arbeitet nach dem gleichen Funktionsprinzip wie die Borchardt, dabei laufen Verschluß und Lauf so lange zusammen verriegelt zurück, bis das Kniegelenk nach oben schwenkt und die Verriegelung löst.
Die Luger-Konstruktion erwies sich sofort als erfolgreich und wurde von den deutschen Streitkräften übernommen, sie blieb bis 1943 in der Fertigung. Sie wurde in beiden Weltkriegen an allen Fronten eingesetzt und erwarb sich einen legendären Ruf. Die hier gezeigte Waffe wurde im Jahre 1940 bei Mauser in Oberndorf hergestellt.

Parabellum Artilleriemodell 2
Deutschland
Länge: 324 mm
Gewicht: 1'050 g
Kaliber: 9 mm Para
Kapazität: 8/32
V_0: 380 m/s

Im Jahre 1917 wurde beim deutschen Heer eine Pistolenkarabinerversion der Parabellum als Verteidigungswaffe für Maschinengewehrbedienungen und Artilleristen ausgegeben. Die als Artilleriemodell bekannte Waffe hatte einen mit 190 mm erheblich längeren Lauf als die normale Pistole. Sie wurde mit einem abnehmbaren Schaft ausgegeben. Für die Waffe konnte entweder das normale Magazin oder ein Trommelmagazin (hier abgebildet) mit einer Uhrwerkfeder für 32 Patronen verwendet werden. Außerdem hat die Pistole ein verstellbares Visier.
Obwohl es anfänglich Munitionszuführungsprobleme gab, wurde die Waffe in dieser Konfiguration schnell populär als Nahkampfwaffe, sie diente bei nächtlichen Stoßtruppunternehmen und im Schützengrabenkampf. Wahrscheinlich wurden die Deutschen durch den Erfolg dieser Waffe zur Konstruktion von Maschinenpistolen angeregt.
Von der Parabellum wurde auch bei der Marine eine langläufige Variante geführt.

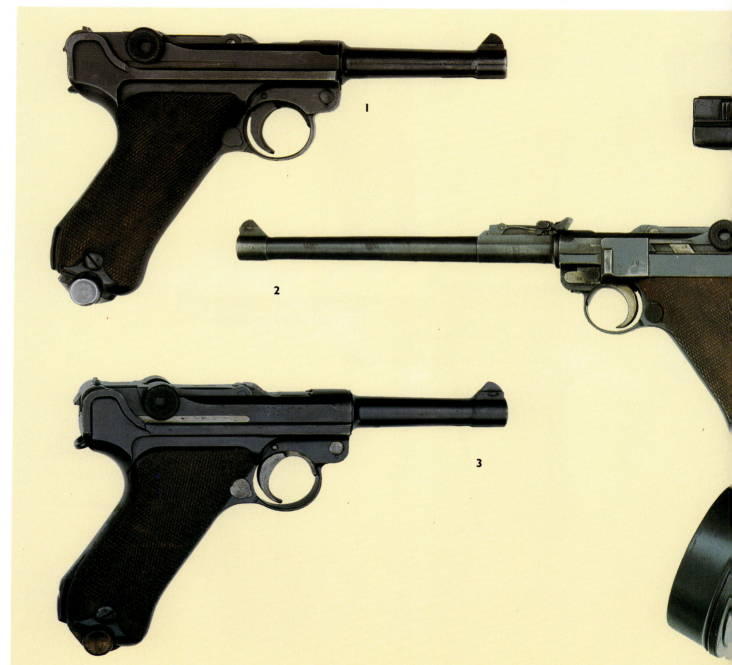

96

SELBSTLADEPISTOLEN

P 08/20   **3**
Deutschland
Länge: 222 mm
Gewicht: 850 g
Kaliber: 7,65 mm
Kapazität: 8
V_0: 351 m/s

Diese weitere Version der Parabellum-Pistole wurde nach dem Ersten Weltkrieg hergestellt. Sie hatte einen kürzeren Lauf als das Standardmodell und verschoß mit der 7,65 mm eine schwächere Patrone. Diese Änderungen waren durch die im Versailler Vertrag festgelegten Bestimmungen notwendig geworden.

Rheinmetall Dreyse   **4**
Deutschland
Länge: 159 mm
Gewicht: 710 g
Kaliber: 7,65 mm
Kapazität: 7
V_0: 259 m/s

Diese Pistole war eine Konstruktion von Rudolf Schmeißer, sie erschien 1907. Schlitten und Verschluß waren aus einem Stück gearbeitet und befanden sich über dem Lauf, der in den Rahmen eingesetzt war. Es war ein einfacher Rückstoßlader mit unverriegeltem Masseverschluß, der eine mittelstarke Patrone verschoß und deswegen kein Verriegelungssystem benötigte.

Savage Modell 1907   **5**
USA
Länge: 165 mm
Gewicht: 570 g
Kaliber: .32 (8,1 mm)
Kapazität: 10
V_0: 244 m/s

Diese amerikanische Pistole wurde erstmals im Jahre 1907 gefertigt, sie kam von einem Hersteller, der durch seine Sportgewehre sehr bekannt war. Die Pistole arbeitet als Rückstoßlader, wobei ein etwas ungewöhnliches System zur Verzögerung des Rücklaufes angewendet wurde. Solange sich der Schlitten in der Grundstellung befand, war der Lauf mit ihm über eine Warze verriegelt, die in eine kurvenförmige Aussparung im Schlitten eingriff. Nach dem Schuß blieben Lauf und Schlitten vorerst verriegelt, bis der Lauf eine kleine Drehbewegung ausgeführt und den Schlitten dadurch entriegelt hatte. Dabei war man von der Annahme ausgegangen, daß die Masse des im Lauf rotierenden Geschosses ausreichen würde, um den Lauf von einer frühzeitigen Entriegelung abzuhalten. In der Folge wurde das Funktionieren dieses Prinzips von vielen Ingenieuren angezweifelt, die Praxis bewies aber, daß es recht gut funktionierte. Aufgrund der Kontroversen blieb der Waffe aber ein größerer Verkaufserfolg versagt.

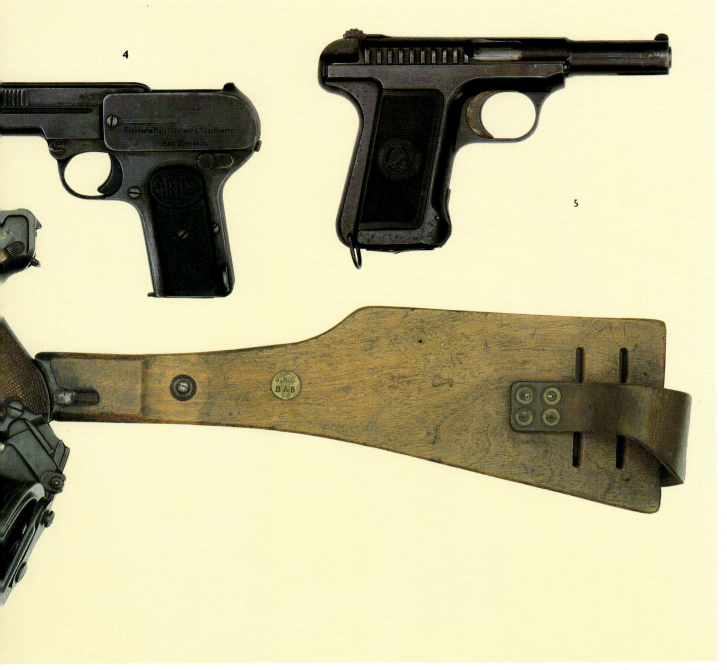

97

MILITÄRISCHE HANDWAFFEN

Roth-Steyr Modell 1907 1
Österreich
Länge: 229 mm
Gewicht: 1'050 g
Kaliber: 8 mm
Kapazität: 10
V_0: 332 m/s

Durch die Einführung dieser Pistole im Jahre 1907 gehörte die österreichisch-ungarische Armee zu den weltweit ersten Streitkräften, die mit einer Selbstladepistole ausgerüstet wurden. Griffstück und Verschlußgehäuse bildeten eine Einheit, in die Lauf und Verschluß eingesetzt waren. Gespannt wurde die Waffe durch das Zurückziehen des großen Spannstückes an der Rückseite des Verschlusses. Es war eine große und schwere Waffe, deren Lauf an der Mündungsseite in einer Hülse gelagert war. Lauf und Verschluß waren über Warzen verriegelt, die in Entriegelungskurven innerhalb des Verschlusses geführt wurden. Nach dem Schuß liefen Lauf und Verschluß zusammen zurück, durch die Entriegelungskurven wurde der Lauf so weit gedreht, daß der Verschluß entriegelt wurde. Der Lauf blieb jetzt stehen, nur der Verschluß lief allein weiter zurück, spannte den Hahn und führte die nächste Patrone zu.

Glisenti Modell 1910 2
Italien
Länge: 210 mm
Gewicht: 820 g
Kaliber: 9 mm
Kapazität: 7
V_0: 305 m/s

Diese Pistole wurde im Jahre 1910 bei der italienischen Armee eingeführt. Sie hatte einen verriegelten Verschluß, bei dem Lauf und Verschluß über eine Warze verriegelt waren und nach dem Schuß ein kurzes Stück zusammen zurückliefen. Nach dem Entriegeln lief dann der Verschluß allein weiter zurück, der Lauf blieb stehen. Nach dem anschließenden Vorlauf des Verschlusses sorgte ein von unten aus dem Griffstück ragender Keil dafür, daß Lauf und Verschluß wieder eine Einheit bildeten. Im Gegensatz zu den meisten anderen Selbstladepistolen wurde bei dieser Waffe der Hahn durch die Verschlußbewegung nicht gespannt, sondern mußte über den Abzug gespannt und abgeschlagen werden. Die ganze linke Rahmenseite war abnehmbar, damit der Mechanismus der Pistole gut zu warten war. Die Glisenti war eine empfindliche, komplizierte und ziemlich unzuverlässige Waffe, die eine relativ schwache 9-mm-Patrone verschoß. Wegen des langen Abzugsweges schoß die Pistole ungenau.

SELBSTLADEPISTOLEN

Steyr Modell 1911 3
Österreich
Länge: 216 mm
Gewicht: 990 g
Kaliber: 9 mm Steyr
Kapazität: 8
V_0: 335 m/s

Dieser Rückstoßlader wurde 1911 in die österreichisch-ungarischen Streitkräfte eingeführt. Der Lauf war über zwei Warzen mit dem Schlitten verriegelt, beim Rücklauf führte er eine Drehbewegung aus und entriegelte damit den Schlitten. Das Magazin befand sich fest im Griffstück und wurde mit einem Ladestreifen beladen, dazu mußte der Schlitten in der geöffneten Stellung arretiert werden.

Frommer Modell 1910 4
Ungarn
Länge: 184 mm
Gewicht: 590 g
Kaliber: 7,65 mm
Kapazität: 7
V_0: 335 m/s

Bei dieser ungarischen Pistole wurde das Funktionsprinzip des langen Rücklaufes des Laufes angewandt, wobei Lauf und Verschluß während des gesamten Rücklaufes miteinander verriegelt bleiben. Nach dem Erreichen des Anschlages drehte sich der Verschlußkopf, um den Lauf zu entriegeln, wobei der Verschluß durch eine Fangvorrichtung festgehalten wurde. Der Lauf lief wieder vor, dabei wurde die Hülse ausgeworfen. Nachdem der Lauf wieder ganz vorgelaufen war, löste er die Verschlußfangvorrichtung, so daß der Verschluß vorlaufen und eine Patrone nachladen konnte. Für dieses System waren zwei getrennte Schließfedern erforderlich, außerdem war das ganze System für eine Waffe, die zum Verschießen einer relativ schwachen Patrone eingerichtet war, doch etwas zu kompliziert.
Die Frommer-Pistole wurde in einer Reihe von Varianten bei den ungarischen Streitkräften bis in die 30er Jahre geführt, und auch im Zweiten Weltkrieg kamen noch viele davon zum Einsatz.

Unceta Victoria 5
Spanien
Länge: 146 mm
Gewicht: 570 g
Kaliber: 7,65 mm
Kapazität: 7
V_0: 229 m/s

Diese Kopie der Browning M 1903 stammt von einer Firma aus Spanien, die sich auf den Bau von preiswerten, aber dennoch wirksamen Pistolen spezialisiert hatte.
Die Waffe hatte als Rückstoßlader mit unverriegeltem Masseverschluß das gleiche Funktionsprinzip wie die Browning. Die Schließfeder lag unter dem Lauf, der Hahn war völlig verdeckt.

MILITÄRISCHE HANDWAFFEN

Colt Modell 1911   1
USA
Länge: 216 mm
Gewicht: 1'100 g
Kaliber: .455 (11,5 mm)
Kapazität: 7
V_0: 262 m/s

Eine der am besten bekannten und populärsten Militärpistolen der Neuzeit ist die Colt-Pistole, die auf einem Entwurf von John Browning aus dem Jahre 1900 basiert. Sie ist für die leistungsfähige Patrone .45 ACP eingerichtet und wurde offiziell im Jahre 1911 in die amerikanischen Streitkräfte eingeführt. Die Pistole arbeitet nach dem Funktionsprinzip des kurzen Rücklaufs des Laufes, dabei wird der Lauf durch zwei Nocken an seiner Oberseite, die in entsprechende Aussparungen im Schlitten eingreifen, fest mit dem Schlitten verriegelt. Kurz nach dem Beginn des gemeinsamen Rücklaufes von Lauf und Schlitten zieht ein Kettenglied das Laufende nach unten und entriegelt den Schlitten, der jetzt allein weiter zurückläuft. Die Colt ist eine solide und widerstandsfähige Pistole, die sich im Einsatz als zuverlässig und wirkungsvoll erwies.
Die hier gezeigte Waffe wurde im Ersten Weltkrieg von den kanadischen Streitkräften verwendet und verschießt deshalb die britische Ordonnanzpatrone.

Colt-Kopie von Hafsada   2
Argentinien
Länge: 216 mm
Gewicht: 1'100 g
Kaliber: .45 ACP
Kapazität: 7
V_0: 262 m/s

In einer ganzen Reihe von Staaten wurde das Government-Modell von Colt in Lizenz hergestellt. Einige der qualitativ besseren Kopien entstanden in Argentinien. Die abgebildete Waffe hat keine Handballensicherung, auch die Griffschalen sind größer und anders ausgeführt als beim Original. Ebenfalls unterschiedlich ausgeführt sind die Griffrillen am Schlitten.

Colt Modell 1911 A1   3
USA
Länge: 216 mm
Gewicht: 1'100 g
Kaliber: .45 ACP (11,4 mm)
Kapazität: 7
V_0: 262 m/s

Grundsätzlich hatten die Kampferfahrungen des Ersten Weltkrieges gezeigt, daß sich die Colt-Konstruktion bewährt hatte, es gab aber noch Kleinigkeiten an der Waffe zu verbessern. Daher wurde 1926 das verbesserte Modell M 1911 A1 offiziell eingeführt, und diese Pistole blieb dann unverändert in den nächsten 60 Jahren als Dienstpistole bei den amerikanischen Streitkräften.

SELBSTLADEPISTOLEN

Der Hahn ist gegenüber dem Vorgängermodell etwas verkürzt worden, die Form des Griffes wurde verbessert, und links und rechts hinter dem Abzug wurde etwas Material aus dem Griffstück gefräst. Auch die Handballensicherung wurde etwas verlängert. Die Colt-Pistole wurde von einigen Herstellern gefertigt, zu denen auch Remington und das Springfield-Arsenal gehörten, sie wurde in Millionenstückzahl von den Alliierten im Zweiten Weltkrieg eingesetzt. Die zu den erfolgreichsten Pistolenkonstruktionen aller Zeiten gehörende Waffe wurde bei den US-Streitkräften im Jahre 1984 durch die Beretta 92F (s. Seite 115) ersetzt.

Llama-Pistole 4
Spanien
Länge: 241 mm
Gewicht: 1'130 g
Kaliber: .38 (9,6 mm)
Kapazität: 7
V_0: 259 m/s

Die spanische Firma Gabilondo begann im Jahre 1931 mit der Fertigung einer Reihe von Selbstladepistolen, die unter dem Handelsnamen Llama verkauft wurden. Die Waffen basierten auf der Colt M 1911 A1 und wurden in einer Anzahl von verschiedenen Kalibern gebaut. Es gab eine ganze Reihe von Varianten, die zum Teil einfache unverriegelte Masseverschlüsse hatten, andere Ausführungen hatten verriegelte Verschlüsse nach dem Browning-System. Die hier gezeigte Waffe gehört zu der letzteren Art, sie ist für die starke Patrone .38 Colt Super eingerichtet. Die Waffe hat keine Handballensicherung, allerdings befindet sich links am Griffstück unter dem Hahn eine konventionelle Sicherung. Wie bei den anderen M 1911-Nachbauten und beim Original selbst war der einzige Schwachpunkt der Waffe die begrenzte Magazinkapazität, die meisten vergleichbar großen 9-mm-Pistolen haben eine größere Anzahl Patronen zur Verfügung. Die Waffe war ein qualitativ guter Nachbau der Colt für den Militärdienst.

Echeverria Star B 5
Spanien
Länge: 203 mm
Gewicht: 960 g
Kaliber: 9 mm
Kapazität: 8
V_0: 335 m/s

Weitere in Spanien gefertigte Kopien der Colt Government waren die Selbstladepistolen der Modellreihe Star. Der hier gezeigte Typ wurde von der spanischen Armee als Dienstwaffe geführt und verschießt die Patrone 9 mm Largo.
Die Waffe ist gut verarbeitet und funktioniert zuverlässig, allerdings fehlt die Handballensicherung des Colt-Originals.

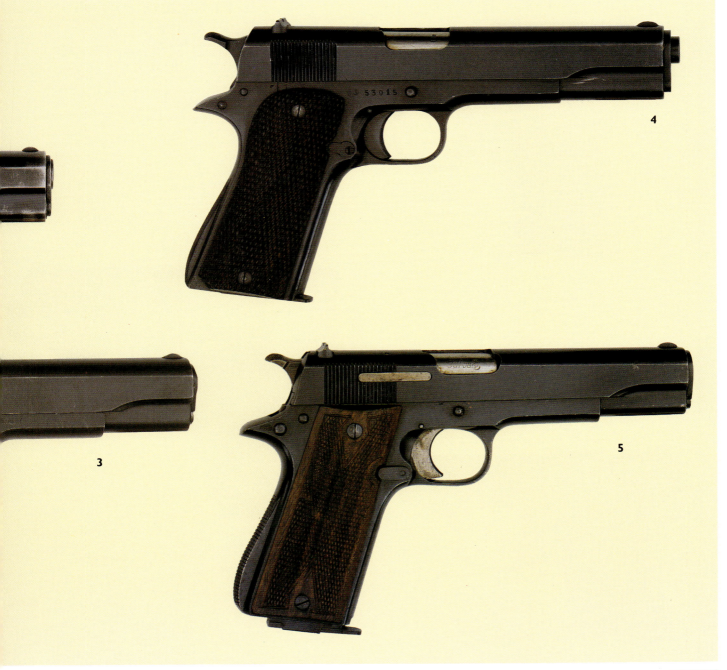

MILITÄRISCHE HANDWAFFEN

Bernedo Taschenpistole 1
Spanien
Länge: 114 mm
Gewicht: 420 g
Kaliber: 6,35 mm
Kapazität: 6
V_0: 244 m/s

Taschenpistolen sind oft für den Einsatz als verdeckt getragene persönliche Verteidigungswaffe verwendet worden, hauptsächlich von Sicherheitsbeamten und anderem Sonderpersonal. Sie wurden aber auch von vielen Soldaten als Zweitwaffe im Kampf mitgeführt. Normalerweise sind Taschenpistolen nur für kleine und leistungsschwache Kaliber eingerichtet und können deswegen als einfache und zuverlässige Rückstoßlader mit unverriegeltem Masseverschluß ausgeführt werden. Die hier gezeigte spanische Waffe wurde kurz nach dem Ersten Weltkrieg entwickelt und in der für die Waffenherstellung bekannten Region von Eibar in Spanien hergestellt. Es war ein Rückstoßlader, bei dem der zylindrische Lauf ein ganzes Stück vorn aus dem Schlitten ragte. Die Waffe war handlich und klein, aber wie alle Pistolen dieser Art war sie nur auf kürzeste Entfernungen wirksam. Am Magazinboden vorn war eine kurze Griffverlängerung.

Frommer Baby 2
Ungarn
Länge: 121 mm
Gewicht: 400 g
Kaliber: 6,35 mm
Kapazität: 6
V_0: 244 m/s

Rudolf Frommer konstruierte einige Taschenpistolen; die abgebildete Waffe ist im Grunde eine verkleinerte Version der von ihm 1912 konstruierten Dienstpistole. Sie arbeitete nach dem Prinzip des langen Rücklaufes des Laufes, bei dem Schlitten und Lauf den ganzen Rücklaufweg zusammen zurücklegen, daher die zylindrische Röhre über dem Lauf, in der sich zwei Schließfedern befinden.

Walther Modell 9 3
Deutschland
Länge: 102 mm
Gewicht: 270 g
Kaliber: 6,35 mm
Kapazität: 6
V_0: 244 m/s

Carl Walther produzierte seit 1908 Selbstladepistolen; die hier aufgeführte Waffe stammt aus der Zeit von 1930. Es ist ein Rückstoßlader mit unverriegeltem Masseverschluß, verschossen wurde die Patrone 6,35 mm. Der Lauf steht fest und liegt im vorderen Schlittenteil frei. Dadurch war die Waffe bemerkenswert klein und handlich und konnte gut verdeckt getragen werden.

SELBSTLADEPISTOLEN

Lignose Einhand 4
Deutschland
Länge: 117 mm
Gewicht: 510 g
Kaliber: 6,35 mm
Kapazität: 9
V_0: 244 m/s

Eigentlich war diese Waffe aus dem Jahre 1917 eine Konstruktion von Bergmann, die Rechte wurden aber an die Firma Lignose verkauft, und die Waffe wurde unter diesem Namen bekannt. Zur Zeit der Fertigung dieser Waffe gab es an Selbstladepistolen noch nicht die heute allgemein üblichen Sicherungsvorrichtungen, und darum wurden die Waffen normalerweise nur teilgeladen und entspannt getragen. Das bedeutete aber, daß die Waffe vor dem Gebrauch durchgeladen werden mußte, und dieser Vorgang dauerte relativ lange und erforderte den Einsatz beider Hände. Bei der Einhandpistole sollte dieses Problem dadurch gelöst werden, daß man die Vorderseite des Abzugsbügels mit dem Schlitten verband. Nachdem er die Waffe ergriffen hatte, brauchte der Schütze jetzt nur noch den Finger vor den Abzugsbügel zu legen und ihn nach hinten zu ziehen, dadurch wurde die Waffe fertiggeladen und gespannt. Danach wurde der Finger an den Abzug gelegt, und es konnte geschossen werden.

Colt Modell 1908 5
USA
Länge: 114 mm
Gewicht: 400 g
Kaliber: 6,35 mm
Kapazität: 6
V_0: 244 m/s

Auch diese Waffe war von Browning konstruiert worden, und sie wurde zuerst in Belgien gefertigt. Colt kaufte dann die Patente und produzierte sie in den Vereinigten Staaten. Es ist eine einfache Waffe für die Selbstverteidigung. Ungewöhnlich für eine so kleine Taschenpistole ist die Handballensicherung.

Tomischka Little Tom 6
Österreich
Länge: 119 mm
Gewicht: 420 g
Kaliber: 6,35 mm
Kapazität: 6
V_0: 244 m/s

Diese österreichische Entwicklung stammt ungefähr aus dem Jahre 1908. Die «Little Tom» hatte einen Spannabzug, deswegen konnte sie geladen und entspannt geführt werden. Der freiliegende Hahn konnte von Hand gespannt werden. Waffen dieser Bauart wurden in einigen europäischen Ländern hergestellt.

103

MILITÄRISCHE HANDWAFFEN

Gabilondo Ruby   1
Spanien
Länge: 152 mm
Gewicht: 850 g
Kaliber: 7,65 mm
Kapazität: 9
V_0: 244 m/s

Im Jahre 1914 produzierte die Firma Gabilondo in Spanien erstmals eine kleine Pistole mit unverriegeltem Masseverschluß. Die Waffe war einfach und billig, aber durchaus wirksam. Sie erschien zu einer Zeit auf dem Markt, als viele Staaten hastig aufrüsteten.
Die Ruby wurde von der französischen Regierung übernommen und bis 1919 produziert.

Remington Modell 51   2
USA
Länge: 165 mm
Gewicht: 600 g
Kaliber: .38 (9,6 mm)
Kapazität: 7
V_0: 274 m/s

Die ersten von Remington hergestellten Selbstladepistolen waren in Lizenz gefertigte Kopien der M 1911, die 1917 zur Ergänzung von Kriegslieferungen der Firma Colt gebaut wurden. Die Firma hatte aber eigene Pläne und baute 1919 diese von John D. Pedersen konstruierte Waffe. Es war ein Rückstoßlader, bei dem Lauf und Verschluß während des ersten Teils des Rücklaufes miteinander verriegelt waren. Das Schlittenvorderteil umschloß den Lauf vollständig und hielt auch die Schließfeder, die über den Lauf gesteckt war. Das Modell 51 hatte eine gefällige Form und eine Handballensicherung, außerdem befand sich links am Griffstück unter dem Hahn eine normale Sicherung. Die hier abgebildete Waffe ist im Kaliber .38 Auto, es gab aber auch eine Version im Kaliber .32.

Browning Modell 1922   3
Belgien
Länge: 178 mm
Gewicht: 710 g
Kaliber: 9 mm
Kapazität: 9
V_0: 267 m/s

Auch diese von FN in Belgien gefertigte Pistole war eine Entwicklung von John Browning. Es war ein Rückstoßlader mit einem unverriegelten, gefederten Masseverschluß, der die starke Patrone 9 mm kurz (9 x 17 mm) verschoß. Der Schlitten war an der Mündungsseite zylindrisch ausgeführt, dadurch umschloß und hielt er die Schließfeder, die über den Lauf gesteckt war.

104

SELBSTLADEPISTOLEN

CZ Modell 1924   4
Tschechoslowakei
Länge: 159 mm
Gewicht: 680 g
Kaliber: 9 mm kurz
Kapazität: 8
V_0: 244 m/s

Die Waffenfabrik Ceska Zbrojovka wurde im Jahre 1919 in der neuentstandenen Republik Tschechoslowakei gegründet. Die hier abgebildete Pistole stammt aus der Fertigung der Anfangszeit. Es war ein Rückstoßlader mit verriegeltem Drehverschluß. Der Laufhalter drehte den Lauf, bis der Verschluß entriegelt war, dann konnte der Verschluß allein zurücklaufen.

CZ Modell 1927   5
Tschechoslowakei
Länge: 159 mm
Gewicht: 720 g
Kaliber: 7,65 mm
Kapazität: 8
V_0: 274 m/s

Dieses Pistolenmodell war eigentlich nichts weiter als eine überarbeitete CZ Modell 24 in einem schwächeren Kaliber. Wegen der schwächeren Patrone brauchte der Verschluß auch nicht zu verriegeln, daher arbeitete die Waffe als einfacher Rückstoßlader mit unverriegeltem Masseverschluß. Sichtbarer Hauptunterschied zum Vorgänger sind die senkrechten Griffrillen am Schlittenende.

Unceta Astra 400   6
Spanien
Länge: 235 mm
Gewicht: 1'080 g
Kaliber: 9 mm
Kapazität: 8
V_0: 335 m/s

Unceta hatte bereits eine ganze Reihe von leichten Pistolen und Taschenwaffen gefertigt, als sie 1913 eine große Dienstpistole herausbrachten, die später zur Astra weiterentwickelt wurde. Sie verschoß die starke Patrone 9 mm Largo, obwohl sie von ihren Konstrukteuren als einfacher Rückstoßlader mit unverriegeltem Masseverschluß konzipiert worden war.

Die Waffe hatte einen überaus schweren und massiven Schlitten, bei dem das Vorderteil röhrenförmig ausgearbeitet war. Eine auf den feststehenden Lauf separat aufgeschraubte Kappe hielt die Schließfeder in ihrer Führung. Damit die Waffe überhaupt sicher als Rückstoßlader mit unverriegeltem Verschluß arbeiten konnte, mußte eine sehr starke Schließfeder eingebaut werden, die den Schlittenrücklauf so weit verzögerte, daß vor dem Ausziehen der Hülse der Gasdruck auf einen sicheren Wert abgefallen war.

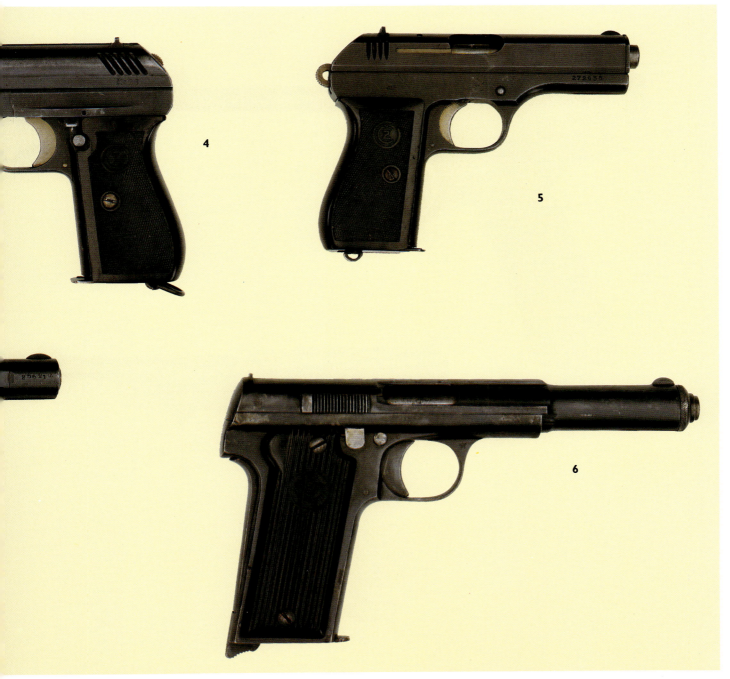

MILITÄRISCHE HANDWAFFEN

Nambu Taisho 14   1
Japan
Länge: 226 mm
Gewicht: 910 g
Kaliber: 8 mm
Kapazität: 8
V_0: 290 m/s

Die erste offiziell von den japanischen Streitkräften eingeführte Selbstladepistole wurde im Jahre 1925 in Dienst gestellt. Im Moment der Schußabgabe sind Verschluß und Lauf miteinander verriegelt. Sie laufen ein kurzes Stück zusammen zurück, ehe der Verschluß entriegelt wird und dann allein weiter zurückläuft.

Le Francais Modell 28   2
Frankreich
Länge: 201 mm
Gewicht: 990 g
Kaliber: 9 mm
Kapazität: 8
V_0: 335 m/s

Diese von St. Etienne für eine Ordonnanzpatrone eingerichtete Waffe von 1928 arbeitet aufgrund der schwachen Patrone als Rückstoßlader mit unverriegeltem Masseverschluß. Ein ungewöhnliches Merkmal dieser Waffe ist ihr Verschluß, der wie bei einer Jagdwaffe aufgekippt werden kann, so daß auch einzelne Patronen direkt in das Patronenlager eingeführt werden können.

Walther PP   3
Deutschland
Länge: 163 mm
Gewicht: 710 g
Kaliber: 7,65 mm
Kapazität: 8
V_0: 305 m/s

Im Jahre 1929 entwickelte Carl Walther diese Pistole mit unverriegeltem Masseverschluß speziell für den Einsatz bei Polizei und Sicherheitskräften.
Die PP (Polizeipistole) wurde schon bald bei den Polizeien verschiedener anderer europäischer Länder eingeführt und wurde in großem Umfang bei der Wehrmacht verwendet, speziell bei der Luftwaffe.

Die Waffe war bei ihrem Erscheinen eine revolutionäre Konstruktion, denn es war die erste Selbstladepistole, die mit einer Patrone im Patronenlager und trotzdem völlig sicher geführt werden konnte. Wenn bei gespannter Waffe die Sicherung betätigt wurde, legte sich eine Sicherheitswalze zwischen Hahn und Schlagbolzen, gleichzeitig wurde der Hahn entspannt. Außerdem zeigt ein Signalstift an der Rückseite des Schlittens an, wenn sich eine Patrone im Patronenlager befindet. Die Waffe hat genau wie ein Revolver ein Double-Action-Schloß, zum Schießen muß also nur der Abzug durchgezogen werden.

106

SELBSTLADEPISTOLEN

Walther PPK 4
Deutschland
Länge: 147 mm
Gewicht: 570 g
Kaliber: 7,65 mm
Kapazität: 7
V₀: 305 m/s

Die PP wurde direkt nach ihrem Erscheinen ein großer Erfolg, darum konstruierte man bei Walther eine modifizierte Version davon, die gut verdeckt geführt werden konnte. Diese PPK (K für «kurz») ist kleiner als ihr Vorgänger, sie ist leicht und kann gut verdeckt mit einer Patrone im Lauf getragen werden. Sie hat die gleichen Sicherheitsvorrichtungen wie die PP und kann ebenso mit Spannabzug geschossen werden. Der Hauptunterschied zur PP ist der Griff, der aus einem einteiligen Kunststoffspritzling besteht und auf das Griffstück aufgeschoben wird. Die Ausführung der Waffe im Kaliber 7,65 mm war die am häufigsten gefertigte Variante, Walther fertigte sie aber auch in den Kalibern .22 lfB, 6,35 mm und 9 mm kurz. Die PPK wurde genauso populär wie ihr großer Bruder und war sehr weit verbreitet, sie wurde unter anderem bei Sondereinheiten und Personenschützern eingesetzt.

Tula-Tokarev 1930 5
Sowjetunion
Länge: 196 mm
Gewicht: 820 g
Kaliber: 7,62 mm
Kapazität: 8
V₀: 411 m/s

Als Feodor Tokarev diese Pistole in der Sowjetunion entwickelte, übernahm er viele Details von Browning-Konstruktionen. Seine Waffe wurde ab 1930 im Arsenal von Tula gefertigt. Es war eine typisch russische Pistole – einfach, grob verarbeitet, zuverlässig und rationell zu fertigen. Sie verschoß die russische Flaschenpatrone 7,62 mm und hatte einen verriegelten Verschluß.

In die Konstruktion der TT-30 hatte Tokarev eine Reihe Neuerungen eingebaut, so zum Beispiel ein verbessertes Patronenzuführungssystem. Durch dieses System wurden die oftmals von verbogenen Magazinlippen verursachten Ladehemmungen fast völlig ausgeschaltet. Das Schloß konnte als komplette Baugruppe zur Reinigung aus der Waffe herausgenommen werden.
Die Pistole hatte keine Sicherung, allerdings konnte der Hahn auf eine Fangraste gestellt werden. Später wurde die Tula-Tokarev 1930 zur TT-33 weiterentwickelt und in dieser Konfiguration in Millionenstückzahl für die Sowjetarmee gebaut.

MILITÄRISCHE HANDWAFFEN

MAB Modell D   1
Frankreich
Länge: 147 mm
Gewicht: 740 g
Kaliber: 7,65 mm
Kapazität: 9
V_0: 244 m/s

Diese einfache Pistole hatte keinen verriegelten Verschluß, sie war eine weiterentwickelte Version der MAB (Manufacture d'Armes de Bayonne) Modell C und erschien erstmals im Jahre 1933. Die Schließfeder ist um den Lauf herumgeführt und wird von einem abnehmbaren Endstück gehalten.

Typ 94   2
Japan
Länge: 180 mm
Gewicht: 790 g
Kaliber: 8 mm
Kapazität: 6
V_0: 290 m/s

Diese von Nambu im Jahre 1934 entwickelte Pistole wurde von den Japanern zusätzlich zu der bereits im Dienst stehenden Pistole Typ 14 beschafft. Es war ein Rückstoßlader mit verzögertem Rücklauf des Verschlusses, bei dem Lauf und Schlitten durch ein vertikales Gleitstück verriegelt wurden. Die Waffe war eine ausgesprochen schlechte Konstruktion, die für den Schützen oftmals gefährlicher war als für den Gegner. Bei gespannter Waffe ragte ein Teil des Abzugsstollens aus der linken Gehäuseseite heraus, so daß sich unter unglücklichen Umständen wie versehentlicher Berührung dieses Teiles oder durch Stoß ein Schuß lösen konnte. Außerdem konnte mit dieser Pistole mit unverriegeltem Verschluß geschossen werden, ohne daß der Schütze es merkte. Die Folge waren Hülsenreißer oder sogar Verletzungen des Schützen. Trotz aller dieser Mängel wurden Zehntausende dieser Waffe während des Zweiten Weltkrieges an japanische Offiziere ausgegeben, die darüber bestimmt nicht glücklich waren.

Beretta Modell 1934   3
Italien
Länge: 152 mm
Gewicht: 650 g
Kaliber: 9 mm
Kapazität: 9
V_0: 229 m/s

Diese im Jahre 1934 gebaute Pistole war eine Weiterentwicklung der Beretta-Dienstpistole von 1915. Sie verschoß die Patrone 9 mm Glisenti, die relativ schwach war, daher konnte die Waffe als Rückstoßlader mit unverriegeltem Masseverschluß ausgeführt werden.
Die Pistole war gut verarbeitet und zuverlässig, sie wurde in großer Zahl eingesetzt.

SELBSTLADEPISTOLEN

Beretta Modell 1935 4
Italien
Länge: 152 mm
Gewicht: 650 g
Kaliber: 7,65 mm
Kapazität: 7
V_0: 244 m/s

Das Modell 1934 war so erfolgreich, daß Beretta sehr bald eine Reihe von Varianten davon entwickelte. Hier abgebildet ist das Modell 1935, das den früheren Waffen in vieler Hinsicht gleicht, aber für das schwächere Kaliber 7,65 mm eingerichtet ist.
Wie ihre Vorgänger hatte auch diese Pistole ein Griffstück aus Leichtmetall und den Beretta-typischen, an der Oberseite ausgeschnittenen Schlitten. Die Waffe hatte einen außenliegenden Hahn und an der linken Seite des Schlittens einen Sicherungshebel. Nach dem letzten Schuß wurde der Schlitten vom Zubringer des Magazins in der geöffneten Stellung festgehalten, um den Schützen zu warnen. Diese Eigenschaft erwies sich im militärischen Gebrauch als ungünstig, da der Schütze erst den Schlitten ganz zurückziehen mußte, um das leere Magazin zu entfernen, dann mußte das neue Magazin eingeführt und der Schlitten noch einmal zurückgezogen und wieder losgelassen werden. Ansonsten war die Pistole eine gut brauchbare Dienstwaffe.

Radom VIS-35 5
Polen
Länge: 211 mm
Gewicht: 1'050 g
Kaliber: 9 mm Para
Kapazität: 8
V_0: 351 m/s

Bald nach dem Ersten Weltkrieg nahm die polnische Waffenfabrik Radom ihre Produktion von Handwaffen auf. Im Jahre 1935 wurde dann diese Selbstladepistole entwickelt. Sie verschoß die leistungsfähige Patrone 9 mm Para, die erstmals in der Pistole 08 verwendet worden war und die dann allmählich die europäische Standardmunition für Militärpistolen wurde.
Die Waffe hatte einen verriegelten Verschluß, der nach dem von Browning entwickelten System des Riegelzapfenverschlusses arbeitete. Dabei griffen auf dem Laufrücken stehende Zapfen in Aussparungen im Schlitten ein und verriegelten beide Teile. Die Entriegelung erfolgte erst, nachdem der Gasdruck auf ein sicheres Maß abgesunken war.
Die Waffe hatte eine Handballensicherung hinten am Griffstück, eine spezielle Sicherung war aber nicht vorhanden. Statt dessen befand sich am Ende des Griffstückes ein Hebel, mit dem der gespannte Hahn entspannt werden konnte.

MILITÄRISCHE HANDWAFFEN

Lahti L35 1
Finnland
Länge: 239 mm
Gewicht: 1'250 g
Kaliber: 9 mm
Kapazität: 8
V_0: 335 m/s

Auf den ersten Blick hat diese Pistole große Ähnlichkeit mit der Parabellum. Vom System her gleicht die 1935 in Finnland eingeführte Waffe im Kaliber 9 mm Para aber eher der Mauser-Pistole. Ungewöhnlich für eine Pistole ist der Schleuderhebel, der den Verschlußrücklauf beschleunigt und so dafür sorgt, daß die Waffe auch bei großer Kälte und starker Verschmutzung gut funktioniert.

Browning GP 35 2
Belgien
Länge: 152 mm
Gewicht: 850 g
Kaliber: 9 mm Para
Kapazität: 13
V_0: 351 m/s

Diese Pistole war die letzte von John Browning vor seinem Tod im Jahre 1926 konstruierte Waffe. Sie wurde aber erst ab 1935 bei FN in Herstal in Serie gefertigt. Sie war für die Patrone 9 mm Para eingerichtet und folgte ansonsten den bereits bei früheren Waffen angewendeten Konstruktionsprinzipien von Browning. Sie hat keine Handballensicherung, aber der gespannte Hahn kann mit einem Hebel an der Hinterseite des Griffstücks gesichert werden. Es war und ist eine zuverlässige und wirksame Pistole, die auch unter dem Namen «High-Power» bekannt ist. Nach ihrem Erscheinen wurde sie sowohl in Europa als auch in China ziemlich schnell eingeführt. Nachdem die Deutschen 1940 Belgien besetzt hatten, wurde die GP 35 für die Wehrmacht weiterproduziert. Es gelang einigen geflüchteten FN-Ingenieuren, die Pläne der Waffe nach Kanada zu schmuggeln, wo die Pistole dann für kanadische und alliierte Truppen gefertigt wurde. Nach dem Krieg wurde sie bei den Streitkräften von über 30 Ländern eingeführt.

Fegyvergyar Modell 1937 3
Ungarn
Länge: 163 mm
Gewicht: 710 g
Kaliber: 9 mm kurz
Kapazität: 7
V_0: 274 m/s

Rudolf Frommer entwarf diese Pistole für die ungarische Armee. Die einfache und robuste Waffe verschoß die Patrone 9 mm kurz. Sie arbeitete als Rückstoßlader mit unverriegeltem Masseverschluß, die Schließfeder ist unter dem Lauf angeordnet. Die Pistole hatte eine Handballensicherung. Das abgebildete Exemplar ist mit einem Verlängerungssporn an der Griffstückvorderseite versehen.

110

SELBSTLADEPISTOLEN

Sauer Modell 38H   4
Deutschland
Länge: 171 mm
Gewicht: 710 g
Kaliber: 7,65 mm
Kapazität: 8
V_0: 274 m/s

Diese in hervorragender Qualität von der Firma J.P. Sauer ab 1938 gefertigte Pistole wurde während des Zweiten Weltkrieges hauptsächlich beim Heer verwendet. Die Sauer war ein Rückstoßlader mit unverriegeltem Masseverschluß, sie war modern und hatte eine Reihe von Merkmalen, die sie den zeitgenössischen Pistolenkonstruktionen überlegen machte. Um eine Patrone zu laden, muß der Verschluß auf die herkömmliche Weise zurückgezogen werden. Danach kann entweder geschossen werden, oder die Pistole kann wieder entspannt werden. Dazu muß der Hebel direkt hinter dem Abzug gedrückt werden, dann wird der Hahn durch Betätigen des Abzuges langsam wieder in die Grundstellung gebracht.
Um die Waffe erneut feuerbereit zu machen, hat der Schütze zwei Möglichkeiten. Er kann entweder den Abzug als Spannabzug benutzen oder er kann den Hahn durch Herunterdrücken des Entspannhebels erneut spannen und so den ersten Schuß präziser als mit dem Spannabzug abgeben.

Walther P 38   5
Deutschland
Länge: 213 mm
Gewicht: 960 g
Kaliber: 9 mm Para
Kapazität: 8
V_0: 351 m/s

Diese von Carl Walther konstruierte Pistole im Kaliber 9 mm Para erschien im Jahre 1938 als Ablösung der Parabellum-Pistole bei der Wehrmacht. Bei der Konstruktion der Waffe wurden einige Merkmale der PP und PPK übernommen, allerdings hat die Pistole einen verriegelten Verschluß und einen außenliegenden Hahn. Schlitten und Lauf werden durch einen Keil verriegelt, der während des Rücklaufs von Lauf und Schlitten heruntergedrückt wird und dann den Schlitten freigibt. Von der PP wurde für die P 38 auch das Sicherungssystem inklusive Signalstift übernommen. Dieser Stift steht bei geladener Waffe hinten aus dem Schlitten heraus und zeigt sichtbar und fühlbar an, daß sich eine Patrone im Patronenlager befindet. Wenn die Sicherung betätigt wird, blockiert eine Walze den Schlagbolzen, und der Hahn wird entspannt. Zum Schießen konnte jetzt entweder der Spannabzug betätigt oder der Hahn von Hand gespannt werden.
Die P 38 wurde von der Bundeswehr als P 1 übernommen.

MILITÄRISCHE HANDWAFFEN

CZ Modell 1939 **1**
Tschechoslowakei
Länge: 206 mm
Gewicht: 940 g
Kaliber: 9 mm
Kapazität: 8
V_0: 290 m/s

Die erste Version dieser Pistole wurde von Ceska Zbrojovka im Jahre 1938 produziert, die hier gezeigte Waffe ist die leicht überarbeitete Version von 1939. Sie verschießt eine schwächere 9-mm-Patrone und kann deswegen als einfacher Rückstoßlader mit unverriegeltem Masseverschluß arbeiten. Die Waffe ist schwer und hat einen unangenehmen Griffwinkel.

Der Hahn ist verdeckt, und die Waffe kann nur mit Spannabzug geschossen werden. Der Schütze kann den Hahn nicht von Hand spannen, und es gibt an der Waffe auch keinerlei Sicherungen. Statt dessen muß vor jedem Schuß der Spannabzug vollständig durchgezogen werden, wozu natürlich ein hoher Kraftaufwand nötig ist. In Verbindung mit dem ungünstigen Griffwinkel sorgt das dafür, daß das Anbringen von genau gezielten Schüssen schwierig ist.
Die Waffe hat aber auch eine gute Eigenschaft: Sie ist einfach zu reinigen. Dazu werden Schlitten und Lauf entriegelt und nach vorn abgeklappt.

MAS Modell 1950 **2**
Frankreich
Länge: 193 mm
Gewicht: 960 g
Kaliber: 9 mm
Kapazität: 9
V_0: 335 m/s

Nach dem Zweiten Weltkrieg kam man bei der französischen Armee zu der recht verspäteten Erkenntnis, daß die bis dahin geführte Patrone 7,65 mm für Kampfzwecke nicht geeignet ist. Nachdem man sich für die Patrone 9 mm Para entschieden hatte, wählte man als Waffe dafür eine Weiterentwicklung der im Kriege verwendeten MAS 35 (MAS: Manufacture Nationale d'Armes de St. Etienne). Die neue Waffe mit der Bezeichnung MAS 50 ist eine weitere Pistole nach dem Browning-System, bei dem Warzen auf der Laufoberseite in entsprechende Aussparungen im Schlitten greifen und ein Kettenglied das Laufende abkippt, damit der Schlitten entriegelt wird. Links am Griffstück hat die MAS eine Sicherung. Der Zubringer im Magazin hält den Schlitten nach dem letzten Schuß offen. Hahn und Schloß können als ein Bauteil aus der Pistole herausgenommen werden.

112

SELBSTLADEPISTOLEN

CZ Modell 1950 3
Tschechoslowakei
Länge: 208 mm
Gewicht: 960 g
Kaliber: 7,62 mm
Kapazität: 8
V_0: 305 m/s

Diese Konstruktion aus der Vorkriegszeit war eigentlich nichts weiter als eine Kopie der Walther PP, bei der einige Fertigungsgänge etwas vereinfacht worden waren. Der Schloßmechanismus wurde beibehalten, nur die Sicherung ist vereinfacht worden. Der Hebel befand sich nicht mehr am Schlitten, sondern am Rahmen. Für militärische Zwecke war die Patrone nicht leistungsfähig genug.

Starfire Modell DK 4
Spanien
Länge: 145 mm
Gewicht: 420 g
Kaliber: 9 mm Largo
Kapazität: 7
V_0: 305 m/s

Diese Pistole von Echeverria war eine überarbeitete Version einer Waffe von 1930, sie erschien im Jahre 1958. Wie bei den meisten Pistolen dieses Herstellers wurde auch für diese Waffe das Verriegelungssystem von Browning verwendet, da die spanische Patrone 9 mm Largo verschossen wurde. Im militärischen Bereich wurde die leistungsstarke Pistole aber kaum verwendet.

Makarov PM 5
Sowjetunion
Länge: 161 mm
Gewicht: 710 g
Kaliber: 9 mm
Kapazität: 8
V_0: 328 m/s

Diese russische Kopie der Walther PP erschien erstmals Ende der 50er Jahre und wurde dann die Standardseitenwaffe der Sowjetunion und der Warschauer-Pakt-Staaten. Sie verschießt eine russische 9-mm-Patrone, die schwächer ist als die 9 mm Para. Daher konnte die Waffe als einfacher Rückstoßlader mit unverriegeltem Masseverschluß ausgeführt werden.

Die Makarov hat den Schloßmechanismus von Walther, daher kann die Waffe gefahrlos entspannt und mit einer Patrone im Lauf getragen werden, sie ist trotzdem feuerbereit. Der am Schlitten angebrachte Sicherungshebel sorgt dafür, daß der Schlagbolzen blockiert ist, wenn der Hahn entspannt wird. Zum Schießen muß der Schütze nur entsichern und den Abzug durchziehen. Der Zubringer im Magazin ist so gearbeitet, daß er nach dem Verschießen der letzten Patrone den Schlitten in der geöffneten Stellung festhält.

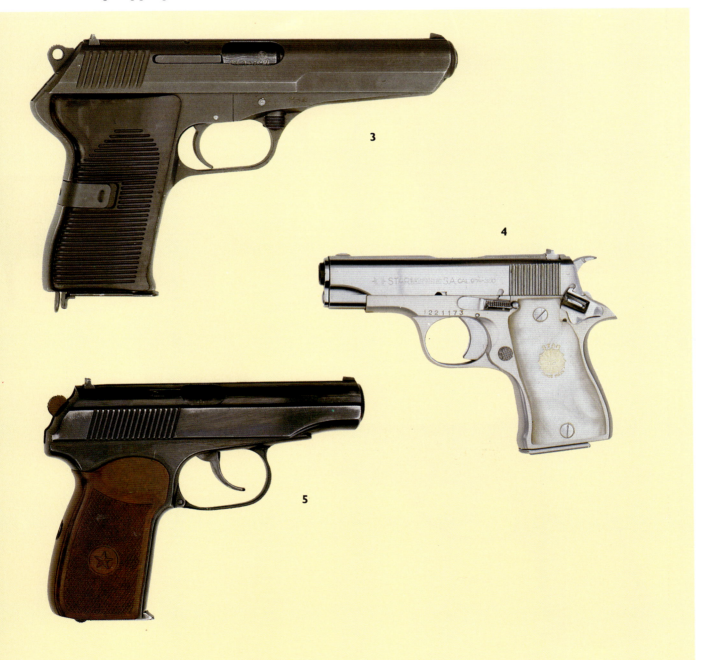

MILITÄRISCHE HANDWAFFEN

Beretta Modell 81   1
Italien
Länge: 171 mm
Gewicht: 670 g
Kaliber: 7,65 mm
Kapazität: 12
V_0: 300 m/s

Mitte der 70er Jahre brachte Beretta eine neue Serie von Selbstladepistolen auf den Markt, die alle nach dem gleichen Grundprinzip aufgebaut waren. Das Modell 81 hat ein Leichtmetallgriffstück und ist eine kompakte Waffe in bester Beretta-Tradition. Zur weiteren Gewichtsreduzierung ist der Schlitten an der Oberseite ausgeschnitten. Die Waffenkonstruktion basiert auf der erfolgreichen Dienstpistole Modell 51 und verschießt als Rückstoßlader mit unverriegeltem Masseverschluß die Patrone 7,65 mm. Am Griffstück befindet sich eine beidhändig bedienbare Sicherung. Der Hahn kann nach dem Fertigladen manuell wieder entspannt werden, damit die Waffe fertiggeladen und entspannt sicher geführt werden kann.
Das Magazin ist typisch für eine moderne Selbstladepistole, denn die Patronen sind jetzt zweireihig gelagert, wodurch im Gegensatz zu den früher üblichen einreihigen Magazinen mehr Patronen ins Magazin passen.

Beretta Modell 84   2
Italien
Länge: 171 mm
Gewicht: 620 g
Kaliber: 9 mm
Kapazität: 13
V_0: 280 m/s

Diese Pistole kam zusammen mit dem Modell 81 auf den Markt und ist mit ihm auch in vielen Teilen baugleich. Hauptunterschied ist das größere Kaliber, denn sie verschießt mit der 9 mm kurz die stärkste Patrone, die in einem Rückstoßlader mit unverriegeltem Masseverschluß noch verwendet werden kann. Das Modell 84 ist eine gute, sauber verarbeitete Gebrauchswaffe.

Bernadelli P018   3
Italien
Länge: 213 mm
Gewicht: 990 g
Kaliber: 9 mm Para
Kapazität: 14
V_0: 350 m/s

Beretta ist nicht der einzige italienische Hersteller von modernen Selbstladepistolen. Diese von Bernadelli gefertigte solide Waffe im Kaliber 9 mm Para steht den Produkten der Konkurrenz in nichts nach.
Auch die Bernadelli P018 arbeitet nach dem System Browning und hat ein zweireihiges Magazin für 14 Patronen. Die Pistole hat einen Spannabzug.

SELBSTLADEPISTOLEN

Beretta Modell 92 S 4
Italien
Länge: 216 mm
Gewicht: 990 g
Kaliber: 9 mm
Kapazität: 15
V_0: 390 m/s

Die Beretta Modell 92 erschien ungefähr gleichzeitig mit den Modellen 81 und 84, sie ist allerdings größer und hauptsächlich für den Einsatz als Militärpistole vorgesehen. Da sie die Patrone 9 mm Para verschießt, muß der Verschluß verriegelt werden. Dazu wurde ein von der Walther P 38 übernommener Keilriegelverschluß gewählt, der sicher und zuverlässig funktioniert.

Die Pistole hat ein zweireihiges Magazin für 15 Patronen und einen Spannabzug. Das Modell 92S ist eine etwas überarbeitete Variante mit einem kombinierten Entspann- und Sicherungshebel am Griffstück, durch dessen Betätigung die Waffe gefahrlos fertiggeladen und entspannt getragen werden kann. Außerdem gibt es noch das Modell 92SB mit noch weiter verbesserten Sicherungseinrichtungen.

Beretta Modell 92 F 5
Italien/USA
Länge: 217 mm
Gewicht: 950 g
Kaliber: 9 mm Para
Kapazität: 15
V_0: 390 m/s

Im Jahre 1984 entschied sich die US Army endlich, ihre ehrwürdige Colt-Pistole durch die Beretta Modell 92S zu ersetzen, wobei diese Entscheidung aber stark umstritten war. Die genaue Modellbezeichnung für diese Waffe ist Beretta Modell 92F, bei den Streitkräften ist sie allerdings unter der Bezeichnung M 9 bekannt. Sie hat beidhändig zu bedienende Sicherungselemente und Enspannhebel, auch der Magazinlöseknopf hinter dem Abzug kann von beiden Seiten betätigt werden. Die Waffe hat noch weitere Sicherungseinrichtungen, so kann zum Beispiel der Hahn nur halb gespannt werden, und eine Schlagbolzensicherung ist auch vorhanden. Die Pistole hat eine verbesserte Griffform und einen verlängerten Magazinboden. Das Vorderteil des Abzugsbügels ist nach vorn geschwungen, damit besser beidhändig geschossen werden kann. Die Pistolen im US-Militärgebrauch sind mit einer Kunststoffbeschichtung aus «Bruniton» versehen. Die abgebildete Waffe hat eine nicht serienmäßig vorhandene Scheibenvisierung.

MILITÄRISCHE HANDWAFFEN

Smith & Wesson Modell 39 1
USA
Länge: 189 mm
Gewicht: 750 g
Kaliber: 9 mm Para
Kapazität: 8
V_0: 350 m/s

Diese Pistole war eine der ersten amerikanischen Waffen im Kaliber 9 mm Para. Sie arbeitet nach dem System Browning und hat ein Double-Action-Schloß. Sie war eine gut konstruierte und verarbeitete Pistole, die in den USA von einigen Polizeien eingeführt wurde. Eine modernisierte Version der Waffe konnte sich in den Armeevergleichstests gegen die M9 nicht durchsetzen.

Smith & Wesson Modell 469 2
USA
Länge: 175 mm
Gewicht: 750 g
Kaliber: 9 mm Para
Kapazität: 12
V_0: 350 m/s

Diese Pistole von Smith & Wesson hat sich als gut verdeckt tragbare Waffe für die Selbstverteidigung bewährt. Auch sie arbeitet nach dem Browning-Prinzip, hat einen Spannabzug und einen Sicherungs- und Entspannhebel.
Der eckige und geriffelte Abzugsbügel macht die Waffe für das beidhändige Schießen besser geeignet.

SIG-Sauer P 220 3
Deutschland/Schweiz
Länge: 206 mm
Gewicht: 840 g
Kaliber: 9 mm Para
Kapazität: 9
V_0: 345 m/s

Diese in der Schweiz konstruierte und in Deutschland hergestellte Pistole von SIG-Sauer hat wegen ihrer Verarbeitungsqualität und Zuverlässigkeit einen hervorragenden Ruf. Die P220 wurde von der Schweizer Armee als Dienstwaffe übernommen und ist auch in großer Stückzahl bei anderen Streitkräften und Polizeien im Einsatz. Es ist ein Rückstoßlader, bei dem ein stufenförmiger Absatz am Lauf in das Patronenauswurffenster greift und so den Schlitten verriegelt. Durch ein Nockensystem wird der Lauf abgekippt und die Verriegelung des Schlittens gelöst. Über dem Abzug befindet sich ein Entspannhebel, nach dessen Betätigung die Waffe sicher geladen und entspannt getragen werden kann. Außerdem ist bis zum Durchziehen des Abzuges der Schlagbolzen gesperrt. Weitere Sicherungen hat die Waffe nicht, der Schütze braucht damit nur zu zielen und zu schießen. Die P226 ist ein verbessertes Modell mit einem stärkeren Griffstück und einem zweireihigen Magazin mit einer auf 15 Patronen vergrößerten Kapazität.

SELBSTLADEPISTOLEN

SIG-Sauer P 225 — 4
Deutschland/Schweiz
Länge: 180 mm
Gewicht: 740 g
Kaliber: 9 mm Para
Kapazität: 8
V_0: 340 m/s

Auch mit der P225 macht SIG ihrem guten Ruf als Hersteller von exzellent verarbeiteten Präzisionswaffen alle Ehre. Die Pistole ist eine Kompaktversion der P220. Funktionsprinzip und Sicherungseinrichtungen entsprechen dem größeren Vorbild, die Pistole hat zur Gewichtsreduktion ein Leichtmetallgriffstück. Die beliebte Polizeiwaffe wird auch von Sicherungspersonal bevorzugt.

FEG P9R — 5
Ungarn
Länge: 197 mm
Gewicht: 1'050 g
Kaliber: 9 mm Para
Kapazität: 14
V_0: 350 m/s

FN versäumte es viele Jahre lang, eine Variante der Browning GP mit Spannabzug auf den Markt zu bringen. Das taten dann statt dessen die staatlichen ungarischen Waffenwerke FEG. Diese Pistole hat ein Double-Action-Schloß mit einem Entspannhebel. Sie verschießt die Patrone 9 mm Para.

Heckler & Koch P7 M13 — 6
Deutschland
Länge: 175 mm
Gewicht: 800 g
Kaliber: 9 mm Para
Kapazität: 13
V_0: 350 m/s

Die Pistolen der Baureihe P7 von Heckler & Koch waren als Polizei- und Personenschutzwaffen entwickelt worden. In diesen Bereichen bestand Bedarf an einer Waffe, die sicher fertiggeladen getragen und sofort eingesetzt werden konnte. Die Konstrukteure entschieden sich für einen gefedert gelagerten Schlagbolzen, der durch einen vorn am Griffstück angebrachten Spannhebel gespannt wird. Wenn der Spanngriff losgelassen wird, ist der Schlagbolzen wieder entspannt und gesichert. Auch das Funktionsprinzip der Waffe ist ungewöhnlich, denn bei dieser Pistole wird ein Teil der Pulvergase in einen Kolben unter dem Lauf gelenkt, der den Verschluß so lange verriegelt hält, bis der Gasdruck genügend abgesunken ist. Die P7 M13 hat ein zweireihiges Magazin für 13 Patronen, während die P7 M8 mit einem einreihigen Magazin für 8 Patronen ausgestattet ist.

MILITÄRISCHE HANDWAFFEN

Beretta 93R 1
Italien
Länge: 241 mm
Gewicht: 1'110 g
Kaliber: 9 mm Para
Kapazität: 15/20
V_0: 350 m/s

Seit es Selbstladepistolen gibt, haben immer wieder Waffenkonstrukteure versucht, Pistolen zu bauen, mit denen Dauerfeuer geschossen werden kann. Meist war ihnen kein Erfolg beschieden. Zu den Nachfolgern der Mauser (siehe Seite 89) gehört auch die Beretta 93R, wobei auch diese Pistole von den gleichen Problemen wie ihre Vorgänger geplagt wird.

Durch den kurzen Rücklaufweg des Schlittens hat die Pistole eine immens hohe Schußfolge und kann wegen des Fehlens eines Kolbens und Vorderschaftes bei Dauerfeuer kaum im Ziel gehalten werden. Bei Beretta versuchte man, durch Anbringen eines Klappgriffes vorn am Griffstück und durch einen vergrößerten Abzugsbügel etwas zusätzliche Haltemöglichkeit an der Waffe zu schaffen.
Außerdem kann eine etwas windige Schulterstütze geliefert werden, die an die Waffe angesteckt werden kann. Bei jedem Betätigen des Abzuges wird ein auf drei Schuß begrenzter Feuerstoß geschossen.

Heckler & Koch VP 70 2
Deutschland
Länge: 218 mm
Gewicht: 980 g
Kaliber: 9 mm Para
Kapazität: 18
V_0: 335 m/s

Die VP 70 von Heckler & Koch war ein interessantes technisches Experiment, dem allerdings ein Verkaufserfolg versagt blieb. Es ist eine große Pistole mit Spannabzug, die als Rückstoßlader mit unverriegeltem Masseverschluß mit Hilfe eines schweren Schlittens und einer starken Schließfeder die Patrone 9 mm Para verschießen kann. Um das Waffengewicht auf einem erträglichen Maß zu halten, wurde das Griffstück aus hochfesten Kunststoffen gefertigt, trotzdem wirkt die Waffe etwas klobig. Die Waffe hat keine Sicherung, denn gespannt wird sie einfach durch das Zurückziehen des Spannabzuges, für die folgende Schussabgabe wird der Abzug nochmals betätigt, wobei dann weniger Abzugswiderstand zu überwinden ist. Die VP 70 wurde in einem robusten Kunststoffholster ausgeliefert, das als Anschlagschaft montiert werden kann. Am Schaft befindet sich ein Feuerartenwahlschalter, mit dem die Waffe mit ihrem 18schüssigen Magazin auf Dauerfeuer umgeschaltet werden kann.

SELBSTLADEPISTOLEN

Desert Eagle 3
Israel
Länge: 260 mm
Gewicht: 1'700 g
Kaliber: .357 Magnum
Kapazität: 9
V_0: 427 m/s

Wenn in der Vergangenheit ein Schütze die größere Reichweite und Aufhaltekraft der Magnumpatronen nutzen wollte, dann mußte er zwangsläufig einen Revolver verwenden. Mit dieser in Israel gefertigten amerikanischen Pistolenentwicklung gibt es jetzt eine Alternative. Die Desert Eagle ist groß und schwer und läßt sich nur mit Schwierigkeiten in einem Holster und schon gar nicht verdeckt führen. Sie arbeitet als Gasdrucklader mit verriegeltem Verschluß, dabei ist der Lauf angezapft und das Gas wirkt auf einen Gaskolben, der den Verschluß entriegelt und für die Energie für den Nachladevorgang sorgt. Durch die Verwendung eines Gasdrucksystemes sollte die Waffe leichter gemacht und der Rückstoß vermindert werden, aber die Pistole ist immer noch eine Waffe, die nur kräftigen und geübten Schützen zu empfehlen ist. Die Desert Eagle wird auch im Kaliber .44 Magnum geliefert.

Raketenpistole Gyrojet 4
USA
Länge: 234 mm
Gewicht: 480 g
Kaliber: .50 (12,7 mm)
Kapazität: 6
V_0: 274 m/s

Mit der Einführung dieser Waffe im Jahre 1960 sollte versucht werden, völlig neue Techniken im Waffenbauwesen einzuführen. Eigentlich ist die Gyrojet mehr ein Raketenwerfer als eine Pistole, denn sie verschießt Geschosse mit in den Geschoßboden eingesetzten Treibladungen, die durch vier kleine Düsen abbrennen. Zum Schießen wird zuerst das Geschoß in das «Patronenlager», in dem hinten ein Schlagbolzen fest angebracht ist, eingeführt. Beim Abziehen schnellt ein waagerecht angebrachter Hahn hoch und schlägt frontal auf das Geschoß, das dadurch nach hinten auf den Schlagbolzen gestoßen wird. Dadurch wird ein Zündhütchen und danach die Treibladung gezündet. Das Geschoß beginnt seinen Flug, es muß aber auf dem Weg aus der Waffe heraus erst noch den vor ihm stehenden Hahn umlegen und somit erneut spannen.
Obwohl die Gyrojet völlig ohne Rückschlag schießt, sind die Geschosse unpräzise und haben nur eine geringe Reichweite.

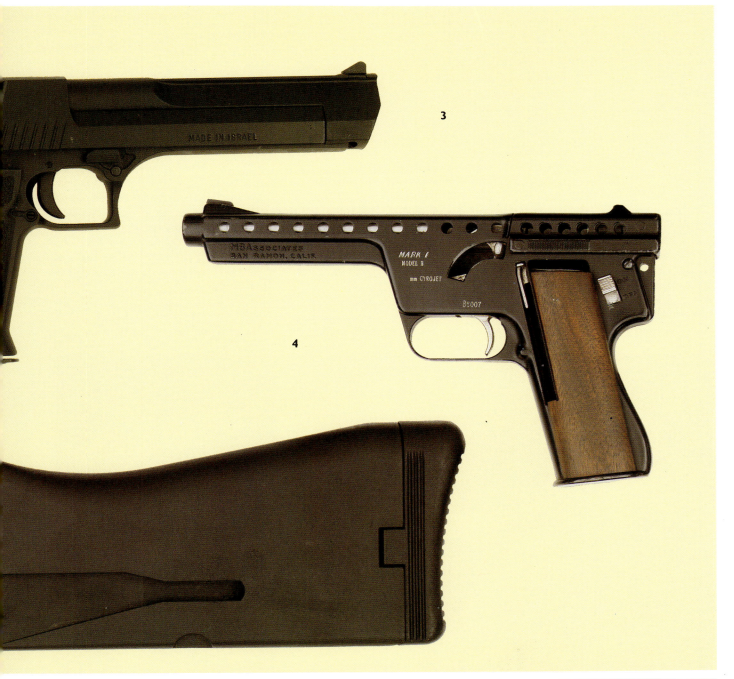

MILITÄRISCHE HANDWAFFEN

FRÜHE MUSKETEN UND BÜCHSEN

Die glattläufige Muskete mit Steinschloß blieb über zweihundert Jahre lang fast unverändert im Dienst. Als Weiterentwicklung des früheren Schnappschlosses erschien das Steinschloß in seiner perfektionierten Form, dem Batterieschloß, ungefähr im Jahre 1630. Von da an wurde es für alle militärischen Langwaffen verwendet, bis schließlich um 1840 herum das Perkussionsschloß eingeführt wurde. Die einzige wirkliche Neuerung, die in dieser langen Zeit erschien, war das Vorderladergewehr mit gezogenem Lauf, mit dem genauer geschossen werden konnte. Diese Waffe blieb aber fast immer Spezialeinheiten vorbehalten. Zuerst einmal waren solche Büchsen viel zu teuer, als daß sie zur allgemeinen Ausrüstung dienen konnten, und zweitens war die Feuergeschwindigkeit für die damals auf die glattläufige Muskete ausgerichteten Einsatztaktiken zu langsam. Da die einzelne Muskete sehr ungenau schoß, wurden fast immer ganze Salven von geschlossenen Einheiten geschossen und so der Gegner auf kurze Entfernung mit einem wahren Kugelregen eingedeckt. Die Büchse dagegen schoß viel genauer und weiter, aber das Laden dauerte sehr lange, da das Geschoß in die Züge des Laufes eingepreßt werden mußte. Diese Waffenart war also besser für einzeln oder in loser Formation kämpfende Jäger oder Scharfschützen geeignet.

Die Entwicklung von verbesserter Munition bewahrte schließlich die Büchse davor, in der Versenkung zu verschwinden. Die Kugel war zum Verschießen aus gezogenen Läufen nicht ideal, dafür eignete sich ein Langgeschoß viel besser, denn diese Geschoßart nahm den Drall viel besser an. Um aber die Waffe zu laden, mußte das Geschoß den Lauf hinabgetrieben werden, was schon bei einer Rundkugel schwierig war. Beim Langgeschoß war es fast unmöglich. Die Lösung war schließlich die Entwicklung eines Geschosses mit hohlem Boden. Dieses Geschoß wurde leicht unterkalibrig gehalten und ließ sich gut in den Lauf einbringen, ohne daß die Züge griffen. Durch den Gasdruck der gezündeten Ladung dehnte sich der hohle Geschoßboden aus und wurde in die Züge gepreßt, damit bekam das Geschoß dann seinen Drall. Dieses System ist unter mehreren Namen bekannt, der berühmteste davon dürfte Minié sein. Diese Geschoßart wurde im amerikanischen Bürgerkrieg sehr viel verwendet.

Durch die Einführung des Perkussionssystems änderte sich an der allgemeinen Handhabung der Vorderladerwaffen recht wenig. Zwar mußte jetzt kein Feuerstein mehr in den Hahn geschraubt werden, und die Pfanne am Schloß war auch zugunsten eines Pistons entfallen, aber der Ladevorgang blieb gleich. Es mußte immer noch Pulver in den Lauf geschüttet werden, dann ein Pfropfen gesetzt und schließlich eine Kugel in den Lauf getrieben werden. Inspiriert durch die Einfachheit des Perkussionssystems kam es aber schon bald zur Entwicklung von Patronen und schließlich zu dafür eingerichteten Hinterladern. Die Vorteile des Hinterladersystems waren eigentlich schon lange bekannt, solange es aber keine Metallpatronen gab, war eine wirksame Gasabdichtung des Verschlusses fast unmöglich und nur einigen sehr teuren handgearbeiteten Waffen vorbehalten. Wie schon an anderer Stelle in diesem Buch beschrieben, ging die Entwicklung vom Zündnadelsystem über die Randfeuerpatrone schließlich zur Zentralfeuerpatrone, und damit änderte sich auch das Aussehen der Waffen und ihre Einsatztaktik. Das erste militärisch brauchbare Perkussionsgewehr mit Hinterladung war das preußische Zündnadelgewehr, das seinen Namen nach der sehr langen Nadel bekommen hatte, mit der die Patrone gezündet wurde. Der Verschluß bestand schon aus einer Hülse und einer zylindrischen Kammer, der Verschlußkopf war sorgfältig konisch geschliffen und in eine entsprechende Aussparung am Laufende eingepaßt. Die Patrone bestand aus festem Papier und enthielt die Schwarzpulverladung und das konische Geschoß an der Vorderseite. Am Geschoßboden be-

Unten: Ein Scharfschütze der Unionsarmee mit seinem Sharps-Gewehr. Dieser Hinterlader mit Perkussionszündung verschoß eine Leinenpatrone, die von einem separaten Zündhütchen gezündet wurde.

FRÜHE MUSKETEN UND BÜCHSEN

fand sich der Perkussionszündsatz, dort lag er gut geschützt gegen versehentliche Zündung und konnte in dieser Position aber auch die Ladung wirksam zünden. Allerdings war aufgrund dieser Anordnung des Zündmittels eine sehr lange Nadel zur Zündung erforderlich, denn sie mußte die Patrone in ihrer ganzen Länge durchschlagen, um den Zünder zu erreichen.

Im amerikanischen Bürgerkrieg wurden eine ganze Reihe von Hinterladerkonstruktionen verwendet, die Randfeuerpatronen verschossen. Es gab auch einige «Patentkonstruktionen», die allerlei zum Teil recht sonderbare Patronenentwicklungen verfeuerten und die zwar von ihren Erfindern hochgelobt wurden, die aber im praktischen Einsatz kläglich versagten.

Während des Bürgerkrieges tauchten aber auch schon die ersten Repetiergewehre auf, Waffen, von denen die konföderierten Soldaten behaupteten, «...daß man sie am Sonntag lädt und dann die ganze Woche damit schießen kann». Auch der Erfolg dieser Konstruktionen stand und fiel mit der Munition, und so zeigte sich auch hier, daß alle eigenartigen und komplizierten Sonderentwicklungen schließlich versagten und nur die einteilige Patrone mit integriertem Zündsatz Bestand hatte.

Das Gewehr wurde also von der Muskete über die Perkussionswaffe zum Einzellader für Patronenmunition weiterentwickelt, es wurde schließlich zum Repetierer, und auch die Munition wurde verbessert. Das traditionelle Treibmittel Schwarzpulver rief starke Verschmutzungen in der Waffe hervor und sorgte für eine mächtige Qualmentwicklung, außerdem war die Geschoßgeschwindigkeit recht niedrig, so daß man großkalibrige Bleigeschosse verwenden mußte. Anfang der 80er Jahre des letzten Jahrhunderts hatte der französische Chemiker Vielle das erste rauchschwache Pulver entwickelt, das bei gleichem Ladungsvolumen auch viel mehr Leistung entwickelte. Das Pulver sorgte aber zusammen mit den damals üblichen großkalibrigen Geschossen für einen derart brutalen Rückschlag, daß man das Kaliber reduzieren mußte. Die französische Armee führte deswegen als erstes Heer der Welt ein kleinkalibriges Vollkupfergeschoß im Kaliber 8 mm für ihr Lebel-Repetiergewehr ein.

In den Anfangstagen der geradezu revolutionären Kaliberreduzierungen war die Verwendung eines Geschosses aus massivem Kupfer durchaus akzeptabel, aber die Lösung war bei weitem nicht ideal. Vor allen Dingen blieben von jedem Geschoß Kupferrückstände im Lauf zurück, so daß sich der Lauf soweit zusetzen konnte, daß er blockiert war. Was wirklich benötigt wurde, war ein Material, das einerseits so schwer wie Blei war, das aber andererseits keine Rückstände im Lauf zurückließ. Major Rubin aus der Schweiz fand schließlich die Lösung, er entwickelte ein Geschoß aus mehreren Metallen. Der Kern des Geschosses bestand aus Blei, es war von einem dünnen Mantel aus Stahl umhüllt. Beim Schuß hatte das Blei die gewünschte Masse, während sich der Mantel in die Züge einpreßte, ohne Ablagerungen oder übermäßige Reibung zu verursachen. Diese Konstruktion wurde schon bald weiterentwickelt. Nun verwendete man Tombak oder Nickel für den Geschoßmantel, diese Materialien reduzierten durch ihre leicht schmierende Wirkung Reibung und Laufablagerungen auf ein Minimum. Und somit hatte das Militärgewehr alle nötigen Eigenschaften, um den Schritt ins 20. Jahrhundert gehen zu können.

Unten: Ein französischer Kavallerist im 19. Jahrhundert mit einem Steinschloßkarabiner.

Unten: Dieser Soldat vom 60. Schützenregiment führt ein Enfield-Dreibandgewehr.

MILITÄRISCHE HANDWAFFEN

Brown Bess 1
Großbritannien/Indien
Länge: 1'378 mm
Gewicht: 4'480 g
Kaliber: .75 (19mm)
Kapazität: einschüssig
V_0: 247 m/s

Brown Bess war ein Spitzname, der ab etwa 1730 für eine ganze Reihe von britischen Militärmusketen verwendet wurde. Die hier gezeigte Waffe wurde ungefähr 1800 nach einem ursprünglich bei der Ostindienkompanie verwendeten Baumuster hergestellt. Sie ist recht ordentlich verarbeitet, allerdings ist das Schaftholz von minderwertiger Qualität.

Muskete Modell 1839 2
Großbritannien
Länge: 1'168 mm
Gewicht: 4'200 g
Kaliber: .75 (19 mm)
Kapazität: einschüssig
V_0: 247 m/s

Frühe britische Perkussionsgewehre waren Umbauten aus Steinschloßwaffen, das ist hier bei der für die britische Marine umgebauten Waffe sehr gut an den ausgefüllten Bohrungen an der Schloßplatte zu erkennen.
Die Schloßkonstruktion stammt von George Lovell, der zu dieser Zeit viele Waffen in Großbritannien umbaute.

Baker Rifle 3
Großbritannien
Länge: 1'168 mm
Gewicht: 4'140 g
Kaliber: .625 (15,8 mm)
Kapazität: einschüssig
V_0: 305 m/s

Diese im Jahre 1800 eingeführte Steinschloßwaffe war die erste Waffe mit gezogenem Lauf im britischen Militärdienst.
Sie wurde an speziell ausgebildete Schützen ausgegeben, die ein manngroßes Ziel auf fast 200 Meter Entfernung treffen konnten und auch auf größere Entfernungen noch gute Wirkung erzielten.

Jacob's Rifle 4
Großbritannien
Länge: 1'016 mm
Gewicht: 4'310 g
Kaliber: .524 (13,3 mm)
Kapazität: einschüssig
V_0: 305 m/s

Diese doppelläufige Perkussionsbüchse war ein Entwurf von General John Jacob, sie diente bei der indischen Armee im Jahre 1858 zur Ausrüstung von zwei Regimentern. Die Waffe verschoß ein Langgeschoß, das am Ende vier Warzen hatte, die in die Züge des Laufes griffen. Das Laden der Waffe war aufgrund des engen Laufes schwierig.

FRÜHE MUSKETEN UND BÜCHSEN

Thouvenin-Büchse 5
Frankreich
Länge: 1'251 mm
Gewicht: 4'090 g
Kaliber: .70 (17,5 mm)
Kapazität: einschüssig
V_0: 305 m/s

Ein Problem der ersten Büchsen war die Notwendigkeit der Verwendung von sehr dicht im Lauf anliegenden Geschossen, die das Laden sehr erschwerten. Eine der besten Entwicklungen zur Lösung des Problems wurde im Jahre 1844 durch den französischen Oberst Thouvenin geschaffen. Bei seinem Perkussionsgewehr ragte ein zentrisch angebrachter Stift in die Kammer. Das Pulver wurde in den Raum um den Stift geschüttet und dann ein unterkalibriges Geschoß aufgesetzt. Nachdem das Geschoß auf dem Stift aufsaß, wurde es mit Hilfe des Ladestockes mit einigen Schlägen gestaucht, so daß es jetzt gasdicht im Lauf saß. Es war eine gute Waffe, einziger Schwachpunkt war der Stift im Lauf, der durch das aggressive Schwarzpulver sehr starker Korrosion ausgesetzt war und dann durch die explodierende Ladung beschädigt werden konnte.

Minié-Büchse 6
Frankreich
Länge: 1'168 mm
Gewicht: 4'200 g
Kaliber: .758 (19,25 mm)
Kapazität: einschüssig
V_0: 305 m/s

Hauptmann Minié war ein weiterer französischer Offizier, der ein wirkungsvolleres Geschoß für den Vorderlader entwickelte. Das von ihm entwickelte Langgeschoß hatte im hinteren, ausgesparten Teil einen Eisenkeil. Durch die Explosion der Treibladung wurde der Keil in das Geschoß gedrückt und erweiterte so den Geschoßdurchmesser, das Geschoß wurde in die Züge gedrückt und schloß gasdicht ab. Der Vorteil dieses Systems war, daß ein Lauf mit einer ganz normalen Kammer verwendet werden konnte, es wurde kein Stift oder ähnliches benötigt. Die Briten führten das Minié-System im Jahre 1851 ein, die ersten dafür umgebauten Waffen waren Musketen des Baumusters Pattern 1842. Auch die Royal Navy stellte ihre Waffen auf das Minié-System um, wobei diese Waffen eine Kimme erhielten. Die abgebildete Waffe ist eine der umgebauten Pattern 1842, sie ist von dem bei der Armee verwendeten Standardmodell fast nicht zu unterscheiden.

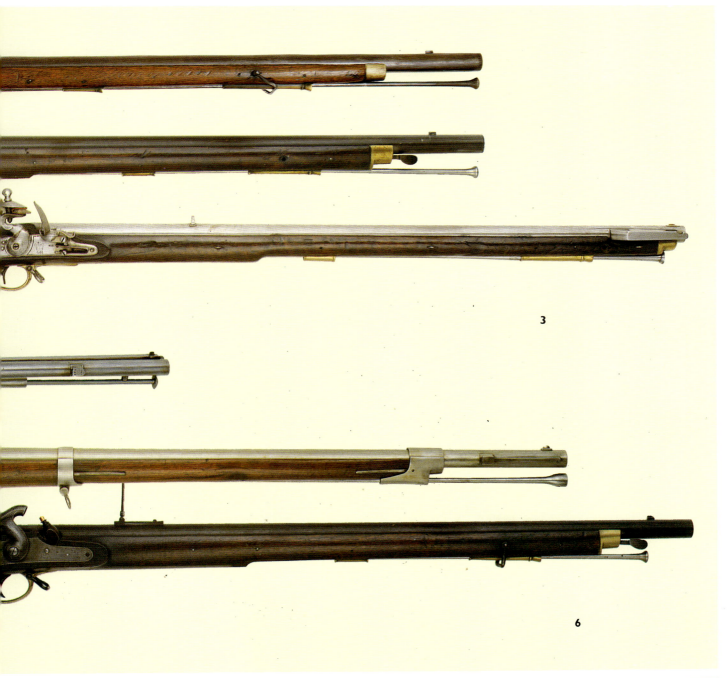

MILITÄRISCHE HANDWAFFEN

Enfield 1853 Pattern 1
Großbritannien
Länge: 1'379 mm
Gewicht: 3'900 g
Kaliber: .557 (14,6 mm)
Kapazität: einschüssig
V_0: 305 m/s

Die ersten britischen Minié-Gewehre waren groß und schwer, deswegen produzierte die staatliche Gewehrfabrik in Enfield ab 1854 diese Waffe, die auch ein kleineres Kaliber hatte. Sie war leichter und deswegen besser zu handhaben als die Vorgänger, außerdem war sie bemerkenswert wirksam. Sie war aus diesem Grund sehr bald bei den britischen Soldaten beliebt.

Tausende dieser Waffen wurden im amerikanischen Bürgerkrieg von beiden Seiten eingesetzt. Der Schaft war gut geformt, die Waffe hatte ein Klappvisier, und der Lauf wurde von drei charakteristischen Schaftringen gehalten. Ursprünglich wurde ein Minié-Geschoß ohne Eisenkeil verwendet, es gab aber auch Geschosse mit Holz- oder sogar Tonkeilen.
Die Munition wurde in Form von Papierpatronen ausgegeben. Zum Laden mußte die Patrone aufgerissen werden, dann wurde das Pulver in den Lauf geschüttet und schließlich das Geschoß aufgesetzt und den Lauf hinuntergetrieben.

Kurzgewehr Modell 1842 2
Belgien
Länge: 1'321 mm
Gewicht: –
Kaliber: .54 (13,7 mm)
Kapazität: einschüssig
V_0: 305 m/s

Dieses Perkussionsgewehr mit gezogenem Lauf wurde in Belgien entwickelt und war dort als das «Modele 1842» bekannt. Es hatte ein Schloß mit zurückgesetzter Schloßplatte, dadurch wurde der Kolbenhals etwas geschwächt. Während des amerikanischen Bürgerkrieges wurden Tausende dieser zu diesem Zeitpunkt schon veralteten Waffen an beide Kriegsparteien verkauft.

Enfield-Kurzgewehr 3
(Zweiband) Großbritannien
Länge: 1'244 mm
Gewicht: 3'700 g
Kaliber: .557 (14,6 mm)
Kapazität: einschüssig
V_0: 305 m/s

Diese Kurzversion des Enfield-Standardgewehres wurde erstmals 1856 hergestellt. Sie ist sehr leicht daran zu erkennen, daß sie nur zwei Schaftringe anstatt der üblichen drei hat. Diese spätere Version wurde für die Marine gefertigt, sie hatte einen verbesserten Lauf, einen Oberring und einen Abzugsbügel aus Messing sowie einen vor dem Abzug angebrachten Riemenbügel.

6

FRÜHE MUSKETEN UND BÜCHSEN

Kerr 4
Großbritannien
Länge: 1'473 mm
Gewicht: 3'900 g
Kaliber: .557 (14,6 mm)
Kapazität: einschüssig
V_0: 305 m/s

Nachdem die Briten Milizregimenter aus Freiwilligen aufgestellt hatten, konnte die staatliche Waffenproduktion nicht mit dem Bedarf Schritt halten. Daher wurde auf private Hersteller zurückgegriffen, die eine Vielzahl von Waffentypen lieferten. Die abgebildete Waffe war auf der Grundlage des Enfield 1853 entstanden, wies aber kleine Abweichungen an Schäftung und Visierung auf.

Brunswick 5
Großbritannien
Länge: 1'168 mm
Gewicht: 4'170 g
Kaliber: .704 (17,9 mm)
Kapazität: einschüssig
V_0: 305 m/s

Diese Entwicklung aus dem Jahre 1937 war ein Versuch, die Baker-Büchse im britischen Militärdienst zu ersetzen. Sie verschoß ein Rundgeschoß mit einer gürtelartigen Verstärkung. Der Lauf hatte zwei tiefe gedrehte Züge, in die das Geschoß mit diesem Gürtel eingesetzt wurde und die das Geschoß beim Schuß führten und ihm Drall gaben. Die Erfindung wird einem Hauptmann Berners zugeschrieben, der Adjutant beim Herzog von Braunschweig war, daher stammt auch der Name der Waffe. Das britische Kurzgewehr war eine solide Waffe mit hinter dem Hahn liegender Schloßplatte, Messingbeschlägen und einer großen Patchbox mit zwei Fächern im Kolben. Auf dem Schießstand erzielte man mit der Waffe sehr gute Erfolge, im Einsatz dagegen gab es sehr bald Probleme. Die Kugeln aus der Massenfertigung paßten oft nicht in den Lauf, und das Laden der Waffe war sehr oft mit großem Kraft- und Zeitaufwand verbunden, besonders wenn der Lauf mit Schwarzpulverrückständen zugesetzt war.

Whitworth 6
Großbritannien
Länge: 1'448 mm
Gewicht: –
Kaliber: .451 (11,4 mm)
Kapazität: einschüssig
V_0: 335 m/s

Für das Whitworth-Gewehr wurde ein besonderer, gezogener Lauf mit achteckigem Laufinnenprofil verwendet, aus dem speziell für diese Waffe entwickelte Geschosse verfeuert wurden. Die Präzision war hervorragend, allerdings verschmutzten die Läufe schnell. Diese zivile Scheibenwaffe ist mit einem Zielfernrohr ausgestattet und wurde während des amerikanischen Bürgerkrieges verwendet.

MILITÄRISCHE HANDWAFFEN

US Model 1841 Rifle 1
USA
Länge: 1'254 mm
Gewicht: 4'430 g
Kaliber: .54 (13,7 mm)
Kapazität: einschüssig
V_0: 305 m/s

Diese Büchse war das erste Perkussionsgewehr mit gezogenem Lauf, das von den US-Streitkräften übernommen wurde. Sie war eine wirksame Waffe, obwohl das Laden etwas schwierig war, speziell bei verschmutztem Lauf. Viele dieser Gewehre waren noch im Bürgerkrieg im Einsatz, die meisten davon allerdings umgerüstet auf den Minié-Lauf.

US Model 1842 Musket 2
USA
Länge: 1'473 mm
Gewicht: 4'170 g
Kaliber: .69 (17,5 mm)
Kapazität: einschüssig
V_0: 305 m/s

Diese Waffe war der letzte Vorderlader mit glattem Lauf, der an die amerikanische Armee ausgegeben wurde. Sie wurde im Krieg mit Mexiko 1846–48 verwendet. Viele erhielten später gezogene Läufe und wurden für das Minié-System konvertiert. Im Bürgerkrieg wurden noch viele tausend dieser Gewehre zusammen mit den verbliebenen glattläufigen Waffen verwendet.

US Model 1861 Rifle 3
USA
Länge: 1'379 mm
Gewicht: 3'900 g
Kaliber: .58 (14,7 mm)
Kapazität: einschüssig
V_0: 305 m/s

Dieses Gewehr wurde zuerst von der Springfield Armory hergestellt. Es war ein Vorderlader mit gezogenem Lauf, der aus dem früheren, für das Maynard-Zündkapselstreifensystem eingerichteten Modell 1855 entstanden war. Für die neue Waffe wurde aber wieder das normale Perkussionszündsystem verwendet. Sie erwarb sich bald einen guten Ruf als zuverlässiges und wirkungsvolles Gewehr. Es war leicht und gut zu handhaben, und man konnte damit auf 270 Meter ein manngroßes Ziel treffen. Das Modell 1861 war während des amerikanischen Bürgerkrieges die am häufigsten verwendete Waffe der Unionsarmee, und auch bei den Konföderierten war sie als Beutegewehr sehr begehrt. Spätere Ausführungen waren weiter vereinfacht worden, um die Herstellung zu beschleunigen. Nach zusätzlichen geringfügigen Änderungen wurde die Waffe schließlich zum Modell 1863. Es war eine hervorragende Büchse, die der Enfield in nichts nachstand, allerdings war sie nicht so bekannt wie das Modell 1861.

FRÜHE MUSKETEN UND BÜCHSEN

Sharps New Model Rifle 4
USA
Länge: 1'245 mm
Gewicht: –
Kaliber: .56 (14,2 mm)
Kapazität: einschüssig
V₀: 335 m/s

Im Jahre 1848 erhielt Christian Sharps für die erfolgreiche Konstruktion eines einschüssigen Hinterladers sein erstes Patent. Ein vertikaler Verschlußblock wurde durch die Betätigung eines Hebels, der gleichzeitig als Abzugsbügel diente, heruntergezogen. Zuerst wurde eine Patrone mit Papierhülse verschossen, sie bestand später aus Leinen. Nach dem Laden wurde der Block zurückgeschoben und schloß das Patronenlager nach hinten ab. Dabei wurde die Patrone aufgeschnitten, so daß das Pulver frei lag und vom Zündstrahl gut getroffen werden konnte. Der konventionelle Perkussionshahn mußte von Hand gespannt werden. Bei den frühen Ausführungen des Gewehres wurde das Zündkapselstreifensystem von Maynard verwendet, beim späteren Modell 1859 kam das patentierte Zündhütchenladesystem von Sharps zum Einsatz. Sharps-Gewehre waren bei der Kavallerie und der berittenen Infanterie während des Bürgerkrieges sehr beliebt und dienten auch zur Ausrüstung von Scharfschützenregimentern.

Colt Model 1855 5
Revolvergewehr USA
Länge: 1'346 mm
Gewicht: –
Kaliber: .56 (14,22 mm)
Kapazität: 5
V₀: 305 m/s

Colt baute sein erstes Revolvergewehr schon 1836 und verkaufte es in einer Anzahl von verschiedenen Kalibern. Das später erschienene Modell 1855 wurde in kleinen Stückzahlen im Bürgerkrieg verwendet, hauptsächlich waren die Scharfschützen eines Regimentes aus Gettysburg damit ausgerüstet. Das Gewehr hatte eine Trommel mit fünf Kammern und einen seitlich angebrachten Hahn, der per Hand gespannt werden mußte und dann dabei die Trommel weiterdrehte. Der Lauf sorgte mit seiner Länge von 838 mm zusammen mit dem Klappvisier dafür, daß die Waffe präzise schoß. Das Revolvergewehr war aber bei seinen Benutzern nicht sonderlich beliebt, da das nach hinten gerichtete explodierende Zündhütchen sich ziemlich nahe am Gesicht des Schützen befand. Ein großer Nachteil der Waffe war auch die Gefahr des gleichzeitigen Zündens aller Kammern, dadurch konnte sich der Schütze schwere Verletzungen an der den Vorderschaft haltenden Hand und dem Arm zuziehen.

MILITÄRISCHE HANDWAFFEN

Morse-Muskete 1
USA
Länge: 1'499 mm
Gewicht: –
Kaliber: .71 (18 mm)
Kapazität: einschüssig
V_0: 305 m/s

Diese glattläufige Perkussionsmuskete wurde von George Morse aus Greenville in South Carolina für die konföderierte Armee hergestellt. Sie ist auch als Muskete mit innenliegendem Schloß bekannt. Der Lauf ist 1'067 mm lang. Die Waffe ist leicht an dem einfachen Schloßmechanismus mit sehr kleiner Schloßplatte zu erkennen.

Büchse von J. P. Murray 2
USA
Länge: 1'219 mm
Gewicht: –
Kaliber: .58 (13,7 mm)
Kapazität: einschüssig
V_0: 305 m/s

J. P. Murray war ein weiterer Büchsenmacher, der durch seine Arbeit versuchte, den starken Waffenmangel bei den Südstaaten etwas zu lindern. Dieses Gewehr mit gezogenem Lauf basiert auf dem Modell 1841 (siehe Seite 126), allerdings ist das Kaliber größer und die Fertigungsqualität ist etwas gröber.

Chapman-Büchse 3
USA
Länge: 1'245 mm
Gewicht: 4'430 g
Kaliber: .58 (13,7 mm)
Kapazität: einschüssig
V_0: 305 m/s

Wie die meisten anderen konföderierten Waffenhersteller benutzte auch C. Chapman das Gewehr Modell 1841 als Grundlage für die von ihm gefertigte großkalibrige Muskete. Der Lauf wurde mit zwei Messingringen am Schaft befestigt, die unten eine Führung für den Ladestock hatten. Die Waffe ist recht grob verarbeitet.

FRÜHE MUSKETEN UND BÜCHSEN

Lamb-Büchse 4	**Büchse von Cook & Bro.** 5	**Justice-Büchse** 6
USA	USA	USA
Länge: 1'245 mm	Länge: 1'245 mm	Länge: 1'379 mm
Gewicht: 4'430 g	Gewicht: 3'700 g	Gewicht: 3'900 g
Kaliber: .58 (13,7 mm)	Kaliber: .58 (13,7 mm)	Kaliber: .58 (14,7 mm)
Kapazität: einschüssig	Kapazität: einschüssig	Kapazität: einschüssig
V_0: 305 m/s	V_0: 305 m/s	V_0: 305 m/s

Auch diese von den Konföderierten geführte Waffe basierte auf dem Modell 1841, wobei dieser Typ vereinfacht worden war, damit er auch von ungelerntem Personal in Massenproduktion gefertigt werden konnte. Die Waffen waren schlecht verarbeitet, und so wäre die abgebildete Waffe im harten Militärdienst wohl nicht sehr alt geworden.

Ferdinand und Francis Cook waren zwei Engländer, die in Georgia Waffen für die Konföderierten herstellten. Das hier gezeigte Gewehr entspricht in allen Einzelheiten dem Enfield-Zweibandgewehr (s. Seite 124) und wurde auch nach dem gleichen Herstellungsverfahren gebaut. Die Verarbeitung war ganz ordentlich und die Waffe im Einsatz genauso wirkungsvoll wie das Original.

Auch bei den Streitkräften der Union fehlte es zu Beginn des Bürgerkrieges an Waffen. Die Rüstungsgüterproduktion wurde zur Deckung des Bedarfes stark angekurbelt. Die gezeigte Waffe entstand im Rahmen dieser Bemühungen. Sie wurde von P. S. Justice gefertigt, der Waffen aus Teilen verschiedener anderer Waffentypen zusammenbaute und dabei auch Schlösser von veralteten Musketen verwendete.

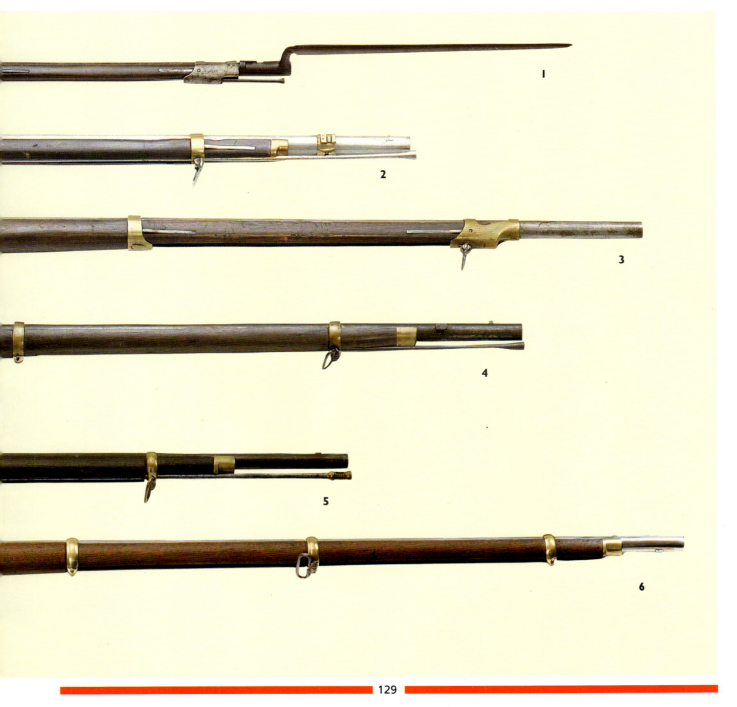

MILITÄRISCHE HANDWAFFEN

Dickson, Nelson & Co. 1
USA
Länge: 1'016 mm
Gewicht: –
Kaliber: .58 (14,7 mm)
Kapazität: einschüssig
V_0: 305 m/s

Die Firma Dickson, Nelson und Co. war eines der unzähligen Unternehmen, das im amerikanischen Bürgerkrieg Waffen für die Konföderierten herstellte. Für diesen gut verarbeiteten kurzen Kavalleriekarabiner verwendete man das Schloß des Gewehres Modell 1841, der Ladestock ist vorn in einem schwenkbaren Ladestockhalter gelagert.

Enfield Musketoon 2
Großbritannien
Länge: 1'016 mm
Gewicht: 3'430 g
Kaliber: .577 (14,6 mm)
Kapazität: einschüssig
V_0: 305 m/s

Diese Kompaktversion des Enfield-Gewehres wurde erstmals 1853 hergestellt und war für Artilleristen bestimmt. Der 610 mm lange Lauf wurde mit zwei Ringen am Schaft befestigt, in allen anderen Punkten entsprach die Waffe der Gewehrversion. Für das später entwickelte Modell 1860 wurde ein verbesserter Lauf verwendet.

J. P. Murray Musketoon 3
USA
Länge: 1'016 mm
Gewicht: –
Kaliber: .58 (14,7 mm)
Kapazität: einschüssig
V_0: 305 m/s

J.P. Murray aus Georgia stellte während des Bürgerkrieges ein paar Hundert dieser Karabiner für die konföderierten Artilleristen her. Die Waffen hatten 610 mm lange Läufe, die Schloßkonstruktion stammte vom Enfield. Der Lauf wurde von zwei Ringen mit Schaftfedern gehalten, der Vorderschaft war mit einer Messingkappe abgeschlossen.

FRÜHE MUSKETEN UND BÜCHSEN

J.-P.-Murray-Karabiner 4
USA
Länge: 991 mm
Gewicht: –
Kaliber: .58 (14,7 mm)
Kapazität: einschüssig
V_0: 305 m/s

J. P. Murray baute auch Kavalleriekarabiner, die bis auf den nur 584 mm langen Lauf mit dem Musketoon fast identisch waren. Die Waffe hatte einen schwenkbar gelagerten Ladestockhalter, damit beim Laden zu Pferde der Ladestock nicht verlorengehen konnte. Das Schloß entsprach im Aufbau dem Modell 1841, Schaftbänder und Vorderschaftabschlußkappe waren aus Messing.

Terry-Karabiner 5
Großbritannien
Länge: 965 mm
Gewicht: 2'800 g
Kaliber: .539 (13,7 mm)
Kapazität: einschüssig
V_0: 305 m/s

Für diesen Karabiner von 1860 wurde eine frühe, einfache Form eines Verschlusses verwendet. Der Verschlußdeckel konnte nach hinten gezogen und an einem Scharnier hochgeschwenkt werden. Zur Abdichtung des Verschlusses wurde eine Lederdichtung verwendet, die schnell an Wirkung verlor. Bei undichter Dichtung konnte der Verschluß durch die Kraft der Schußgase aufgeblasen werden.

Enfield-Karabiner 6
Großbritannien
Länge: 940 mm
Gewicht: 3'060 g
Kaliber: .577 (14,6 mm)
Kapazität: einschüssig
V_0: 305 m/sec.

Im Jahre 1856 erschien eine weitere Variante des Enfield-Gewehres, diesmal als Karabiner. Sie hatte mit 533 mm einen extrem kurzen Lauf, der mit zwei Ringen am Schaft gehalten wurde. Der Ladestock war in einem schwenkbaren Ladestockhalter gelagert. Die am vorderen Teil des Abzugsbügels angebrachte Kette diente zur Befestigung der Schutzkappe für das Piston.

131

MILITÄRISCHE HANDWAFFEN

Sharps-Karabiner 1
USA
Länge: 991 mm
Gewicht: –
Kaliber: .52 (13,2 mm)
Kapazität: einschüssig
V₀: 277 m/s

Bei den frühen Sharps-Hinterladern gab es gelegentlich Probleme mit undichten Verschlüssen, deswegen wurde das verbesserte Modell 1859 konstruiert, mit dem diese Probleme beseitigt werden sollten. Doch auch die neue, verbesserte Gasdichtung war nur teilweise erfolgreich, und so mußte der Schütze immer darauf gefaßt sein, daß ihm Pulvergase ins Gesicht schlugen.

Das «New Model» von Sharps verschoß statt der Papierpatrone eine Leinenpatrone, die mit Zellulose umwickelt war, damit sie besser verbrannte. Das Zündkapselstreifensystem von Maynard war durch eine patentierte Zündhütchenzuführung ersetzt worden, bei dem die Zündhütchen in einem Röhrenmagazin gelagert waren. Es konnte aber auch ein konventionelles Zündhütchen verwendet werden.
Die hier abgebildete Waffe ist ein Kavalleriekarabiner Modell 1859, mit dem ein geübter Schütze mehr als zehn gezielte Schüsse pro Minute abgeben konnte. Beachten Sie das Klappvisier auf dem Lauf.

Maynard-Karabiner 2
USA
Länge: 940 mm
Gewicht: 2'740 g
Kaliber: .50 (12,7 mm)
Kapazität: einschüssig
V₀: 277 m/s

Edward Maynard war ein Zahnarzt aus Washington, der durch die Entwicklung eines Zündkapselstreifensystems für Perkussionswaffen bekannt wurde. Er konstruierte ebenfalls diesen leichten Hinterladerkarabiner, von denen eine Anzahl während des Bürgerkrieges bei den Unionstruppen eingesetzt wurde. Die Waffe hatte einen Kipplauf, was auf dem Foto gut zu sehen ist, der Lauf wurde durch Vorschwenken des Abzugsbügels abgeschwenkt. Eine Messinghülse mit einem starken Rand wurde dann ins Patronenlager eingeführt und der Lauf hochgekippt. Die Patrone hatte keinen eigenen Zünder, deswegen war der Boden perforiert, so daß der Zündstrahl von außen eindringen konnte. Bei den frühen Ausführungen dieses Karabiners wurde das Zündkapselstreifensystem verwendet, die späteren Modelle hatten die normale Perkussionszündung. Obwohl die Waffe selbst einigermaßen wirkungsvoll war, konnte es im Einsatz wegen der erforderlichen Spezialpatrone Nachschubprobleme geben.

FRÜHE MUSKETEN UND BÜCHSEN

Richmond-Karabiner 3	**Starr-Karabiner** 4	**Karabiner von Cook & Bro.** 5	**Musketoon von Cook & Bro.** 6
USA	USA	USA	USA
Länge: 1'041 mm	Länge: 965 mm	Länge: 940 mm	Länge: 1'016 mm
Gewicht: –	Gewicht: –	Gewicht: 3'060 g	Gewicht: 3'430 g
Kaliber: .58 (14,7 mm)	Kaliber: .58 (14,7 mm)	Kaliber: .58 (14,7 mm)	Kaliber: .58 (14,7 mm)
Kapazität: einschüssig	Kapazität: einschüssig	Kapazität: einschüssig	Kapazität: einschüssig
V_0: 305 m/s	V_0: 277 m/s	V_0: 305 m/s	V_0: 305 m/s

In der Waffenfabrik Richmond wurde ein Teil des in Harpers Ferry im Jahre 1861 erbeuteten Maschinenparkes verwendet. Richmond baute während des ganzen Bürgerkrieges große Mengen von Waffen für die Konföderierten. Der hier abgebildete Kavalleriekarabiner hat einen 635 mm langen Lauf und eine buckelartige Erhebung in der Mitte der Schloßplatte.

Bei diesem von Ebenezer Starr im Jahre 1858 entwickelten Hinterlader wurde ein Fallblockverschluß verwendet, der durch den Abzugsbügel betätigt wurde. Anders als beim vergleichbaren Sharps wurde bei dieser Waffe beim Schließen des Verschlusses die Leinenumhüllung der Patrone nicht aufgeschnitten. Das war hier nicht nötig, denn der Verschluß dichtete sehr gut ab.

Das von den Gebrüdern Cook hergestellte Gewehr ist bereits auf Seite 129 beschrieben worden, die hier gezeigte Waffe ist der davon abgeleitete Karabiner. Er ähnelt sehr dem Enfield und hat genau wie das Vorbild einen 533 mm langen Lauf sowie einen beweglichen Ladestockhalter. Im Gegensatz zum Enfield reicht der Vorderschaft nicht bis zur Mündung.

Francis und Ferdinand Cook produzierten von diesem Musketoon ebenfalls große Stückzahlen für die Armee der Konföderierten. Auch diese Waffe mit einem 610 mm langen Lauf und separatem Ladestock basierte auf dem Enfield. In allen anderen Details ist es mit den anderen Gewehren der Gebrüder Cook identisch.

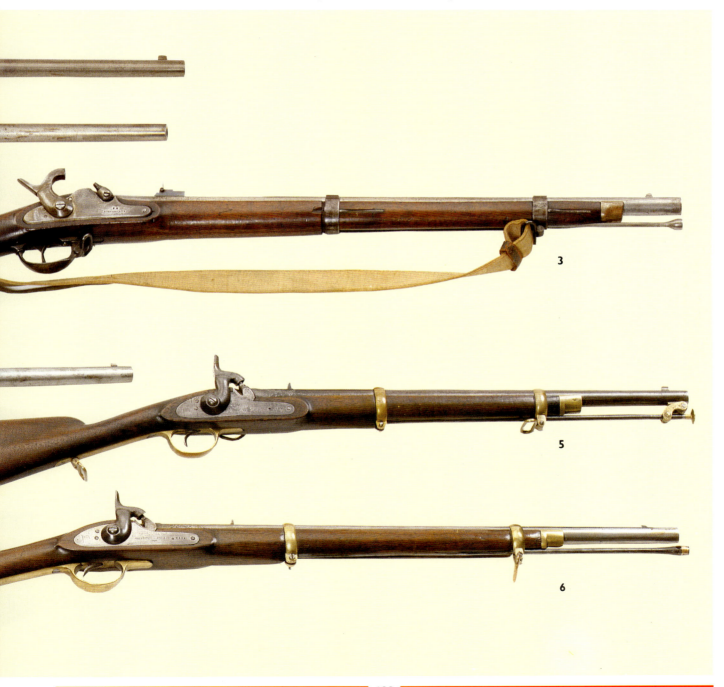

MILITÄRISCHE HANDWAFFEN

Robinson-Karabiner 1	**Chapman-Musketoon** 2	**Tallassee-Karabiner** 3
USA	USA	USA
Länge: 991 mm	Länge: 1'041 mm	Länge: 1'041 mm
Gewicht: –	Gewicht: 3'430 g	Gewicht: 3'430 g
Kaliber: .52 (13,2 mm)	Kaliber: .58 (14,7 mm)	Kaliber: .58 (14,7 mm)
Kapazität: einschüssig	Kapazität: einschüssig	Kapazität: einschüssig
V_0: 277 m/s	V_0: 305 m/s	V_0: 305 m/s

Die Karabinerversion des Sharps-Hinterladers Modell 1859 war so erfolgreich, daß sie sehr schnell von den Büchsenmachern in den Südstaaten kopiert wurde. Das abgebildete Exemplar wurde von S.C. Robinson hergestellt und ist einigermaßen gut verarbeitet. Es fehlte allerdings die patentierte Zündhütchenzuführung des Vorbildes.

Nachdem C. Chapman sein Infanteriegewehr (siehe Seite 28) geschaffen hatte, wandte er sich der Konstruktion eines Artilleriekarabiners zu. Auch diese Waffe basierte auf dem Gewehr Modell 1841, hatte aber einen mit 635 mm Länge viel kürzeren Lauf. Die Waffe war recht ordentlich verarbeitet, obwohl die Oberflächen teilweise etwas rauh waren.

Diese Waffe war eine ziemlich genaue Kopie des Enfield Musketoon (siehe Seite 130), allerdings war der Lauf etwas länger (635 mm statt 610 mm), und sie hatte einen schwenkbaren Ladestockhalter nach Art der Kavalleriewaffen. Das Gewehr wurde im Arsenal der Konföderierten in Tallassee Alabama gebaut. Die meisten davon kamen zu spät, um noch am Krieg teilzunehmen.

FRÜHE MUSKETEN UND BÜCHSEN

Tarpley-Karabiner 4
USA
Länge: 914 mm
Gewicht: –
Kaliber: .58 (14,7 mm)
Kapazität: einschüssig
V_0: 277 m/s

Dieser ungewöhnlich aussehende Hinterladerkarabiner war ein Entwurf von Jere Tarpley. Es wurden davon ein paar Hundert Stück während des Bürgerkrieges für die Konföderierten gefertigt. Die Waffe verschoß eine Papierpatrone und hatte das normale Perkussionsschloß. Es war eine einfache, grob gefertigte Waffe, die sich für den militärischen Einsatz als ungeeignet erwies.

Morse-Karabiner 5
USA
Länge: 914 mm
Gewicht: –
Kaliber: .50 (12,7 mm)
Kapazität: einschüssig
V_0: 277 m/s

George Morse erfand einen Hinterladerkarabiner, aus dem eine frühe Messingpatrone mit Zentralzündung verschossen wurde. Es wurden einige hundert Stück für die Konföderierten gebaut, aber die Patrone erbrachte für militärische Zwecke nicht genug Leistung. Die hier gezeigte Waffe ist mit geöffnetem Verschluß abgebildet.

LeMat-Karabiner 6
USA
Länge: 965 mm
Gewicht: –
Kaliber: .42 (10,7 mm)
Kapazität: 9/1
V_0: 277 m/s

Die Perkussionsrevolver von LeMat sind bereits auf der Seite 45 beschrieben worden, der hier gezeigte Karabiner funktioniert nach dem gleichen System. Die Trommel hatte neun Kammern, die durch den Hauptlauf abgefeuert wurden. Der darunterliegende Schrotlauf im Kaliber 16 mm wurde meist mit Postenschrot geladen.

MILITÄRISCHE HANDWAFFEN

Gallager-Karabiner 1
USA
Länge: 991 mm
Gewicht: –
Kaliber: .50 (12,7 mm)
Kapazität: einschüssig
V_0: 305 m/s

Der Hinterladerkarabiner von Gallager verschoß Metallpatronen, die allerdings noch von außen durch ein Zündhütchen gezündet wurden. Durch Herunterziehen des Abzugsbügels wurde der Lauf nach vorn geschoben und abgekippt, so daß das Patronenlager freilag. Die Waffe war nicht beliebt, da sie im Gefecht oft versagte.

Joslyn-Karabiner 2
USA
Länge: 991 mm
Gewicht: –
Kaliber: .56 (14,2 mm)
Kapazität: einschüssig
V_0: 305 m/s

Benjamin Joslyn entwickelte diesen Hinterladerkarabiner 1861. Die gezeigte Waffe ist das verbesserte Modell von 1864. Die Waffe verschoß Randfeuerpatronen aus Messing von Sharps oder Joslyn. Sie wurde geladen, indem der Verschlußblock entriegelt und zur Seite geschwenkt wurde. Die meisten Waffen wurden zu spät ausgeliefert, um noch im Bürgerkrieg verwendet zu werden.

Smith-Karabiner 3
USA
Länge: 1'016 mm
Gewicht: –
Kaliber: .50 (12,7 mm)
Kapazität: einschüssig
V_0: 277 m/s

Der 1860 entstandene Karabiner von Gilbert Smith war ein einfacher, gut funktionierender Hinterlader, der ursprünglich eine Patrone mit Gummihülle verschoß. Für spätere Modelle wurde Munition mit Messinghülse verwendet. Der Verschluß wurde geöffnet, indem der über dem Lauf liegende Hebel betätigt wurde. Zum Schießen wurde ein konventionelles Perkussionszündhütchen verwendet.

FRÜHE MUSKETEN UND BÜCHSEN

Merrill-Karabiner 4
USA
Länge: 965 mm
Gewicht: –
Kaliber: .54 (13,7 mm)
Kapazität: einschüssig
V_0: 277 m/s

Merrill hatte schon mit einer ganzen Reihe von Hinterladerkonstruktionen experimentiert, ehe er sich für das verbesserte Jenks-System entschied. Der Verschluß wurde durch Betätigung des langen, an der Oberseite der Waffe liegenden Hebels geöffnet. Das Merrill verschoß die damals übliche Patrone mit verbrennbarer Leinenhülle, die durch ein Perkussionsschloß gezündet wurde.

Gross-Karabiner 5
USA
Länge: 991 mm
Gewicht: –
Kaliber: .52 (13,2 mm)
Kapazität: einschüssig
V_0: 277 m/s

Der Karabiner von Henry Gross aus dem Jahre 1859 war auch als Gwyn & Campbell bekannt, nach den Besitzern des Herstellungswerkes. Der Verschlußblock wurde durch Herabschwenken des Abzugsbügels geöffnet. Es wurden Patronen mit verbrennbarer Hülse verschossen, die aber keinen Zünder enthielten. Bei einer späteren Version des Karabiners war der Verschluß verbessert worden.

Burnside-Karabiner 6
USA
Länge: 991 mm
Gewicht: –
Kaliber: .54 (13,7 mm)
Kapazität: einschüssig
V_0: 277 m/s

Ambrose Burnside konstruierte einen brauchbaren Hinterladerkarabiner, bevor er zur Unionsarmee ging und es dort bis zum Generalmajor brachte. Die abgebildete Waffe ist die vierte Ausführung seiner Konstruktion, die einen doppelt gelagerten Verschlußblock hat. Der Abzugsbügel dient als Verschlußhebel. Es wurden spezielle Metallpatronen verwendet, die noch extern gezündet werden mußten.

MILITÄRISCHE HANDWAFFEN

Zündnadelkarabiner   **1**
von Dreyse Deutschland
Länge: 1'016 mm
Gewicht: 3'430 g
Kaliber: 15,4 mm
Kapazität: einschüssig
V_0: 290 m/s

Bereits lange vor dem amerikanischen Bürgerkrieg rüstete die preußische Armee im Jahre 1848 auf einen Hinterlader um. Es war eine solide gefertigte Waffe mit einem von Hand drehbaren Zylinderverschluß. Das Geschoß mit Papierumwicklung zur besseren Führung war von konventioneller Bauart, es expandierte nicht. Es befand sich in einer Papphülse, die Zündladung lag hinter dem Geschoß in der Hülse. Nach dem Ziehen des Abzuges durchschlug die lange, dünne Zündnadel die Papphülse und traf auf den Zünder auf, der daraufhin explodierte und dann die Treibladung zündete. Das Zündnadelgewehr schoß nicht besonders genau, außerdem blieb der Verschluß nicht lange gasdicht. In den Händen der Preußen erwarb sich die Waffe aber einen legendären Ruf. Das Infanteriegewehr war 1'422 mm lang, der kürzere Karabiner ist hier abgebildet.

Greene-Gewehr   **2**
USA
Länge: 1'333 mm
Gewicht: 4'540 g
Kaliber: .54 (13,7 mm)
Kapazität: einschüssig
V_0: 305 m/s

Im Jahre 1862 entwickelte James Greene dieses einschüssige Gewehr mit Zylinderschloß, von denen einige hundert Stück von den Konföderierten während des Bürgerkrieges verwendet wurden. Der Lauf hatte keine Züge, sondern einen leicht ovalen Querschnitt, der bis zur Mündung gewunden war und so dem Geschoß Drall gab. Auch die mit einem Zündmittel versehene Patrone mit verbrennbarer Hülse war ungewöhnlich, denn das Geschoß war mit der Spitze nach vorn im Hinterteil der Hülse angebracht. Zum Laden mußte der Schütze den Verschluß durch Drücken eines Hebels entriegeln, dann konnte die Kammer nach hinten gezogen werden. Nach dem Einführen einer einzelnen Kugel wurde eine komplette Patrone mit Geschoß geladen. Beim Schuß wurde die vordere Kugel aus dem Lauf gefeuert, während die hintere Kugel als Gasdichtung wirkte. Sie wurde beim erneuten Laden als erste Kugel abgefeuert usw.

138

FRÜHE MUSKETEN UND BÜCHSEN

Green-Karabiner 3
USA
Länge: 837 mm
Gewicht: 3'400 g
Kaliber: .55 (14 mm)
Kapazität: einschüssig
V_0: 305 m/s

Dieser Karabiner war ein weiterer Versuch, einen wirksamen Hinterlader zu schaffen. Durch Betätigen des vorderen Abzuges wurde die Laufarretierung gelöst; nach einer Drehung konnte der Lauf abgekippt werden. Er wurde nach vorn gezogen und zur Seite gedreht, um die Patrone einzuführen. Beim gezeigten Exemplar ist die Kammer für die Lagerung des Zündkapselstreifens geöffnet.

Snider Mark II 4
Großbritannien
Länge: 1'244 mm
Gewicht: 3'700 g
Kaliber: .557 (14,6 mm)
Kapazität: einschüssig
V_0: 335 m/s

Das erste von den Briten allgemein eingeführte Hinterladergewehr war eine Konversion aus den vorhandenen Enfield-Gewehren. Das Snider hatte einen nach oben aufklappbaren und nach rechts schwenkbaren Verschluß à la tabatiere.
Die verwendete Patrone war aus Papier und hatte einen Messingboden, in dem sich das Zündhütchen befand.

Chassepot-Karabiner 5
Frankreich
Länge: 1'016 mm
Gewicht: 3'430 g
Kaliber: 11 mm
Kapazität: einschüssig
V_0: 396 m/s

Diese auch als Modell 1866 bekannte einschüssige Waffe mit Zylinderverschluß verschoß ein Expansionsgeschoß aus einer mit einem innenliegenden Zündmittel versehenen, mit Seide überzogenen Papierpatrone. Der Verschluß war mit einem dicken Kautschukring gegen Pulvergase abgedichtet. Die hier gezeigte Karabinerversion war 1'320 mm lang und wog 3,74 kg.

Die verbrennbare Patronenhülse verursachte durch starke Laufverschmutzung große Probleme, auch war der Verschluß nicht immer ganz gasdicht, so daß Pulvergase ausströmen konnten. Trotzdem hatte das Chassepot eine bemerkenswert große Reichweite und war dem Dreyse-Zündnadelgewehr sowohl an Feuerkraft als auch an Zuverlässigkeit überlegen. Das nutzte den Franzosen allerdings im Deutsch-Französischen Krieg von 1870/71 nicht allzu viel. Die Preußen hingegen bewunderten dieses Gewehr so sehr, daß sie sich bei jeder sich bietenden Gelegenheit mit französischen Beutewaffen ausrüsteten.

MILITÄRISCHE HANDWAFFEN

Remington 1
USA
Länge: 1'016 mm
Gewicht: 4'200 g
Kaliber: .45 (11,4 mm)
Kapazität: einschüssig
V_0: 411 m/s

Diese Waffenkonstruktion wurde offiziell nie an amerikanische Soldaten ausgegeben, in den Armeen von Frankreich, Dänemark und Norwegen dagegen war es eine bekannte und beliebte Waffe. Sie verschoß ein Expansionsgeschoß aus einer Messinghülse mit Zündhütchen und hatte einen «rolling block» genannten Blockverschluß. Der Verschlußblock befand sich direkt vor dem Hahn, er wurde zum Öffnen des Verschlusses nach hinten gezogen. Nach dem Laden der Patrone wurde er einfach wieder nach vorn geschoben, es gab keine Verriegelung. Dagegen befand sich am Hahn ein vorstehendes Teil, das beim Auftreffen des Hahnes auf den Schlagbolzen den vor dem Patronenlager liegenden Block abstützte.
Obwohl dieses System nicht sonderlich solide erscheinen mag, war es in der Praxis bemerkenswert robust. Die hier gezeigte Waffe ist ein dänischer Kavalleriekarabiner, bei dem auf dem Kolbenrücken ein Patronenmagazin für zehn Patronen angebracht worden ist.

Springfield 2
USA
Länge: 1'295 mm
Gewicht: 3'740 g
Kaliber: .45 (11,4 mm)
Kapazität: einschüssig
V_0: 411 m/s

Als der Bürgerkrieg in Amerika zu Ende ging, waren die Truppen mit einem Sammelsurium von verschiedenen Waffen ausgerüstet. Geld war knapp, deshalb entschied man sich dazu, die vorhandenen Gewehre des Typs Modell 1863 zu Hinterladern umzubauen, mit denen die Infanterie einheitlich ausgerüstet werden sollte. Dazu wählte man das Springfield-Allin-System, bei dem ein schwenkbarer Verschlußblock vor dem Hahn angebracht wurde. Zum Laden mußte der Schütze lediglich einen kleinen Hebel neben dem Hahn betätigen, dann konnte der Verschlußblock hochgeschwenkt werden. Nach dem Einführen einer Metallpatrone wurde der Verschluß wieder geschlossen. Der Hahn mußte noch separat von Hand gespannt werden, dann war die Waffe feuerbereit.
Das System war einfach und solide. Es war so gut, daß es später sogar für Neuwaffen im Kaliber .45 (11,4 mm) verwendet wurde.

FRÜHE MUSKETEN UND BÜCHSEN

Werndl-Gewehr 3
Österreich
Länge: 1'238 mm
Gewicht: 4'100 g
Kaliber: 10,7 mm
Kapazität: einschüssig
V_0: 411 m/s

Nach ihrer Niederlage im Krieg gegen Preußen im Jahre 1866 entschied sich die österreichische Armee für einen einschüssigen Hinterlader. Der Verschlußblock konnte so gedreht werden, daß eine Ladeöffnung freilag, in welche die Messingpatrone eingeführt werden konnte. Durch Zurückschwenken des Schwenkblockes wurde der Verschluß geschlossen, die Waffe war feuerbereit.

Martini-Henry 4
Großbritannien
Länge: 1'219 mm
Gewicht: 3'900 g
Kaliber: .45 (11,4 mm)
Kapazität: einschüssig
V_0: 411 m/s

In dieser Waffe wurde das erstmals beim amerikanischen Peabody verwendete und von Friedrich von Martini weiterentwickelte Fallblocksystem mit dem von Alexander Henry geschaffenen Lauf kombiniert. Sie wurde im Jahre 1871 bei den britischen Streitkräften eingeführt und dann im gesamten weitausgedehnten Empire verwendet. Durch Betätigen des Unterhebels hinter dem Abzug wurde der Verschlußblock nach unten geschwenkt, danach konnte eine Patrone per Hand in das Patronenlager eingeführt werden. Durch das Heraufschwenken des Unterhebels wurde der Verschluß geschlossen und die Waffe gespannt. Das Martini war kräftig gebaut, einfach und billig. In der Hand eines geübten Schützen entwickelte es eine gewaltige Feuerkraft. Einziger Schwachpunkt war die anfänglich verwendete Patrone, die aus gewickelter Messingfolie bestand. Mit dieser Munition kam es häufig zu Hülsenreißern und Bodenabrissen, speziell unter heißen und staubigen Klimaverhältnissen.

Vetterli 5
Schweiz/Italien
Länge: 1'295 mm
Gewicht: 3'860 g
Kaliber: 10,4 mm
Kapazität: 1/11
V_0: 411 m/s

Im Jahre 1870 entschied sich das italienische Heer für dieses Gewehr mit Zylinderschloß aus der Schweiz. Der Verschluß wird zurückgezogen, dann die Waffe geladen, woraufhin der Verschluß vorgeschoben und zur Verriegelung nach unten gedreht wird. Die Waffe wurde später in der Schweiz zum Mehrlader mit Röhrenmagazin weiterentwickelt, der hier abgebildet ist.

MILITÄRISCHE HANDWAFFEN

REPETIERGEWEHRE

Beim Repetiergewehr – ein Gewehr mit Magazin, bei dem durch eine einfache mechanische Bewegung der Nachladevorgang ausgeführt werden konnte und mit dem man so lange schießen konnte, wie Munition im Magazin war – traten schon sehr früh zwei ganz unterschiedliche Systeme auf, nämlich die Unterhebelrepetierer und die Repetierer mit Zylinderverschluß. Im militärischen Bereich schied der Unterhebelrepetierer (zum Beispiel Winchester) schon sehr bald aus, weil er für das Liegendschießen überhaupt nicht zu gebrauchen war. Das Militär bevorzugte ganz eindeutig den Repetierer mit Zylinderverschluß. Die ersten Magazingewehre hatten unter dem Lauf angebrachte Röhrenmagazine, so zum Beispiel das Gewehr 71/84 in Deutschland oder das französische Lebel, allerdings hatten diese Konstruktionen Nachteile. Mit Flach- oder Rundkopfgeschossen gab es keine Probleme, wenn aber Spitzgeschosse geladen wurden, konnte es passieren, daß bei starkem Stoß eine Geschoßspitze das vor ihr liegende Zündhütchen eindrückte und so eine Explosion des gesamten Röhrenmagazins verursachte. Daher wurden bald fast nur noch Kastenmagazine verwendet, wobei sich einige Länder für das herausnehmbare Magazin (Lee in Großbritannien), andere aber für das in den Schaft integrierte Magazin System Mauser mit seiner geringeren Magazinkapazität entschieden. Natürlich gab es aber auch einige Konstruktionen, die völlig anders waren. Dazu gehört zum Beispiel das System Krag-Jorgensen aus Norwegen, bei dem die Patrone aus einem seitlich angebrachten und zu beladenden Magazin auf recht umständliche Weise in das Patronenlager geführt wird. Bei den meisten Armeen wurde die Ladestreifenbeladung eingeführt, dazu wurden fünf auf einem geprägten Blechstreifen mit dem Boden aufgesetzte Patronen auf den geöffneten Gewehrverschluß gesetzt und mit dem Daumen in das Magazin gedrückt. Der leere Ladestreifen wurde fortgeworfen. Andere Staaten entschieden sich für das von Mannlicher entwickelte Ladesystem. Dabei gehörte ein Laderahmen mit zum Ladesystem. Der normalerweise mit fünf Patronen gefüllte Rahmen wurde in das Magazin eingesetzt, dann drückte ein unter Federspannung stehender Hebel die Patronen nach oben, wo sie vom Verschlußkopf abgestreift und ins Patronenlager eingeführt werden konnten. Nach dem letzten Schuß fiel der leere Rahmen durch den Magazinboden nach außen, natürlich nur dann, wenn die Auswurföffnung nicht verschmutzt war.

Auch beim eigentlichen Funktionssystem gab es unterschiedliche Ausführungen, so konnte der Verschluß durch eine Drehbewegung oder durch eine gerade Zugbewegung betätigt werden. Der Österreicher Mannlicher entschied sich für den Geradezugverschluß, und auch in der Schweiz entwickelten Schmidt und Rubin ein solches System. Wie der Name schon sagt, muß bei diesem Verschlußsystem der Soldat mit dem Kammergriff nur noch eine geradlinige Ladebewegung ausführen. Eigentlich betätigte er dabei gar nicht den Verschluß selbst, sondern eine den Verschluß umschließende Hülse, die über einen Nocken den Verschluß drehte.

Unten: Das Repetiergewehr System Lee diente bei den britischen Streitkräften in mehreren Varianten insgesamt über 100 Jahre. Hier kämpft ein britischer Soldat im Zweiten Weltkrieg in der nordafrikanischen Wüste mit seinem SMLE Mk III.

Rechts: Im Krieg mit Rußland in den Jahren 1904/05 verwendeten die Japaner das Gewehr Typ 30.

Unten rechts: Der Mauser-Verschluß mit seinen vorn angebrachten Verschlußwarzen war stark und zuverlässig.

REPETIERGEWEHRE

So war auch diese Verschlußart im Prinzip ein Zylinderverschluß, der um einen bestimmten Winkel gedreht werden mußte, nur daß die Drehung nicht vom Schützen, sondern vom Mechanismus ausgeführt wurde. Theoretiker behaupteten, daß sich der Geradezugverschluß schneller betätigen ließ als der Zylinderverschluß, in der Praxis stellte sich aber schnell heraus, daß in erster Linie die Konstruktion des Systems die Bediengeschwindigkeit beeinflußte. So laufen zum Beispiel nur wenige Verschlußkonstruktionen schneller als der Verschluß System Lee, und das liegt an der Anordnung der Verriegelungswarzen.

Anfang dieses Jahrhunderts führte eigentlich jede Armee ein Repetiergewehr mit Zylinderverschluß und Magazin, üblicherweise wurde eine starke Patrone im Kaliber von etwa 8 mm verschossen, die übliche Höchstreichweite lag zwischen 1'800 und 2'000 Metern. Bis in die 50er Jahre änderte sich daran wenig.

Schon vor der Jahrhundertwende gab es erste Versuche, ein truppentaugliches Selbstladegewehr zu entwickeln. Tatsächlich wurde sogar schon kurz vor der Jahrhundertwende die dänische Marineinfanterie mit einer solchen Waffe ausgerüstet. Die nicht sonderlich erfolgreiche Konstruktion wurde aber bald zurückgezogen. In verbesserter Form erschien sie später wieder beim Madsen-Maschinengewehr. Auch in anderen Ländern beschäftigten sich viele Konstrukteure mit der Entwicklung von Selbstladegewehren, und bei vielen Armeen wurden Lastenhefte erstellt, in denen die Anforderungen an eine solche Waffe aufgeführt waren. Allerdings wurden nur sehr wenige Entwürfe auch wirklich realisiert und entsprechende Waffen danach gefertigt, und keiner dieser Prototypen war robust genug, um im militärischen Alltag zu bestehen. In den 20er Jahren wurden bei der US-Armee zwei im Springfield-Arsenal entwickelte Konstruktionen getestet. Eine davon war das Pedersen-Gewehr, bei dem der von der Parabellum-Pistole wohlbekannte Kniegelenkverschluß verwendet wurde, die andere Waffe war ein von John Garand entwickelter Gasdrucklader. Beide Gewehre hatten das Kaliber .276 Pedersen (7 mm). Die Konstruktion von Pedersen wurde abgelehnt, weil sie gefettete Munition verschießen mußte. Der Entwurf von Garand wurde für die Einführung vorgesehen, aber im letzten Moment befahl der damalige Stabschef, General Douglas MacArthur, die Umstellung der Waffe auf das Kaliber .30-06 (7,62 x 63 mm). Von dieser Munition gab es große Lagerbestände und man hatte bereits in den Bau von Munitionsfabriken für diese Patrone investiert. Das erforderte Umkonstruktionsarbeiten; 1936 wurde das M1-Garand-Gewehr im Kaliber .30-06 schließlich eingeführt. Die amerikanische Armee war das erste Heer der Welt, bei dem die Infanterie mit einem Selbstladegewehr als Standardwaffe ausgerüstet war. Zwar lief die Produktion wegen fehlender Geldmittel nur schleppend an, aber die Tage des Repetiergewehres waren nun gezählt.

In einer Spezialverwendung als Scharfschützengewehr lebt das schwere Repetiergewehr auch heute noch weiter. Mit nur wenigen Ausnahmen können Selbstlader die für Weitschüsse erforderliche große Präzision nicht bieten. Bei der britischen Armee wird immer noch das vor der Jahrhundertwende in Dienst gestellte System Lee verwendet, jetzt allerdings im NATO-Kaliber, die Amerikaner verwenden ein Winchester-Gewehr mit Zylinderverschluß und die Deutschen eine Mauser-Konstruktion. Nur die Russen haben sich mit ihrem halbautomatischen Dragunov völlig vom handbetätigten Scharfschützengewehr abgekehrt.

Unten: Soldaten der 7. Illinois-Infanterie mit ihren Henry-Gewehren. Das Henry war eine der ersten erfolgreichen Mehrladerkonstruktionen, die Patronenzuführung erfolgte aus einem Röhrenmagazin.

MILITÄRISCHE HANDWAFFEN

Spencer 1
USA
Länge: 1'194 mm
Gewicht: 4'540 g
Kaliber: .56 (14,2 mm)
Kapazität: 7
V_0: 366 m/s

Für dieses Repetiergewehr wurde erstmals im Frühjahr 1860 ein Patent erteilt. Es bewies seine Leistungsfähigkeit bei der Unionsarmee in den Schlachten von 1863 und speziell bei Gettysburg. In einem langen Röhrenmagazin im Kolben war Platz für sieben Randfeuerpatronen, die mit der Spitze nach vorn lagen. Beim Herabziehen des Abzugsbügels schwenkt der Verschlußblock nach unten, wobei er die leere Hülse so weit herauszieht, daß sie vom Auswerfer erfaßt und ausgeworfen werden kann. Beim Hochdrücken des Abzugsbügels erfaßt der Verschlußblock den Rand der nächsten Patrone und führt sie in den Verschluß ein, dann verriegelt der Verschluß. Der Hahn muß noch von Hand gespannt werden, trotzdem konnte ein geübter Schütze mit dieser Waffe mehr als 12 Schuß pro Minute feuern. Die Spencer war ein überaus großer Erfolg und hat mit ihren Leistungen in vielen Schlachten sicherlich dazu beigetragen, daß die Nordstaaten den amerikanischen Bürgerkrieg gewonnen haben.

Spencer-Karabiner 2
USA
Länge: 991 mm
Gewicht: 3'900 g
Kaliber: .56 (14,2 mm)
Kapazität: 7
V_0: 366 m/s

Auch für den Kavalleristen war das Spencer die ideale Waffe; diese Karabinerversion wurde ab 1863 eingeführt. Der Schloßmechanismus war vom Gewehr übernommen, einzige Änderungen waren der kürzere Lauf und der neue Vorderschaft. Die hier gezeigte Waffe ist mit geöffnetem Verschluß abgebildet, das Röhrenmagazin ist teilweise aus dem Kolben herausgezogen.

Die Feuergeschwindigkeit von Gewehr und Karabiner konnte noch erhöht werden, indem die Blakeslee-Ladehilfe verwendet wurde. Das war ein Holzkasten, den der Schütze am Gürtel trug. Er enthielt sechs Laderohre, die mit jeweils sieben Patronen gefüllt waren. Nach dem Herausziehen des Kolbenmagazins wurden die Patronen einfach vom Laderohr in das Magazin geschoben. Der ganze Vorgang dauerte nur ein paar Sekunden.
Obwohl es von Traditionalisten abgelehnt wurde, wies das Spencer-Repetiergewehr den Weg in die Zukunft.

REPETIERGEWEHRE

Smith-&-Wesson-Revolvergewehr USA 3
Länge: 889 mm
Gewicht: 2'270 g
Kaliber: .32 (8,1 mm)
Kapazität: 6
V_0: 250 m/s

Diese Waffe, bei der man nicht genau sagen konnte, ob sie nun ein kurzes Gewehr oder ein langer Revolver war, erschien im Jahre 1879.
Die Grundwaffe basiert auf dem Revolvermodell No.3 von Smith & Wesson (siehe Seite 66), wobei einige unbedeutende Details geändert worden sind. Sie hat einen 457 mm langen, in die Laufwurzel eingeschraubten Lauf, das Modell war aber auch mit 406 mm und 508 mm langen Läufen lieferbar. Die Kimme mit zwei Einstellungen ist auf dem Lauf angebracht, vorn befindet sich ein Balkenkorn.
Als Sonderzubehör gab es noch ein auf einem langen Sockel angebrachtes Visier, das auf den Anschlagkolben gesteckt werden konnte.
Von diesem Waffentyp wurden nur sehr wenige hergestellt, und sie dürften auch nicht sonderlich brauchbar gewesen sein. Für einen Revolver waren sie zu groß und unhandlich, und für den Einsatz als Gewehr war die Munition zu schwach und die Schußleistung zu unpräzise.

Webley-Revolvergewehr 4
Großbritannien
Länge: 1'156 mm
Gewicht: 2'040 g
Kaliber: .50 (12,7 mm)
Kapazität: 5
V_0: 244 m/s

Diese Perkussionswaffe wurde auf der Grundlage des Webley-Revolvers mit langem Hahnsporn konstruiert, er wurde erstmals im Jahre 1853 hergestellt. Der Lauf ist 610 mm lang, die Waffe hat einen abnehmbaren Kolben und zwei Visiere, ein fest angebrachtes und ein Klappvisier. Beim Schuß durfte der Lauf nicht umfaßt werden, da immer die Gefahr bestand, daß alle sechs Kammern auf einmal zündeten. Statt dessen mußte die Waffe am Rahmen unter der Trommel gehalten werden, was auch nicht ganz unproblematisch war. Beachten Sie, daß in den Rahmen vor der Trommel Einfräsungen angebracht sind, dadurch sollte die Waffe beim Zünden aller Kammern vor Beschädigungen geschützt werden.
Revolvergewehre waren Anfang des letzten Jahrhunderts für kurze Zeit recht beliebt, da die Mehrschüssigkeit als Vorteil angesehen wurde. Nach dem amerikanischen Bürgerkrieg verschwanden sie aber schnell aus dem militärischen Gebrauch, da nun das Repetiergewehr mit Metallpatrone in den Vordergrund trat.

145

MILITÄRISCHE HANDWAFFEN

Jennings 1
USA
Länge: 1'092 mm
Gewicht: 3'500 g
Kaliber: .54 (13,7 mm)
Kapazität: 20
V_0: 183 m/s

Vor dem Auftauchen der Patrone mit Messinghülse entwickelte ein Ingenieur namens Walter Hunt eine Sonderform der Patrone. Dabei benutzte er ein konisches Geschoß mit einem ausgebohrten Hinterteil, in dem sich die Treibladung befand. Sinn der Erfindung war es, daß die Ladung durch ein separat aufgesetztes Zündhütchen gezündet wurde und anschließend keine Hülse im Patronenlager verblieb. Die Erfindung von Hunts hülsenloser Munition wurde von Lewis Jennings aufgegriffen, der 1849 ein Repetiergewehr dafür baute. In dem Röhrenmagazin unter dem Lauf befinden sich 20 Projektile, die durch das Herabziehen und Vordrücken des ringförmigen Abzuges geladen werden. Dann wird der Hahn gespannt und der Abzug nach hinten gezogen. Durch Zündung eines Perkussionszündhütchens wird die Treibladung abgefeuert. Das Konzept war theoretisch ganz gut, das Geschoß erbrachte aber wenig Leistung, außerdem war die Treibladung chemisch unstabil und daher gefährlich.

Volcanic 2
USA
Länge: 1'143 mm
Gewicht: –
Kaliber: .41 (10,4 mm)
Kapazität: 30
V_0: 183 m/s

Die Patente für die hülsenlose Hunt- bzw. spätere Volcanic-Munition wurden von Smith & Wesson gekauft und dann weiter an die Volcanic Repeating Firearms Company veräußert. Im Verlauf der 50er Jahre des letzten Jahrhunderts wurden dann dafür eine Reihe von Magazinpistolen und Gewehren gebaut, zu denen auch die hier abgebildete Waffe gehört.

Das lange Röhrenmagazin faßt 30 Schuß Volcanic-Munition, die durch Betätigung des als Unterhebel ausgebildeten Abzugsbügels geladen werden. Obwohl die Waffe aufgrund des Unterhebelsystems und der großen Magazinkapazität hohe Feuergeschwindigkeiten erzielte, verkaufte sie sich nicht gut. Für den militärischen Gebrauch war das Geschoß zu schwach, außerdem entstanden durch das chemisch unstabile Pulver Probleme. Auf jeden Fall waren aber die Volcanic-Waffen technisch interessante Entwicklungen, die als Grundlage für zukünftige Repetierwaffenkonstruktionen dienten.

146

REPETIERGEWEHRE

Henry   3
USA
Länge: 1'219 mm
Gewicht: 4'540 g
Kaliber: .44 (11,2 mm)
Kapazität: 16
V_0: 275 m/s

Nachdem der Geschäftsmann Oliver Winchester die Firma Volcanic übernommen hatte, beauftragte er Benjamin Henry mit der Überarbeitung des Volcanic-Gewehres. Henry entwickelte eine neue Randfeuerpatrone mit Messinghülse im Kaliber .44 (11,2 mm) und paßte die Abmessungen des Gewehres der neuen Munition an. Das Röhrenmagazin unter dem Lauf des Henry faßt 16 Patronen, die durch Betätigung des Unterhebels geladen werden. Die Waffe wurde kurz vor dem Ausbruch des amerikanischen Bürgerkrieges fertig, es wurde eines der gesuchtesten Gewehre überhaupt. Die Feuergeschwindigkeit war erstaunlich hoch, allerdings mußte das Röhrenmagazin von der Mündungsseite her nachgeladen werden. Einzige Schwachstellen der Henry waren das empfindliche Magazin mit einer freiliegenden, der Verschutzung durch äußere Einflüsse preisgegebenen Magazinfeder und die etwas schwache Munition, die eigentlich für einen Revolver vorgesehen war.

Winchester Modell 1866   4
USA
Länge: 991 mm
Gewicht: 3'500 g
Kaliber: .44 (11,2 mm)
Kapazität: 13
V_0: 336 m/s

Die Henry erhielt schließlich eine Ladeöffnung an der rechten Seite des Verschlußgehäuses, dadurch konnte das Magazin in geschlossener Bauweise ausgeführt werden. Die Waffe trug jetzt die Bezeichnung Winchester Modell 1866 oder «yellow boy» (gelber Junge) wegen des Gehäuses aus Messing. Die hier abgebildete Waffe ist die Karabinerversion dieses erfolgreichen Gewehres.

Winchester Modell 1873   5
USA
Länge: 1'219 mm
Gewicht: 4'540 g
Kaliber: .44 (11,2 mm)
Kapazität: 16
V_0: 397 m/s

Das Modell 1866 war zwar ein ausgezeichnetes Gewehr, aber es fehlte dem Geschoß an Aufhaltekraft. Mit dem Modell 1873 versuchte Winchester diesen Mangel zu beheben, denn die Waffe war für eine längere Patrone eingerichtet. Im amerikanischen Westen war dieses Gewehr denn auch sehr erfolgreich, als Militärwaffe dagegen spielte sie nie eine nennenswerte Rolle.

MILITÄRISCHE HANDWAFFEN

Lebel Modell 1886 1
Frankreich
Länge: 1'295 mm
Gewicht: 4'220 g
Kaliber: 8 mm
Kapazität: 8
V_0: 716 m/s

Dieses Repetiergewehr mit Magazin wurde 1886 in die französischen Streitkräfte eingeführt, es ist konstruktiv mit dem Kropatschek aus Österreich verwandt. Auch diese Waffe hat ein unter dem Lauf angebrachtes Röhrenmagazin, das durch eine Ladeöffnung unter dem Verschluß beladen wird. Außerdem ist eine Magazinsperre vorhanden, durch deren Einschalten die Waffe als Einzellader verwendet werden kann. Durch Ausschalten der Sperre kann das Gewehr dann als Mehrlader verwendet werden. Das Lebel war das erste Dienstgewehr, das eine kleinkalibrige Patrone verschoß, die nicht mit dem bis dahin üblichen Schwarzpulver, sondern mit rauchlosem Pulver geladen war. Das hatte zwei Vorteile. Erstens wurde der Schütze nach der Abgabe des ersten Schusses nicht durch Pulverqualm verraten, er konnte also weiter in seiner Deckung bleiben. Der zweite Vorteil war die erheblich höhere Leistung des neuen Treibmittels. Zum ersten Mal waren jetzt Schüsse über wirklich große Entfernungen möglich.

Gewehr 88 2
Deutschland
Länge: 1'245 mm
Gewicht: 3'860 g
Kaliber: 8 x 57 mm
Kapazität: 5
V_0: 620 m/s

Die Einführung des Lebel-Gewehres und des rauchlosen Pulvers bereiteten den Deutschen arge Kopfschmerzen. Die Gewehrentwicklungskommission präsentierte als Antwort im Jahre 1888 diese Waffe, in die konstruktive Merkmale der Entwicklungen von Mannlicher und Mauser eingeflossen waren. Die Waffe trägt die Bezeichnung Gewehr 88. Das fest angebrachte Kastenmagazin faßt fünf Patronen, die einreihig gelagert werden. Das Magazin befindet sich unter dem Verschluß und bildet mit dem Abzugsbügel zusammen ein Bauteil. Die Munition für diese Waffe wurde bereits auf Ladestreifen aufgesteckt geliefert, die kompletten Ladestreifen konnten schnell und einfach geladen werden. Nach dem letzten Schuß wird der leere Ladestreifen ausgeworfen. Obwohl die Waffe das Werk einer Kommission war, erwies sie sich als ganz brauchbar. Es gab von ihr auch eine Karabinerversion und schließlich 1891 ein verbessertes Modell.

REPETIERGEWEHRE

**Schweizerischer Karabiner 3
Modell 1911** Schweiz
Länge: 1'092 mm
Gewicht: 3'630 g
Kaliber: 7,5 x 55,5 mm
(Schmidt-Rubin)
Kapazität: 6
V_0: 585 m/s

Aus diesem in der Schweiz konstruierten Gewehr wird ein Vollmantelgeschoß mit einem Kupfermantel durch rauchloses Pulver verschossen. Das aus dem Schaft herausragende Magazin wird mit einem Ladestreifen mit sechs Patronen beladen. Das Gewehr hat einen Geradezugverschluß mit einer Drehhülse und vornliegenden Verriegelungswarzen.

Carcano M 1891 4
Italien
Länge: 920 mm
Gewicht: 3'000 g
Kaliber: 6,5 mm
Kapazität: 6
V_0: 701 m/s

Dieses italienische Dienstgewehr basierte auf einer von Oberstleutnant S. Carcano von der staatlichen italienischen Waffenfabrik überarbeiteten Mannlicherkonstruktion, wobei aber auch Mauserentwürfe mit eingeflossen waren. Die Waffe verschießt eine extrem kleinkalibrige Patrone aus einem Magazin der Bauart Mannlicher, die Beladung erfolgt mit 6-Schuß-Ladestreifen.

Der Lauf hat eine zur Mündung hin abnehmende Drallänge. Dadurch sollte die Leistung verbessert werden, es stiegen aber nur die Herstellunsgkosten. Das Mannlicher-Carcano wurde als langes Infanteriegewehr und in verschiedenen Karabinerversionen gebaut, die hier gezeigte Waffe ist ein Karabiner. Beachten Sie das fest angebrachte Klappbajonett. Dieses für eine Kavalleriewaffe ungewöhnliche Detail weist darauf hin, daß sich die italienische Kavallerie bereits auf eine zukünftige Rolle als berittene Infanterie vorbereitete.

Berthier-Karabiner 5
Frankreich
Länge: 945 mm
Gewicht: 3'100 g
Kaliber: 8 mm
Kapazität: 3
V_0: 725 m/s

1890 erhielten die französische Kavallerie und die Artillerie neue Karabiner mit fest eingebautem Kastenmagazin, während die Infanterie ihre Lebel-Gewehre behielt. Das Magazin ist vollständig vom Holz des Vorderschaftes bedeckt, es wird mit einem Ladestreifen mit drei Patronen geladen. Von dieser Waffe gab es auch ein langes Gewehr für Kolonialtruppen.

MILITÄRISCHE HANDWAFFEN

Lee Modell 1895   1
USA
Länge: 1'194 mm
Gewicht: 3'630 g
Kaliber: 6 mm
Kapazität: 5
V_0: 732 m/s

Diese für eine kleinkalibrige Hochgeschwindigkeitspatrone konzipierte Waffe war die Konstruktion von James Paris Lee, eines gebürtigen Schotten, der später amerikanischer Staatsbürger wurde.
Der Verschluß ist etwas nach vorn geneigt, er verriegelt im hinteren Teil der Hülse. Das Anheben und Öffnen des Verschlusses wird durch gerades Zurückziehen des Kammerstengels durchgeführt, dabei wird die leere Hülse ausgeworfen. Das Kastenmagazin vor dem Abzug faßt fünf Patronen.
Die amerikanische Marine führte das Gewehr im Jahre 1895 ein, es wurde aber sehr bald durch das Springfield M 1903 abgelöst. Theoretisch war der Geradezugverschluß der Waffe schneller zu bedienen als ein Zylinderverschluß, in der Praxis sah das aber anders aus. Das Betätigen dieses Verschlusses war umständlich und ermüdend, besonders wenn die Waffe dabei im Anschlag gehalten wurde.
Von diesem Typ gab es auch eine Sportwaffenausführung.

Gewehr 98   2
Deutschland
Länge: 1'250 mm
Gewicht: 4'100 g
Kaliber: 8 x 57 mm
Kapazität: 5/20
V_0: 870 m/s

Diese Waffe wurde 1898 bei den deutschen Streitkräften eingeführt, sie sollte das Gewehr 1888 (siehe Seite 148) ersetzen.
Sie verschießt auch die gleiche Patrone, aber diesmal wurde der von Paul Mauser konstruierte, überaus kräftige Zylinderverschluß verwendet. Beim Schließen des Verschlusses greifen zwei am Verschlußkopf liegende Warzen in entsprechende Aussparungen in der Verschlußhülse ein und sorgen so für eine sehr kräftige Verriegelung. Das innenliegende Schaftmagazin für fünf Patronen schließt bündig mit der Schaftunterseite ab, später erhielten allerdings einige Waffen ein abnehmbares Kastenmagazin (siehe Abbildung). Es war eine gut verarbeitete und zuverlässige Waffe, die den Deutschen in beiden Weltkriegen diente und die auch von vielen anderen Ländern gekauft wurde.
Einzige Nachteile waren die begrenzte Magazinkapazität und der gerade Kammerstengel, der speziell im Liegendanschlag das Schießen mit der Waffe etwas umständlich machte.

REPETIERGEWEHRE

Krag-Jorgensen 3
Dänemark/USA
Länge: 1'054 mm
Gewicht: 3'510 g
Kaliber: .30 (7,62 mm)
Kapazität: 5
V_0: 610 m/s

Nachdem sich die US Army endlich entschlossen hatte, ihren Springfield-Einzellader (siehe Seite 140) gegen eine moderne Waffe auszuwechseln, wählten sie eine dänische Konstruktion als Nachfolger. Konstrukteure waren Hauptmann Ole Krag und ein Pionier namens Erik Jorgensen. Die Waffe hatte einen Zylinderverschluß und ein fünfschüssiges Magazin, das horizontal rechts neben und unter dem Verschluß lag. Beim Ladevorgang mußte die jeweilige Patrone unter dem Lauf hindurch in eine Lademulde geführt werden. Das Magazin konnte durch einen aufklappbaren Deckel mit einzelnen Patronen geladen werden. Da bei diesem System eine Beladung mit Ladestreifen nicht möglich war, war der Ladevorgang zeitraubend. Allerdings konnte das teilentladene Magazin jederzeit mit einzelnen Patronen wieder vollständig gefüllt werden. Die hier abgebildete Waffe ist die halbgeschäftete Karabinerversion, sie gehörte zu den letzten an die US-Streitkräfte gelieferten Waffen dieses Typs.

Karabiner 98k 4
Deutschland
Länge: 1'110 mm
Gewicht: 3'900 g
Kaliber: 8 x 57 mm
Kapazität: 5
V_0: 732 m/s

Die Deutschen modernisierten ihr Gewehr 98, indem sie den Lauf und die Schäftung verkürzten und den Kammerstengel nach unten bogen. Der so entstandene Karabiner 98k war während des ganzen Zweiten Weltkrieges die deutsche Standardwaffe, er war zuverlässig und erfüllte seine Aufgabe hervorragend. Die abgebildete Waffe ist ein Scharfschützengewehr mit einem tschechischen ZF.

Ross 5
Kanada
Länge: 1'283 mm
Gewicht: 4'480 g
Kaliber: .303
Kapazität: 5
V_0: 794 m/s

Dieses kanadische Gewehr hat einen Geradezugverschluß, bei dem die Verriegelungswarzen über einen Nocken gedreht werden. Zwar schoß es sehr präzise, aber seine Funktion war so hoffnungslos unzuverlässig, daß es die Kanadier mitten im Ersten Weltkrieg zugunsten des SMLE aufgaben. Bei starker Verschmutzung, zum Beispiel durch Schlamm, blockierte der Verschluß.

MILITÄRISCHE HANDWAFFEN

US Rifle M 1903 (Springfield) USA 1
Länge: 1'097 mm
Gewicht: 3'940 g
Kaliber: .30-06 (7,62 x 63 mm)
Kapazität: 5
V_0: 813 m/s

Schon bald nach der Einführung des Krag-Jorgensens kamen die Amerikaner zu derselben Erkenntnis wie die Briten, daß nämlich die Tage des langen Infanteriegewehres und des kurzen Kavalleriekarabiners gezählt waren. Wirklich gebraucht wurde ein «kurzes» Gewehr, mit dem alle Waffengattungen ausgerüstet werden konnten und das auf den normalen und wahrscheinlichen Kampfentfernungen ausreichende Energie entwickelte. So entstand schließlich als Entwicklung der Springfield Armory das M 1903, das auf dem Mauser-System basierte. Die Waffe hatte ein Schaftmagazin für fünf Patronen und eine Magazinsperre, mit deren Hilfe die Waffe bei gefülltem Magazin als Einzellader verwendet werden konnte. Im Ersten Weltkrieg wurde die Waffe auf allen Kriegsschauplätzen verwendet, und selbst im Zweiten Weltkrieg waren noch viele dieser Gewehre bei der Truppe. Die Scharfschützenversionen des M 1903 wurden sogar bis in die 50er Jahre hinein verwendet.

Meiji 38 Arisaka 2
Japan
Länge: 868 mm
Gewicht: 3'300 g
Kaliber: 6,5 mm
Kapazität: 5
V_0: 732 m/s

Im Verlauf des Krieges gegen China im Jahre 1894 mußten die Japaner feststellen, daß ihre Ausrüstung und Bewaffnung in vielen Bereichen mangelhaft war. Es wurde eine Kommission unter der Leitung von Oberst Arisaka gegründet, die ein neues, verbessertes Infanteriegewehr entwickeln sollte. Es entstand eine Reihe von Entwürfen, die auf dem deutschen Mauser-System basierten, aber eine kleinkalibrige Patrone verwendeten. Schließlich wurde der endgültige Entwurf als Meiji Typ 30 (nach dem 30. Jahr der Meiji-Dynastie) 1897 eingeführt. Es folgte 1905 eine Karabinerversion, der Typ 38. Alle Arisaka-Gewehre waren ordentliche Konstruktionen, allerdings war die kleinkalibrige Patrone nicht sehr wirksam. Der durchschnittlich große japanische Soldat kam mit dem langen, unhandlichen Typ 30 nicht gut zurecht, während der Karabiner Typ 38 starkes Mündungsfeuer und heftigen Rückschlag produzierte. Eine spätere Ausführung hatte ein fest angebrachtes Klappbajonett, das parallel zum Lauf eingeklappt werden konnte.

152

REPETIERGEWEHRE

SMLE Mark III 3
(Rifle No.1 Mk III) GB
Länge: 1'130 mm
Gewicht: 3'710 g
Kaliber: .303
Kapazität: 10
V_0: 738 m/s

Nach dem Burenkrieg in Südafrika beschlossen die Briten, alle Teilstreitkräfte und Truppengattungen mit einem einheitlichen Kurzgewehr auszurüsten. Das Short Magazine Lee Enfield Mark I erschien 1902/1903, das Mk III im Jahre 1907. Es hat einen drehbaren Zylinderverschluß mit zwei im Gegensatz zur Mauserkonstruktion im Hinterteil der Hülse verriegelnden Warzen. Man hielt diese Konstruktion für schwach, und sie wurde deswegen häufig kritisiert. Der Verschluß lief aber sehr leicht, so daß ein geübter Schütze damit 15 und mehr Schuß in der Minute abgeben konnte. Das Kastenmagazin faßt 10 Schuß, die mit zwei Ladestreifen à 5 Patronen geladen wurden, außerdem ist eine Magazinsperre vorhanden. Dieses Gewehr erwies sich im Einsatz als eine der besten und zuverlässigsten Waffen aller Zeiten. Es wurde im Ersten Weltkrieg bei den Briten mit großem Erfolg auf allen Kriegsschauplätzen eingesetzt. Eine vereinfachte Version des Mk III ist das gegen Ende des Krieges entstandene Mk III*.

Pattern 1913 4
Großbritannien
Länge: 1'176 mm
Gewicht: 3'940 g
Kaliber: .276 (7 mm)
Kapazität: 5
V_0: 843 m/s

Diese Konstruktion basierte auf dem Mauser-System und war für eine neue Experimentalpatrone eingerichtet. Das Gewehr war unhandlich und unzuverlässig. Die Briten ließen das Projekt beim Ausbruch des Ersten Weltkrieges fallen. Eine später entwickelte Version im Kaliber .30-06 wurde von den Amerikanern als Lückenfüller übernommen und u. a. als Scharfschützengewehr verwendet.

SMLE Mark V 5
Großbritannien
Länge: 1'130 mm
Gewicht: 3'710 g
Kaliber: .303
Kapazität: 10
V_0: 738 m/s

Anfang der 20er Jahre überarbeiteten die Briten das SMLE Mk III und schufen als Interimslösung das Mark V. Abgesehen von der verbesserten Visierung glich es weitgehend dem Vorgängertyp. Das Mark V sollte das SMLE Mk III ersetzen, wozu es aber schließlich nicht kam. Statt dessen wurde das SMLE Mk III auch nach Einführung des No .4 noch in Millionenstückzahlen weiterverwendet.

153

MILITÄRISCHE HANDWAFFEN

No.4 Mark I   1
Großbritannien
Länge: 1'130 mm
Gewicht: 4'120 g
Kaliber: .303
Kapazität: 10
V_0: 738 m/s

Diese Entwicklung aus dem Jahre 1928 wurde erst im Jahre 1941 als Ersatz für das SMLE in Serie produziert. Es ist eine vereinfachte Version des Vorläufertyps mit einer neuen Visierung und einem geänderten Vorderschaft. Während des Zweiten Weltkrieges wurden von diesem Gewehrtyp Millionen Stück gebaut, die Waffe blieb bis 1957 bei den britischen Streitkräften im Dienst.

Mosin-Nagant M 1944   2
Sowjetunion
Länge: 1'016 mm
Gewicht: 4'000 g
Kaliber: 7,62 mm
Kapazität: 5
V_0: 823 m/s

Im Verlauf der Suche nach einem Gewehr für die erste beim russischen Heer einzuführende kleinkalibrige Gewehrpatrone übernahm man Konstruktionsmerkmale von Entwürfen der belgischen Gebrüder Nagant und des Hauptmanns S.I. Mosin. 1891 erschien das erste Mosin-Nagant. Es war eine robus e Konstruktion mit drehbarem Zylinderverschluß und fest eingebautem Kastenmagazin für Ladestreifenbeladung. Es wurde in Rußland und anderen europäischen Staaten gebaut, eine geringe Anzahl wurde sogar in den USA hergestellt. Spätere Ausführungen hatten verkürzte Läufe und vereinfachte Verschlüsse. Die hier gezeigte Waffe stammt aus einem der letzten Fertigungslose, die 1944 auf dem Höhepunkt des Krieges hergestellt wurden. Es ist ein kurzer Karabiner mit einem fest angebrachten Nadelbajonett mit kreuzförmigem Klingenquerschnitt, das an den Lauf geklappt werden konnte. Repetiergewehre des Typs Mosin-Nagant dienten bei den Russen über ein halbes Jahrhundert lang.

Carcano M 1938   3
Italien
Länge: 1'022 mm
Gewicht: 3'450 g
Kaliber: 6,5 mm
Kapazität: 6
V_0: 701 m/s

Nach der Überarbeitung des M 1891 (siehe Seite 149) wurde dieser Waffentyp als Karabiner M 1938 weiterproduziert. Frühe Waffen waren für eine Patrone im neuen, stärkeren Kaliber 7,35 mm eingerichtet, die meisten wurden aber weiter für die 6,5-mm-Patrone gebaut. Eine Waffe dieses Typs wurde für die Ermordung des US-Präsidenten John F. Kennedy im Jahre 1963 verwendet.

154

REPETIERGEWEHRE

MAS 36 4
Frankreich
Länge: 1'020 mm
Gewicht: 3'760 g
Kaliber: 7,5 x 54 mm
Kapazität: 5
V_0: 823 m/s

Nach dem Ersten Weltkrieg erkannten die Franzosen, daß die bis dahin verwendete Lebel-Patrone im Kaliber 8 mm nur noch eingeschränkt brauchbar war, da sie besonders für automatische Waffen nicht gut geeignet war. Im Jahre 1924 begann man daher mit den Entwicklungsarbeiten an einer neuen Patrone, die speziell für Maschinengewehre konzipiert war. Nachdem die Konstruktionsarbeiten an der neuen 7,5-mm-Patrone und dem dazugehörigen MG abgeschlossen waren, fuhr man mit der Entwicklung eines Gewehres fort.

Das MAS 36 hat ein modifiziertes Mausersystem, bei dem die Verriegelungswarzen hinten im System hinter dem Magazin den Verschluß verriegeln. Dadurch ist der Verschluß zwar etwas schwächer als der originale Mauserverschluß, aber der Verschlußweg ist kürzer. Allerdings muß der Kammerstengel nach vorn gebogen sein, was die Handhabung der Waffe etwas schwierig macht. Das Kastenmagazin mit 5 Schuß Kapazität wird mit einem Ladestreifen beladen.

Kurzgewehr Typ 99 5
Japan
Länge: 1'117 mm
Gewicht: 3'900 g
Kaliber: 7,7 mm
Kapazität: 5
V_0: 715 m/s

Ende der 30er Jahre hatten die Japaner erkannt, daß die von ihnen verwendete Patrone im Kaliber 6,5 mm zu wenig Aufhaltekraft hatte, darum begannen sie mit der Neuentwicklung einer stärkeren Patrone im Kaliber 7,7 mm. Das neue Gewehr Typ 99 wurde in zwei Längen hergestellt, einmal als normallanges, traditionelles Infanteriegewehr und einmal als die hier abgebildete Karabinerversion. Das Gewehr Typ 99 ist genauso wie der Vorgängertyp Meiji 38 (siehe Seite 152) mit einem Mausersystem ausgestattet, der Verschluß verriegelt vorn, und die Waffe hat ein integriertes Kastenmagazin mit 5 Schuß. Ein ungewöhnliches Zubehörteil ist die fest unter dem Vorderschaft angebrachte Waffenstütze aus Draht, die beim Liegendschießen benutzt werden sollte. Am Visier befindet sich eine Verlängerung, die als Fliegervisier zur Bekämpfung von tieffliegenden Flugzeugen verwendet werden sollte, was aber von den Konstrukteuren doch etwas sehr optimistisch gedacht war. Die Waffe wurde nicht sehr häufig verwendet.

155

MILITÄRISCHE HANDWAFFEN

Fallschirmjägergewehr Typ 2 Japan 1
Länge: 1'117 mm
Gewicht: 3'900 g
Kaliber: 7,7 mm
Kapazität: 5
V_0: 715 m/s

Für den Gebrauch bei Luftlandetruppen wurde das japanische Gewehr Typ 99 (s. Seite 155) so modifiziert, daß es sich vor dem Verschluß trennen und in zwei Hälften zerlegen ließ. Die gezeigte Waffe ist der später entwickelte Typ 2, bei dem die Verbindung der beiden Hälften durch einen keilförmigen Schieber vorgenommen wird. Die sonstigen Daten entsprechen dem Typ 99.

Gewehr No.5 Mk I 2
Großbritannien
Länge: 1'003 mm
Gewicht: 3'400 g
Kaliber: .303
Kapazität: 10
V_0: 610 m/s

Die Erfahrungen des Krieges zeigten den Briten, daß sie für den Einsatz in den dichtbewachsenen Urwäldern des Fernen Ostens einen speziellen Karabiner brauchten.
Basis der neuzuentwickelnden Waffe war das Gewehr No.4, der Lauf wurde um 127 mm verkürzt und ein kurzer Vorderschaft angebracht. Das Gewicht verringerte sich um 720 Gramm. Diese Gewichtsreduzierung erhöhte natürlich den Rückschlag der Waffe merklich, während der verkürzte Lauf für stärkeres Mündungsfeuer sorgte. Darum wurden ein konischer Mündungsfeuerdämpfer und eine Kolbenkappe aus Gummi angebracht. Aber auch damit zeigte das No.5 unerfreuliche Schußeigenschaften. Für den Einsatz im Dschungel war der Karabiner allerdings aufgrund seiner Kürze recht gut geeignet.
Nach dem Krieg wurde kurzzeitig die Ausrüstung aller britischen Soldaten mit diesem Waffentyp erwogen, statt dessen wurde aber die Waffe 1947 außer Dienst gestellt.

Scharfschützengewehr L42 A1 Großbritannien 3
Länge: 1'071 mm
Gewicht: 4'420 g
Kaliber: 7,62 x 51 mm
Kapazität: 10
V_0: 838 m/s

Zur Ausrüstung ihrer Scharfschützen in der Nachkriegszeit entschied sich die britische Armee für eine überarbeitete Version des Gewehres No. 4. Unter anderem erhielt die Waffe einen neuen, verkürzten Vorderschaft und eine Schaftbacke. Das Gewehr ist für die NATO-Patrone 7,62 x 51 mm eingerichtet. Es ist eine robuste und widerstandsfähige Scharfschützenwaffe.

REPETIERGEWEHRE

Scharfschützengewehr   **4**
L96 A1 Großbritannien
Länge: 1'124 mm
Gewicht: 6'500 g
Kaliber: 7,62 x 51 mm
Kapazität: 10
V_0: 840 m/s

Mitte der 50er Jahre stellten die meisten Armeen die Bewaffnung ihrer Soldaten auf Selbstlader und Sturmgewehre um, der handbetätigte Repetierer wurde lediglich bei Scharfschützenwaffen beibehalten. Ein mit einem feststehenden Verschluß abgegebener Schuß ist weitaus präziser, besonders dann, wenn mit dem Zielfernrohr geschossen wird. Das von Accuracy International entwickelte Gewehr PM ist ein typisches Beispiel für ein modernes Scharfschützengewehr. Es wurde 1986 bei der britischen Armee eingeführt und trägt dort die Bezeichnung L96 A1. Der Schaftrahmen besteht aus plastikbeschichtetem Aluminium, der Lauf aus rostfreiem Edelstahl kann darin frei schwingen. Der Verschlußweg ist kurz, so daß der Schütze repetieren kann, ohne den Kopf bewegen zu müssen. Trotz mechanischer Visierung wird üblicherweise mit dem ZF geschossen. Damit besteht bis 800 Meter Entfernung eine gute Ersttrefferwahrscheinlichkeit. Die abgebildete Waffe ist die aus dem PM weiterentwickelte Accuracy International AW.

Steyr-Scharfschützengewehr
Österreich   **5**
Länge: 1'140 mm
Gewicht: 3'900 g
Kaliber: 7,62 x 51 mm
Kapazität: 5/10
V_0: 860 m/s

Dieses Gewehr wurde im Jahre 1969 beim österreichischen Bundesheer als Scharfschützenwaffe eingeführt, bald darauf folgte eine ganze Reihe von anderen Ländern. Es wird von Steyr-Mannlicher in Österreich gebaut und ist das klassische Beispiel für ein als Repetiergewehr ausgeführtes Präzisionsgewehr. Der Schaft besteht aus hochschlagfestem Kunststoff, es kann ein 5schüssiges Trommelmagazin eingesetzt werden, wobei alternativ auch ein Kastenmagazin mit 10 Patronen verwendet werden kann. Der Lauf des SSG ist kaltgehämmert, das überaus stabile Schloß verriegelt mit 6 Verschlußwarzen. Die Waffe hat zwar eine konventionelle Visierung, aber die weitaus meisten Schützen werden das Zielfernrohr verwenden, mit dem bis 800 Meter eine gute Trefferwahrscheinlichkeit besteht. Das Gewehr hat sich bewährt, und es sind mittlerweile eine ganze Reihe von Varianten entwickelt worden. Die hier abgebildete Version ist für den Einsatz als Polizeischarfschützengewehr und bei Spezialeinheiten vorgesehen.

MILITÄRISCHE HANDWAFFEN

SELBSTLADER UND STURMGEWEHRE

Schon in der Frühzeit der Selbstladegewehre wurde die Möglichkeit des Dauerfeuers diskutiert. In fast allen theoretischen Studien wurde diese Feuerart gefordert, da man davon ausging, daß jeder mit einer solchen Waffe ausgerüstete Soldat über die Feuerkraft eines Maschinengewehres verfügen würde. Dagegen standen die Erkenntnisse der Praktiker, die wußten, daß ein leichtes Gewehr beim Schießen von Dauerfeuer bestenfalls unpräzise, schlimmstenfalls aber sogar unkontrollierbar war.

Das galt natürlich ganz speziell für die schweren und starken Patronen, die in der Zeit vor dem Zweiten Weltkrieg allgemein im Dienst standen. Allerdings gab es bereits 1916 einen Waffenkonstrukteur, der auf diesem Gebiet mehr Weitblick bewies. Es war F. G. Fyodorow aus Rußland, der sein Gewehr «Automat» für die japanische Patrone 6,5 mm konstruiert hatte. Diese Patrone war schwächer als die seinerzeit verwendete russische Ordonnanzpatrone 7,62 mm mit Rand, darum konnte seine Waffe aufgrund des geringeren Rückstoßes deutlich besser beim Schießen beherrscht werden.

Bis Mitte der 30er Jahre gab es auf diesem Gebiet keine weiteren nennenswerten Fortschritte. Dann beschäftigte sich eine Arbeitsgruppe deutscher Infanterieoffiziere sehr eingehend mit diesem Thema und folglich mit der Entwicklung von zukünftigen Waffen. Auf der Grundlage der Erfahrungen aus dem Ersten Weltkrieg kamen sie zu der Erkenntnis, daß sowohl das seinerzeit verwendete Gewehr als auch die Munition dafür zu stark bzw. zu schwer waren. Beide waren um die Jahrhundertwende zum Zeitpunkt des Burenkrieges in Südafrika eingeführt worden. Zu dieser Zeit war eine möglichst große Reichweite das Hauptziel aller Waffenkonstrukteure gewesen.

Die Erfahrungen im Krieg von 1914–1918 hatten dann aber gezeigt, daß der normale Infanterist höchst selten einmal über Entfernungen von 300–400 Metern schießen mußte. Außerdem ist es bei den heute verwendeten Tarnuniformen und Einsatztaktiken sehr unwahrscheinlich, daß ein Soldat seinen Feind auf Entfernungen von über 400 Metern überhaupt sehen kann. Warum muß er dann eine Waffe haben, mit der er theoretisch noch auf Entfernungen von 1'800 Metern tödliche Treffer erzielen kann? Schließlich wurde in Deutschland eine Kurzpatrone im Kaliber 7 mm entwickelt, die für Einsatzentfernungen von bis zu 600 Metern ausgereicht hätte. Durch die geringe Länge der Patronenhülse konnte die für dieses Kaliber konzipierte Waffe einen kurzen Verschluß erhalten und insgesamt kurz gehalten werden, sie hatte weniger Rückstoß, war leichter und konnte sogar Dauerfeuer schießen. Aufgrund der leichteren Munition konnte der Soldat einen größeren Munitionsvorrat tragen. Als allerdings die Offizierskommission das Ergebnis ihrer Ermittlungen ihren vorgesetzten Dienststellen mitteilte, wurde sie daran erinnert, daß mehrere Milliarden Gewehrpatronen im Kaliber 8 x 57 in der Kriegsreserve lagerten und daß man es sich wohl kaum leisten könne, diese Patronen wegzuwerfen.

Die Forschungs- und Entwicklungsarbeiten wurden fortgeführt, jetzt allerdings für das Kaliber 8 mm bzw. 7,92 mm mit kurzer Hülse. Dadurch konnte ein großer Teil der bisher verwendeten Maschinen in der Munitionsherstellung weiterbenutzt werden. Um diese neue Patrone wurde ein neues Gewehr regelrecht «herumkonstruiert» und zu Erprobungen an die Ostfront geschickt. Danach wurde es in einigen Punkten noch verbessert und schließlich eingeführt.

SELBSTLADER UND STURMGEWEHRE

Die offizielle Bezeichnung Sturmgewehr 44 erhielt es von Adolf Hitler selbst. Schon vor Ende des Zweiten Weltkrieges liefen auch in Großbritannien Arbeiten und Studien zur Einführung eines Selbstladegewehres. Ende der 40er Jahre waren dann die Modelle EM 1 und EM 2 (Enfield Modell 1 und 2) entstanden. Diese Waffentypen waren die ersten militärischen «bullpup»-Gewehre. Dieser Begriff, dessen Herkunft ungeklärt ist, besagt, daß bei der Waffe der Verschluß in den Kolben zurückverlegt worden ist, so daß er sich auf der Höhe des Gesichtes des Schützen befindet. Das Magazin liegt hinter dem Abzug. Durch diese Bauweise kann man unter Beibehaltung der normalen Lauflänge eine im Vergleich zu einem konventionell gebauten Gewehr kürzere und handlichere Waffe erhalten. Für die Waffe wurde eine Kurzpatrone im Kaliber 7 mm (.280) entwickelt, neu war außerdem, daß das Gewehr mit einer schwach vergrößernden optischen Zielhilfe als Hauptvisierung ausgestattet war.

Zum Pech für die Briten wurde zu dieser Zeit die NATO gegründet und aufgebaut. Erstes Ziel dieser Allianz war die Vereinheitlichung der Gewehrmunition. Nach endlosen Streitereien wurde schließlich die Patrone 7,62 x 51 mm zur NATO-Standardpatrone erklärt. Diese Patrone war im Grunde nichts weiter als die verkürzte Version der amerikanischen Dienstpatrone .30-06 (7,62 x 63 mm), bei der die Amerikaner die Hülsenlänge quasi als Lippenbekenntnis zur Sturmgewehrkonzeption mitsamt Kurzpatrone etwas reduziert hatten. Die meisten NATO-Staaten rüsteten ihre Streitkräfte daraufhin mit Selbstladewaffen aus, die diese starke Patrone verschossen. Diese Maßnahme war ein Kompromiß zwischen der Sturmgewehrkonzeption und dem klassischen Repetiergewehr mit seiner übergroßen Reichweite. Zeitgleich mit der Konstruktion des EM 2 führten die Sowjets unbemerkt von den Westmächten in ihre Streitkräfte das Kalaschnikow AK 47 (Avtomat Kalaschnikova obraz 1947) ein. Die Waffe verschoß eine in den Jahren 1943/44 entwickelte Kurzpatrone im Kaliber 7,62 mm (7,62 x 39 mm). Das Gewehr war kompakt, konnte Dauerfeuer schießen, schoß bis etwa 500 m präzise und war einfach konstruiert und zuverlässig. Es wurde 1953 formell in Dienst gestellt und danach in einer ganzen Reihe von Varianten in vielen Staaten des Warschauer Paktes hergestellt, außerdem wurde es noch in anderen kommunistischen Ländern wie Rotchina und Nordkorea gebaut.

In den späten 50er und frühen 60er Jahren unternahm die US Army eine ganze Reihe von Truppenversuchen, in denen nach Möglichkeiten zur Steigerung der Feuerkraft des Infanteristen gesucht werden sollte. So wurde unter anderem vorgeschlagen, das Kaliber zu verringern und dadurch den Rückstoß der Waffe zu vermindern, was ein präziseres Schießen ermöglicht hätte. Auch beim Dauerfeuer wäre dadurch die Trefferwahrscheinlichkeit erhöht worden, da die Waffe nicht so stark aus der Visierlinie geschlagen worden wäre. Nach Auswertung der Untersuchungsergebnisse konstruierte der Ingenieur Eugene Stoner bei Fairchild ArmaLite ein Kompaktgewehr im Kaliber .223 mit der Bezeichnung AR-15. Schließlich (die ganze Geschichte ist zwar überaus interessant, kann aber aus Platzgründen hier nicht wiedergegeben werden) führte die US Army diese Waffe als M 16 im Kaliber 5,56 mm ein. Sie wurde Ende der 60er Jahre die Standardwaffe der amerikanischen Infanterie, somit hatten die Amerikaner selbst ihr einstmals durchgepauktes Konzept zur Munitionsstandardisierung gekippt.

Zu dieser Zeit waren auch die großen Waffenhersteller auf das neue Kleinkaliberkonzept aufmerksam geworden, daher entwickelten Firmen wie Fabrique Nationale (FN), Heckler & Koch, Beretta und Steyr-Mannlicher mit beträchtlichem Erfolg Sturmgewehre im Kaliber .223. Einige dieser Konstruktionen wurden bei verschiedenen Streitkräften eingeführt, die NATO führte aber offiziell immer noch das Kaliber 7,62 x 51 mm. Ende der 70er Jahre fanden Erprobungen zur Ermittlung eines zukünftigen NATO-Standardkalibers bei der NATO statt. Das Ergebnis überraschte niemanden, denn es wurde die Patrone 5,56 x 45 mm (.223) eingeführt, allerdings mit einem neuen und im Vergleich zur ursprünglichen US-Patrone schwereren Geschoß.

Aufgrund dieser Entwicklung ist das nach dem Krieg entwickelte große Selbstladegewehr, das eine starke Normalpatrone mit einer Reichweite von bis zu 1'000 Metern verschießt, als normale Dienstwaffe fast nirgends mehr anzutreffen. Allerdings konnte ein Ziel, das man sich in den Erprobungen der 50er Jahre gesteckt hatte, nicht erreicht werden. Die Trefferwahrscheinlichkeit des Infanteriegewehres wurde nicht größer. Zusammen mit den modernen Sturmgewehren wurden so viele neue, komplizierte und ausbildungsintensive Waffensysteme eingeführt, daß für eine vernünftige Waffen- und Schießausbildung kaum noch Zeit im Dienstplan des Soldaten bleibt. Wenn die heutigen Armeen die Schießausbildungsprinzipien der Vergangenheit anwenden würden, könnte es auf diesem Gebiet Fortschritte geben. Wahrscheinlich wird aber wohl alles beim alten bleiben.

Links außen: Ein mit einem Steyr AUG bewaffneter Fallschirmjäger der ecuadorianischen Armee während einer Übung.

Links oben: Das britische Sturmgewehr L85 A1 hat wegen seiner Unzuverlässigkeit nicht den besten Ruf.

Links unten: Mit den meisten modernen Gewehren können auch Gewehrgranaten verschossen werden (hier im Bild das R4 aus Südafrika).

Rechts: Das Selbstladegewehr M1 Garand wurde von den amerikanischen Streitkräften im Zweiten Weltkrieg in immens großen Stückzahlen eingesetzt.

MILITÄRISCHE HANDWAFFEN

Cei-Rigotti-Gewehr 1
Italien
Länge: 1'000 mm
Gewicht: 4'300 g
Kaliber: 6,5 x 52,5 mm
Kapazität: 25
V_0: 730 m/s

Kurz vor der Jahrhundertwende konstruierte der italienische Hauptmann Cei-Rigotti einen Gasdrucklader. Bei seiner Konstruktion wird unter hohem Druck stehendes Gas aus dem Patronenlager in einen Zylinder geleitet wo es einen Kolben betätigt. Dieser Kolben wirkt auf eine längs des Laufes liegende Verbindungsstange, die beim Rücklauf den Verschluß entriegelt und nach hinten führt, dabei wird die Hülse ausgeworfen. Eine kräftige Schließfeder drückt den Verschluß wieder nach vorn, wobei eine neue Patrone aus dem Kastenmagazin zugeführt wird, die Waffe ist jetzt wieder feuerbereit. Durch Betätigung eines Wahlhebels kann die Waffe zum Verschießen von Einzel- oder Dauerfeuer eingestellt werden.
Das Gewehr wurde bei einer Anzahl von Armeen erprobt, allerdings nirgends eingeführt. Man hielt es damals für zu kompliziert und für den Truppendienst und Kampfeinsatz nicht geeignet.

Farquhar-Hill-Gewehr 2
Großbritannien
Länge: 1'042 mm
Gewicht: 6'580 g
Kaliber: .303
Kapazität: 10
V_0: 732 m/s

Dieses zuerst 1908 erschienene Selbstladegewehr wurde von den Beschaffungsbehörden abgelehnt, weil es zu kompliziert, zu schwer und unzuverlässig war. Es arbeitet nach dem Funktionsprinzip des langen Rücklaufes, bei dem Lauf und Verschluß zusammen zurücklaufen. Die abgebildete Version von 1924 hat ein Trommelmagazin mit einer empfindlichen Feder nach Art eines Uhrwerkes.

Pedersen T2E1 3
USA
Länge: 1'042 mm
Gewicht: 4'100 g
Kaliber: .276 Pedersen
Kapazität: 10
V_0: 762 m/s

Dieses Selbstladegewehr mit einem unverriegelten Kniegelenkverschluß entstand Ende der 20er Jahre und wurde konstruiert von John Pedersen. Um eine zuverlässige Funktion der Waffe zu erzielen, mußte geschmierte bzw. in diesem Fall gewachste Munition verwendet werden. Da man das für eine Militärwaffe nicht für geeignet hielt, wurde der Entwurf abgelehnt.

160

SELBSTLADER UND STURMGEWEHRE

.30 M1 Garand 4
USA
Länge: 1'103 mm
Gewicht: 4'370 g
Kaliber: .30-06 (7,62 x 63 mm)
Kapazität: 8
V_0: 853 m/s

Diese bei der US Army im Jahre 1932 eingeführte Waffe war weltweit das erste Selbstladegewehr, das als Standardbewaffnung bei Streitkräften eingeführt wurde.
Es war ein robuster, zuverlässiger und wirksamer Gasdrucklader mit einem kurzhubigen Gaskolben, der in einem Zylinder unter dem Lauf lag. Der Kolben betätigte eine am Verschluß angebrachte Verbindungsstange, die die Entriegelung vornahm und den Verschluß zurückführte. Das integrierte Schaftmagazin wurde mit einem Ladeclip mit 8 Patronen geladen, nach dem letzten Schuß wurde der leere Clip ausgeworfen. Schwachpunkte der Waffe waren ihr Gewicht und die begrenzte Magazinkapazität, aber ansonsten war das Garand eine hervorragende Waffe, die zuverlässig ihren Dienst tat. Sie war die Hauptwaffe der Amerikaner im Zweiten Weltkrieg. Bis zur Produktionseinstellung im Jahre 1950 waren über 5,5 Millionen Stück gebaut worden. In Italien wurde es zum Sturmgewehr BM 59 weiterentwickelt.

Gewehr 41 (W) 5
Deutschland
Länge: 1'130 mm
Gewicht: 4'980 g
Kaliber: 8 x 57 mm
Kapazität: 10
V_0: 776 m/s

Schon seit 1901 hatte es beim deutschen Heer Versuche mit Selbstladegewehren gegeben. Diese Arbeiten gingen weiter, bis schließlich zwei Konstruktionen von Mauser und Walther im Jahre 1940 erprobt wurden. Das von Mauser entworfene Gewehr 41 wurde bald abgelehnt und die Erprobungsarbeiten nur noch mit dem hier gezeigten Walther-Entwurf fortgeführt. Bei dieser Waffe wird eine auf die Mündung aufgesetzte Kappe zum Ableiten von Schußgasen in einen Gaszylinder genutzt. Ein Kolben betätigt das Gestänge, über das der Verschluß geöffnet wird. Der Verschluß wird mit zwei in den Verschluß hineinragenden Stützklappen verriegelt, eine ähnliche Vorrichtung befindet sich auch am russischen leichten Maschinengewehr DP. Das Gewehr 41 ist schwer und nicht sehr gut ausgewogen, außerdem verschmutzt der Mechanismus sehr schnell. Immerhin wurde die Waffe soweit entwickelt, daß einige tausend Stück davon gebaut und hauptsächlich an der Ostfront eingesetzt wurden. Es wurde durch das G 43 abgelöst.

MILITÄRISCHE HANDWAFFEN

Gewehr 43   1
Deutschland
Länge: 1'130 mm
Gewicht: 4'330 g
Kaliber: 8 x 57 mm
Kapazität: 10
V_0: 746 m/s

Das Gewehr 43 war eine Weiterentwicklung des Gewehres 41 (W). Es war leichter, zuverlässiger und einfacher zu bedienen. Die Mündungskappe war weggefallen und durch ein konventionelles Gaskolbensystem ersetzt worden. Das Kastenmagazin ist abnehmbar. Das Gewehr 43 wurde häufig als Scharfschützenwaffe eingesetzt.

.30 M1 Carbine   2
USA
Länge: 905 mm
Gewicht: 2'480 g
Kaliber: .30 Carb. (7,62 mm)
Kapazität: 15/30
V_0: 585 m/s

Dieser leichte Selbstladekarabiner wurde 1941 bei den amerikanischen Streitkräften als Selbstverteidigungswaffe für Offiziere, Kraftfahrer, Artilleristen, Funker usw. eingeführt, also für alle die Soldaten, für die die Ausrüstung mit einem normalgroßen Infanteriegewehr eine Behinderung gewesen wäre. Sie verschießt aus abnehmbaren 15- oder 30-Schuß-Magazinen eine kurze Patrone, die Ähnlichkeit mit Pistolenmunition hat und die auf kurze Entfernungen ausreichende Leistung erbringt. Der Verschluß hat einen Drehkopf, er wird von einem kurzen Gestänge betätigt, das mit einem kurzhubigen Gaskolben verbunden ist. Das M1 wurde sowohl bei den Amerikanern als auch bei den Alliierten sehr schnell äußerst beliebt, wozu besonders seine Handlichkeit, sein geringes Gewicht und seine einfache Bedienbarkeit beitrugen. Das M2 konnte Dauerfeuer schießen; das M3 war mit einem frühen Infrarot-Nachtsichtgerät ausgestattet. Das M1 war das am häufigsten verwendete amerikanische Gewehr im Zweiten Weltkrieg.

.30 M1A1 Carbine   3
USA
Länge: 931 mm
Gewicht: 2'480 g
Kaliber: .30 Carb. (7,62 mm)
Kapazität: 15/30
V_0: 585 m/s

Diese Variante des M1-Karabiners war für den Einsatz bei den Fallschirmjägern vorgesehen. Der Kolben war durch einen Klappschaft aus Metall ersetzt worden, der unten an einem Pistolengriff aus Holz gelagert war. Im Notfall konnte mit der Waffe auch bei angeklapptem Schaft geschossen werden. An der Metallplatte am Klappschaft war eine Ölflasche befestigt.

162

SELBSTLADER UND STURMGEWEHRE

Sturmgewehr 44 4
Deutschland
Länge: 940 mm
Gewicht: 5'100 g
Kaliber: 8 x 33 mm
Kapazität: 30
V_0:   647 m/s

Diese Waffe ist ohne Zweifel eine der herausragendsten Konstruktionen der Neuzeit und gleichzeitig das erste wirkliche Sturmgewehr. Sie ist der Urahn aller danach im späten 20. Jahrhundert entstandenen Militärgewehre. Deutsche Untersuchungen in den 30er Jahren hatten ergeben, daß die normale Gewehrmunition viel zu stark war, deswegen konstruierte man zwei vollautomatische Gewehrtypen für eine neue Kurzpatrone im Kaliber 7,92 mm. Nach Felderprobungen wurde eines der Konzepte weiterentwickelt zur MP 43. Die von Louis Schmeißer entwickelte kurze Waffe war ein Gasdrucklader für Einzel- und Dauerfeuer, die Waffe sollte Gewehr, Maschinenpistole und lMG ersetzen. Sie war von Anfang an ein überwältigender Erfolg. Im Jahre 1944 wurde die Bezeichnung geändert in MP 44, und ein Jahr darauf erhielt sie dann die endgültige Bezeichnung StG 44. Die Wortschöpfung Sturmgewehr stammt angeblich von Hitler selbst.

Fallschirmjägergewehr 42 5
Deutschland
Länge: 940 mm
Gewicht: 4'500 g
Kaliber: 8 x 57 mm
Kapazität: 20
V_0:   762 m/s

Diese für die deutschen Fallschirmjäger im Zweiten Weltkrieg entwickelte Waffe war technisch ihrer Zeit voraus und kann als Vorläufer der modernen Sturmgewehre bezeichnet werden. Es ist ein Gasdrucklader, der Einzelschüsse oder Feuerstöße abgeben kann. Bei Einzelfeuer funktioniert sie aufschießend, bei Dauerfeuer dagegen zur besseren Kühlung des Laufes zuschießend. Das Gewehr hat ein Zweibein und ein integriertes Bajonett. Die Munition wird aus einem links seitlich angesteckten Kastenmagazin zugeführt. Hauptproblem des FG 42 war seine teure Herstellung. Durch die Verwendung der normalen Gewehrpatrone und der Positionierung des Magazines war es bei Dauerfeuer schwer zu halten. Da durch die Kriegsereignisse die Bedeutung der deutschen Fallschirmjägertruppe geringer wurde, kam es zu keiner Weiterentwicklung dieser brillianten Konstruktion.

MILITÄRISCHE HANDWAFFEN

SKS 1
Sowjetunion
Länge: 1'022 mm
Gewicht: 3'860 g
Kaliber: 7,62 mm
Kapazität: 10
V_0: 735 m/s

Schon seit der Jahrhundertwende hatten die Russen immer wieder mit Selbstladegewehrentwürfen experimentiert. Die hier gezeigte Waffe gehört zu den bemerkenswertesten und erfolgreichsten Entwürfen. Sie wurde während des Zweiten Weltkrieges eingeführt und verschießt eine neuentwickelte Mittelpatrone im Kaliber 7,62 mm mit einer 39 mm langen Hülse.

Das SKS ist ein Gasdrucklader, die Waffe ist einfach und robust, aber etwas schwer. Das fest eingebaute Magazin faßt 10 Patronen, die einzeln oder per Ladestreifen geladen werden können. Unter dem Lauf befindet sich ein Klappbajonett.
Das SKS wurde während des Krieges eingesetzt und in Millionenstückzahlen von den Verbündeten des Sowjets und von anderen Ländern verwendet.
Die Waffe ist einfach zu bedienen und braucht nur wenig Pflege. Die von den Kommunisten unterstützten Guerilla-Organisationen in Afrika und im Nahen Osten verwendeten sie mit Vorliebe.

AK 47 2
Sowjetunion
Länge: 880 mm
Gewicht: 4'300 g
Kaliber: 7,62 x 39 mm
Kapazität: 30
V_0: 717 m/s

Nachdem die Russen der MP 43/44 (dem späteren Sturmgewehr 44) im Kampf gegenübergestanden hatten, waren sie von diesem neuen Waffenkonzept so beeindruckt, daß sie sehr rasch ein eigenes Sturmgewehr entwickelten. Leiter des Konstruktionsteams war Mikhail Kalaschnikow, das Team entwickelte eine robuste und handliche Waffe für die russische Mittelpatrone 7,62 x 39 mm. Das AK 47 ist widerstandsfähig und einfach zu bedienen und funktioniert selbst unter widrigsten Umständen. Es ist ein Gasdrucklader, der aber selbst bei extremer Verschmutzung durch Pulverrückstände, Sand, Matsch usw. noch funktioniert. Er wird weltweit bei Dutzenden von Streitkräften geführt und ist schon häufig ganz oder teilweise kopiert worden. Wie sein Vorgänger, das SKS, ist es bei Terroristen und Guerillas sehr beliebt geworden, wobei man dort besonders seine Robustheit, Zuverlässigkeit und einfache Bedienbarkeit schätzt.

SELBSTLADER UND STURMGEWEHRE

AK 47 (Klappschaft) 3
Sowjetunion
Länge: 880 mm
Gewicht: 4'300 g
Kaliber: 7,62 x 39 mm
Kapazität: 30
V_0: 717 m/s

Frühe AK 47 hatten eine ziemlich roh gefertigte Holzschäftung, die von den russischen Konstrukteuren aber schon bald durch einen Klappschaft aus Metall ergänzt wurde. Ursprünglich war diese Variante für Luftlandetruppen vorgesehen, aber sie wurde bald auch an Fahrzeugbesatzungen und Truppen in der Etappe ausgegeben. Als gut verdeckt zu tragende Waffe war sie bei Terroristen und Guerillas beliebt. Genau wie das AK 47 ist sie eine typisch russische Waffe. Nichts an ihr ist überflüssig, und auch die Oberflächenbearbeitung beschränkt sich auf das Nötigste. In den für die Funktion wichtigen Bereichen ist sie allerdings sorgfältig bearbeitet. Das Laufinnere ist sogar hartverchromt und hat dadurch eine lange Lebensdauer. Das AK ist eine gelungene Kombination von Führigkeit, Tragbarkeit und Feuerkraft. Zwar gehört sie nicht zu den ultrapräzise schießenden Waffen, aber sie ist in Soldatenkreisen wegen ihrer Zuverlässigkeit und Robustheit äußerst beliebt. Das Gewehr wurde in vielen Ländern in Lizenz hergestellt.

AKM 4
Sowjetunion
Länge: 880 mm
Gewicht: 4'300 g
Kaliber: 7,62 x 39 mm
Kapazität: 30
V_0: 717 m/s

Diese Waffe ist eine überarbeitete Version des AK 47, bei dem viele Frästeile durch Stanz- und Blechprägeteile ersetzt worden sind. Man erkennt diese Version gut an den Versteifungsrippen auf dem Gehäusedeckel.
Von dieser Waffe wurde die erstaunlich große Stückzahl von 35 Millionen gebaut, sie ist auf der ganzen Welt zu finden.

Typ 56 5
VR China
Länge: 880 mm
Gewicht: 4'300 g
Kaliber: 7,62 x 39 mm
Kapazität: 30
V_0: 717 m/s

Die am weitesten verbreitete Kopie des AK 47 ist dieses chinesische Gewehr, das unter anderem auch in Nordvietnam während des Vietnamkrieges eingesetzt wurde. Es gibt Varianten mit Holzkolben und mit Klappschaft, typisches Merkmal ist das altmodische, fest angebrachte Klappbajonett mit kreuzförmigem Klingenquerschnitt unter dem Lauf.

165

MILITÄRISCHE HANDWAFFEN

VZ 52   1
Tschechoslowakei
Länge: 1'016 mm
Gewicht: 4'080 g
Kaliber: 7,62 x 45 mm
Kapazität: 10
V_0: 740 m/s

Dieser Gasdrucklader aus der Tschechoslowakei erschien gegen Ende des Zweiten Weltkrieges, er war für eine im Land entwickelte Mittelpatrone im Kaliber 7,62 mm eingerichtet. Die Waffe wurde bei den Streitkräften nur als Übergangslösung verwendet und nach dem Beitritt der CSSR zum Warschauer Pakt sehr bald durch das AK 47 ersetzt.

Gewehr No.9 (EM 2)   2
Großbritannien
Länge: 880 mm
Gewicht: 4'300 g
Kaliber: .280/30 (7 mm)
Kapazität: 30
V_0: 717 m/s

Nach dem Ende des Zweiten Weltkrieges waren sich die Briten im klaren darüber, daß das Lee-Enfield-Repetiergewehr ersetzt werden mußte. Die Royal Small Arms Factory in Enfield baute erste Prototypen dieses vollautomatischen, als Gasdrucklader arbeitenden Sturmgewehres gegen Ende der 40er Jahre. Für das Gewehr wurde eine spezielle Kurzpatrone im Kaliber .280 (7 mm) geschaffen. Ungewöhnlich an der Waffe war, daß Verschluß und Magazin hinter dem Pistolengriff und Abzug angeordnet waren. Diese sogenannte «bullpup»-Bauweise ermöglichte den Einbau eines relativ langen Laufes bei gleichzeitg geringer Waffenlänge. Das EM2 hatte eine optische Zielhilfe, die in den Traggriff eingebaut war.
Das ungewöhnliche Aussehen der Waffe sorgte in der damaligen Zeit für einige Aufregung. Das Gewehr kam aber nie in den Militärdienst, da Großbritannien statt dessen schließlich die standardisierte NATO-Patrone 7,62 x 51 mm übernahm und dann das FN-FAL einführte.

SAFN Modell 49   3
Belgien
Länge: 1'117 mm
Gewicht: 4'310 g
Kaliber: 8 x 57 mm
Kapazität: 10
V_0: 730 m/s

Dieser in Belgien nach dem Krieg gefertigte Gasdrucklader entstand nach Plänen aus der Vorkriegszeit. Die Waffe war bei der Truppe bemerkenswert beliebt und wurde in einer ganzen Anzahl von verschiedenen Kalibern in viele Länder verkauft. Allerdings war sie in der Herstellung teuer. Die hier gezeigte Waffe veschießt die deutsche Mauser-Patrone.

SELBSTLADER UND STURMGEWEHRE

M 14 4
USA
Länge: 1'117 mm
Gewicht: 3'880 g
Kaliber: 7,62 x 51 mm
Kapazität: 20
V_0: 853 m/s

Nachdem es den USA gelungen war, die NATO zur Annahme der aus der alten .30-06 entstandenen Patrone .308 als Standardmunition zu überreden, wurde auf Basis des M1 Garand ein neues Gewehr entwickelt. Das so entstandene M 14 konnte anfangs Einzel- und Dauerfeuer schießen, wobei die Munition aus einem abnehmbaren Kastenmagazin für 20 Patronen zugeführt wurde. Dadurch konnte das umständliche Clipladesystem des Garand abgeschafft werden. Beim Schießen von Dauerfeuer mit einer starken Patrone ist die Waffe schlecht zu kontrollieren, darum wurde bei den meisten der an die Truppe ausgegebenen Gewehre die Dauerfeuereinrichtung entfernt.
Einige Waffen erhielten für den Einsatz als lMG ein Zweibein, aber dafür waren sie zu leicht, außerdem überhitzten die Läufe sehr schnell. Das M 14 war ein sehr präzise schießendes und gut ausgewogenes Gewehr, das aber bei der US Army relativ schnell durch das leichtere M 16 abgelöst wurde.

M 14 (überarbeitete Version) 5
USA
Länge: 1'117 mm
Gewicht: 6'120 g
Kaliber: 7,62 x 51 mm
Kapazität: 20
V_0: 853 m/s

Für eine Selbstladewaffe erwies sich das M14 als überaus präzise schießend, es diente daher als Grundlage für eine Reihe von Scharfschützengewehren und Scheibenwaffen. Obwohl ein Gasdrucklader prinzipiell ungenauer schießt als eine Waffe mit festem Zylinderverschluß, hat der Scharfschütze durch das 20-Schuß-Magazin und den selbsttätig ausgeführten Ladevorgang eine Reihe von taktischen Vorteilen und kann sich im Notfall besseren Feuerschutz geben. Das hier abgebildete Gewehr ist eine aufwendig überarbeitete Scheibenwaffe, bei der beinahe jedes Hauptbestandteil entweder überarbeitet oder ausgewechselt worden ist. Der Lauf besteht aus rostfreiem Edelstahl, und die Waffe hat eine neue und schwerere Schäftung aus Schichtholz erhalten. Die Normalvisierung ist zwar an der Waffe verblieben, aber als Hauptzieleinrichtung ist ein Zielfernrohr von Schmidt & Bender montiert. Die Waffe schießt phänomenal genau.

167

MILITÄRISCHE HANDWAFFEN

FN FAL (7,62 mm) 1
Belgien
Länge: 1'054 mm
Gewicht: 4'310 g
Kaliber: 7,62 x 51 mm
Kapazität: 20
V_0: 853 m/s

Im Jahre 1950 entstand bei der Fabrique Nationale in Belgien das erste Fusil Automatique Légère, die Konstruktion basierte auf dem erfolgreichen Modell 49 (siehe Seite 166). Anfänglich sollte die Waffe die deutsche Mauserpatrone 8 x 57 mm verschießen, aber sie wurde schon bald für die neue NATO-Standardpatrone 7,62 x 51 mm abgeändert. Danach wurde das Gewehr ein überragender Verkaufserfolg für FN, es wurde von mehr als 70 Staaten eingeführt. Es ist robust, unkompliziert und gut verarbeitet. Das Gewehr ist ein Gasdrucklader, bei dem ein langer Gaskolben in einem Zylinder über dem Lauf arbeitet. Der Verschluß funktioniert als Kippblock; im Moment der Schußabgabe kippt er nach hinten ab und ist so verriegelt.
Die meisten FAL können sowohl Einzel- als auch Dauerfeuer schießen, allerdings ist die Waffe durch die starke Munition bei Dauerfeuer schlecht im Ziel zu halten. Es gibt von ihr auch eine Version mit schwerem Lauf für den Einsatz als lMG.

FN FAL (Experimentalversion) 2
Belgien
Länge: 1'054 mm
Gewicht: 4'310 g
Kaliber: .280/30
Kapazität: 20
V_0: 853 m/s

Während die Briten ihr EM 2 erprobten (siehe Seite 166), bauten die Belgier dieses für die Patrone .280 (7 mm) eingerichtete FAL. Wäre die britische Munition von der NATO angenommen worden, dann hätten die Belgier sofort die passende Waffe dafür parat gehabt.
Da aber die 7,62 x 51 mm eingeführt wurde, blieb diese Waffe ein Prototyp.

L1A1 SLR 3
Großbritannien
Länge: 1'054 mm
Gewicht: 4'310 g
Kaliber: 7,62 x 51 mm
Kapazität: 20
V_0: 853 m/s

Nach dem Scheitern des EM 2 schloß sich Großbritannien den vielen anderen Staaten an, die das belgische FAL als Dienstwaffe für die Infanterie ausgewählt hatten. Es wurde auf Zoll-Maße umgestellt und in Lizenz in Großbritannien und Australien hergestellt, wobei die anglisierte Version nur Einzelfeuer schießen kann. Späte Ausführungen des L1 A1 haben Plastikschäftung.

SELBSTLADER UND STURMGEWEHRE

Heckler & Koch Gewehr G3 4
Deutschland
Länge: 1'025 mm
Gewicht: 4'400 g
Kaliber: 7,62 x 51 mm
Kapazität: 20
V_0: 800 m/s

Hauptkonkurrent des FAL in den 60er und 70er Jahren war das deutsche G3, eine für Einzel- und Dauerfeuer eingerichtete Waffe. Obwohl sich beide Gewehre recht ähnlich sehen, arbeiten sie nach völlig verschiedenen Funktionsprinzipien. Das G3 ist kein Gasdrucklader, sondern arbeitet als Rückstoßlader, bei dem der Verschlußrücklauf durch zwei Rollen verzögert wird, die in Aussparungen im Verschlußgehäuse eingreifen. Dieses Prinzip wurde erstmals während des Krieges beim MG 42 (siehe Seite 223) angewendet und erfordert bei der Fertigung der Teile große Sorgfalt. Es arbeitet aber sehr zuverlässig und ist sehr unempfindlich gegen Verschmutzung, außerdem verträgt es ohne Probleme die unterschiedlichsten Munitionsarten. Das G3 ist in einer ganzen Reihe von Ländern in Lizenz gefertigt worden, so unter anderem in Pakistan.
Die hier abgebildete Waffe hat ein unter dem Lauf angebrachtes Granatgerät im Kaliber 40 mm, mit dem Sprenggranaten verschossen werden können.

SG 510 5
Schweiz
Länge: 1.016 mm
Gewicht: 4.250 g
Kaliber: 7,62 x 51 mm
Kapazität: 20
V_0: 790 m/s

Die Schweizer zogen es auf militärischem Sektor eigentlich immer schon vor, eigene Wege zu gehen, und die Handwaffenkonstruktion bildete da keine Ausnahme. Diese von SIG gefertigte Waffe ist eine Variante des Sturmgewehres Stgw 57, das nach dem Zweiten Weltkrieg im Kaliber 7,5 mm als erster Vollautomat bei der Schweizer Armee eingeführt wurde. Das SG510 ist praktisch bis auf das NATO-Kaliber die gleiche Waffe, sie ist schwer und schießt sehr präzise. Sie hat einen geraden Kolben und ein fest angebautes Zweibein, das bei dem auf dem Foto abgebildeten Gewehr angeklappt über dem Lauf liegt. Das Gewehr ist hervorragend verarbeitet und benutzt einen Rollenverschluß, der große Ähnlichkeit mit dem G3-Verschluß hat. Mit Hilfe des Zweibeines kann man mit dieser Waffe recht gut Dauerfeuer schießen. Sie paßt ideal in das schweizerische Verteidigungskonzept mit seinen Abwehrkämpfen aus befestigten Stellungen heraus, da sie aber sehr teuer ist, ließ sie sich kaum in andere Länder verkaufen.

MILITÄRISCHE HANDWAFFEN

M16 A1   1
USA
Länge: 991 mm
Gewicht: 2'880 g
Kaliber: .223 (5,56 x 45 mm)
Kapazität: 20/30
V_0: 991 m/s

Die Experimente, die Eugene Stoner in den 50er Jahren mit neuen Materialien und kleinkalibriger Munition anstellte, erbrachten als Ergebnis schließlich das AR-15, das dann als Colt M16 in den amerikanischen Militärdienst übernommen wurde. Es wurde bei der Armee sehr schnell durch das Modell M16 A1 abgelöst, das sich vom Vorgänger nur durch eine Schließhilfe am Verschluß unterschied. Die Waffe besteht hauptsächlich aus Leichtmetallen und schwarzem Kunststoff, sie verschießt ein leichtgewichtiges Geschoß, das nur aufgrund seiner hohen Mündungsenergie eine ordentliche Aufhaltekraft entwikkelt. Das M 16 ist leicht, handlich und läßt sich gut ins Ziel bringen, daher wurde es schnell bei den im Dschungel kämpfenden Truppen beliebt. Es arbeitet zwar als Gasdrucklader, hat aber keinen Gaskolben, sondern die Gase wirken direkt auf den Verschluß. In den ersten Einsatzjahren gab es Probleme mit der Zuverlässigkeit und der Präzision. Die meisten davon konnten aber durch bessere Ausbildung beseitigt werden.

M16 A2   2
USA
Länge: 1'006 mm
Gewicht: 3'580 g
Kaliber: .223 (5,56 x 45 mm)
Kapazität: 20/30
V_0: 991 m/s

Diese erfolgreiche Waffe wurde bei Dutzenden von Staaten eingeführt und hat sehr zur Verbreitung des neuen Sturmgewehrkonzeptes mit kleinkalibriger Munition beigetragen. Als die NATO sich in den 70er Jahren für das Kaliber 5,56 mm als Standardmunition entschied, wurde das bessere SS109-Geschoß anstatt der aus dem M16 A1 verschossenen ursprünglichen Remington-Patrone M193 gewählt. Daher wurde das «schwarze Gewehr» weiterentwickelt in die Version M16 A2, die man gut am runden Vorderschaft erkennt. Der Lauf erhielt eine neue, für die geänderte Munition passende Drallänge, und die Waffe wurde so geändert, daß sie nicht mehr Dauerfeuer, sondern nur noch 3-Schuß-Feuerstöße schießen kann.
Ein von der Armeeführung Anfang der 90er Jahre begonnenes Programm zur Konstruktion einer neuen Waffengeneration wurde eingestellt, weil mit vernünftigem Aufwand kein Nachfolger für das M16 A2 gefunden werden kann, der eine größere Ersttrefferwahrscheinlichkeit bieten könnte.

170

SELBSTLADER UND STURMGEWEHRE

Colt Commando 3
USA
Länge: 711 mm
Gewicht: 2'880 g
Kaliber: .223 (5,56 x 45 mm)
Kapazität: 20/30
V_0: 991 m/s

Vom M16 gibt es zwei Kurzversionen mit den Bezeichnungen M4 und Colt Commando (hier abgebildet). Das Commando hat einen 254 mm langen Lauf, der halb so lang wie die Waffe ist. Die Schulterstütze ist einschiebbar, an der Mündung des Karabiners befindet sich ein großer Feuerdämpfer. Es wird in den USA und anderswo von Spezialeinheiten verwendet.

ArmaLite AR 18 4
USA
Länge: 965 mm
Gewicht: 3'040 g
Kaliber: .223 (5,56 x 45 mm)
Kapazität: 20/30
V_0: 990 m/s

Als Stoner zusammen mit seinem AR-15 zu Colt überwechselte, arbeitete man bei ArmaLite an einer verbesserten Gewehrkonstruktion im Kaliber .223 (5,56 mm), die schließlich zum AR-18 entwickelt wurde. Das Verschlußgehäuse besteht nicht mehr aus schwierig herzustellenden Leichtmetallschmiedeteilen, sondern aus geprägtem Stahlblech, auch für die anderen Waffenteile waren im Gegensatz zum M16 keine umständlichen Fertigungsverfahren notwendig. Auch die Funktionsweise ist anders, die Waffe hat einen konventionellen Gaskolben, der auf den Verschluß einwirkt. Der Verschluß läuft im Gehäuse zusammen mit den beiden Schließfedern auf zwei Führungsstangen. Das AR-18 ist zuverlässig und schießt genau. Wirtschaftlich war es allerdings ein Mißerfolg. Die amerikanischen Streitkräfte hatten sich auf das M16 festgelegt, und auch die Verkäufe in andere Staaten waren sehr gering. Das in Großbritannien entwickelte und eingeführte L85 A1 basiert konstruktiv auf dem Verschlußmechanismus dieser Waffe.

Heckler & Koch HK 33 5
Deutschland
Länge: 940 mm
Gewicht: 3'500 g
Kaliber: .223 (5,56 x 45 mm)
Kapazität: 20/30/40
V_0: 960 m/s

Zur Schaffung eines Gewehres im Kaliber .223 wurde bei Heckler & Koch die vorhandene Konstruktion des G 3 (siehe Seite 169) entsprechend verkleinert. Es entstand eine erfolgreiche Waffenfamilie, für alle Typen wird der ursprünglich einmal für das MG 42 entworfene verzögerte Rollenverschluß verwendet.

MILITÄRISCHE HANDWAFFEN

Valmet M 62   1
Finnland
Länge: 914 mm
Gewicht: 3'600 g
Kaliber: 7,62 x 39 mm
Kapazität: 30
V_0: 717 m/s

Ende der 50er Jahre stellten die finnischen Streitkräfte ein Sturmgewehr in Dienst, das im wesentlichen auf dem AK 47 basierte und die Bezeichnung M 60 trug. Sowohl dieses Gewehr als auch die später eingeführte und hier abgebildete verbesserte Version M 62 oder Valmet verschießen die russische Mittelpatrone 7,62 x 39 mm. In ihrer Grundkonstruktion und Funktion gleicht die Waffe sehr stark dem AKM, äußerlich allerdings gibt es eine ganze Reihe von Unterschieden. Die Schulterstütze besteht aus einem recht groben Stahlrohr, an das eine Platte angeschweißt worden ist. Das Visier ist nach hinten auf das Gehäuseende über den Pistolengriff versetzt worden. Der gelochte Vorderschaft aus Stahlblech ist mit einem Kunststoffüberzug versehen. Das Korn befindet sich auf dem Vorderende des Gaskolbens. Der Abzugsbügel kann einfach nach unten weggeklappt werden, so daß der Abzug auch im harten finnischen Winter mit einer behandschuhten Hand betätigt werden kann.

Galil AR (5,56 mm)   2
Israel
Länge: 979 mm
Gewicht: 4'350 g
Kaliber: .223/5,56 mm
Kapazität: 30/50
V_0: 950 m/s

Die Israelis entwickelten dieses Gewehr nach dem Junikrieg 1967, um das FN FAL abzulösen. Entwicklungsgrundlage war auch hier das bewährte Kalaschnikow-System (siehe Seite 168), allerdings wurde die Waffe für die Patrone M193 im Kaliber .223 konzipiert. Die Standardversion des Gewehrs bei den israelischen Streitkräften hat einen Klappschaft, einen Pistolengriff aus Plastik und einen Vorderschaft aus Metall. Es gibt allerdings eine ganze Anzahl von Varianten, so unter anderem mit einem Plastikkolben oder Holzkolben sowie Holzvorderschaft. Mit einem 50-Schuß-Magazin und einem Zweibein kann das Gewehr sogar als leichtes MG eingesetzt werden, obwohl es dafür eigentlich zu leicht ist. Vom Galil gibt es auch eine Karabinerversion. Mit der Galil-Waffenfamilie haben die Israelis hervorragend verarbeitete Waffen im Dienst, die vor allen Dingen genauso zuverlässig wie die legendären diversen Kalaschnikow-Sturmgewehrtypen sind.

SELBSTLADER UND STURMGEWEHRE

Galil ARM (7,62 mm) 3
Israel
Länge: 1'050 mm
Gewicht: 4'450 g
Kaliber: 7,62 x 51 mm
Kapazität: 25
V_0: 853 m/s

Das Galil wird für den Export auch im Kaliber 7,62 x 51 mm hergestellt, wobei sowohl Gewehr- als auch Karabinerversionen gebaut werden. Die hier gezeigte Waffe hat einen Klappschaft aus Metall und einen hölzernen Vorderschaft mit einem abklappbaren Zweibein unter dem Lauf. Es gibt vom Galil auch eine besonders überarbeitete Version im Kaliber 7,62 mm als Scharfschützengewehr.

FAMAS 4
Frankreich
Länge: 757 mm
Gewicht: 3'610 g
Kaliber: .223 (5,56 x 45 mm)
Kapazität: 25
V_0: 960 m/s

Nachdem sich die NATO entschlossen hatte, die Patrone SS109 als neue Standardmunition im Kaliber 5,56 mm zu übernehmen, entwickelten die Franzosen das erste dafür eingerichtete Gewehr. Das FA MAS wurde Anfang der 80er Jahre eingeführt, es ist ein kompaktes und wirksames Gewehr in «bullpup»-Ausführung. Man kann damit Einzelfeuer und 3-Schuß-Feuerstöße schießen. Das Gewehr hat einen unverriegelten Masseverschluß, der mit Hilfe einer Spezialvorrichtung mit verzögerter Öffnung arbeitet. Die Visierung befindet sich innerhalb des langen Traggriffes, das fest angebrachte Zweibein kann an den Vorderschaft angeklappt werden. Das FA MAS ist eines der ganz wenigen Bullpup-Gewehre, das sehr einfach für Rechts- oder Linksschützen umrüstbar ist, dazu müssen nur einige Teile umgesteckt werden.
Es ist eine zuverlässige und wirksame Waffe, die den französischen Soldaten bei relativ wenig Gewicht und Größe zu einer hohen Feuerkraft verhilft.

FN FNC 5
Belgien
Länge: 997 mm
Gewicht: 3'800 g
Kaliber: .223 (5,56 x 45 mm)
Kapazität: 30
V_0: 965 m/s

Bei FN brauchte man einige Zeit, um ein erfolgversprechendes Gewehr im Kaliber 5,56 mm zu entwerfen, daher erschien diese gelungene Konstruktion erst in den 80er Jahren. Der Verschluß hat einen Drehkopf und ähnelt der M16-Konstruktion, die Waffe kann 3-Schuß-Feuerstöße verschießen. Sie wird in Belgien, Indonesien und Schweden (unter der Bezeichnung AK5) geführt.

173

MILITÄRISCHE HANDWAFFEN

AK 74   1
Sowjetunion
Länge: 930 mm
Gewicht: 3'600 g
Kaliber: 5,45 x 39 mm
Kapazität: 30
V_0:   900 m/s

Mit ihrem AKM hatten die Russen weltweit einen überragenden Erfolg auf dem Sturmgewehrsektor erzielt. Da lag es natürlich nahe, daß dieser Entwurf als Grundlage für eine kleinkalibrige Neukonstruktion dienen würde. Das Ak 74 erschien erstmals 1977 in der Öffentlichkeit, es ist schlicht und einfach die alte Waffe, die für eine neue Patrone im Kaliber 5,54 mm eingerichtet wurde. Man erkennt sie leicht an dem kunststoffüberzogenen Metallmagazin und an der langen Mündungsbremse, die den Rückschlag auf ein sehr geringes Maß reduziert. Vom Vorgänger übernommen hat das AK 74 seine Zuverlässigkeit, es ist aber leichter und verschießt eine überaus wirksame Patrone.
Das AKS ist eine Abart mit einem Klappschaft aus Metall, das AKSU dagegen ist eine erheblich verkürzte, maschinenpistolenähnliche Kurzwaffe, die aber die normale Gewehrmunition verschießt.

4,85 mm IW   2
Großbritannien
Länge: 770 mm
Gewicht: 3'860 g
Kaliber: 4,85 mm
Kapazität: 20
V_0:   900 m/s

Mitte der 70er Jahre wandten sich die Waffenkonstrukteure in Großbritannien erneut dem «bullpup»-Prinzip eines leichten Sturmgewehres zu, das kleinkalibrige Munition verschießen sollte. Schließlich schufen sie einen Entwurf, der äußerlich zwar dem früheren EM2 (siehe Seite 166) ähnelte, der aber technisch mehr mit dem AR 18 von Armalite (siehe Seite 171) gemeinsam hatte. Die Waffe ist für eine neuentwickelte Patrone in Kaliber 4,85 mm eingerichtet und schießt Einzel- und Dauerfeuer. Das serienmäßig gelieferte Zielfernrohr hat eine zweifache Vergrößerung und ist außergewöhnlich genau. Durch das Bullpup-Konzept ist die Waffe kurz und führig.
Genau wie beim EM 2 scheiterte Großbritannien auch mit diesem Entwurf an der NATO, die sich zu dieser Zeit gerade für die Patrone 5,56 mm SS109 als neue Standardmunition entschieden hatte. Diesmal waren die Konstrukteure aber vorbereitet, und so konnte das IW schnell und einfach für die neue Patrone umkonstruiert werden.

174

SELBSTLADER UND STURMGEWEHRE

L85 A1 (SA 80) 3
Großbritannien
Länge: 785 mm
Gewicht: 4'980 g
Kaliber: .223 (5,56 x 45 mm)
Kapazität: 30
V_0: 940 m/s

Bei diesem Gewehr handelt es sich um die weiterentwickelte Version des IW im Kaliber 5,56 mm. Es ist beim britischen Heer eingeführt. Das Gehäuse ist überarbeitet und die Magazinkapazität vergrößert worden, konstruktiv ist das L85 aber dieselbe Waffe wie das IW geblieben. Das Gewehr schießt recht präzise, speziell die frühen Versionen haben aber den Ruf, unzuverlässig zu sein.

Steyr AUG 4
Österreich
Länge: 790 mm
Gewicht: 3'600 g
Kaliber: .223 (5,56 x 45 mm)
Kapazität: 30/42
V_0: 970 m/s

Diese sehr futuristisch aussehende Waffe, das AUG (Armee-Universal-Gewehr) ist Teil einer ganzen Waffenfamilie, die als Bullpup-Waffen nach einem Modulsystem aufgebaut sind. Das Grundmodell erschien 1977, es hat ein einteiliges Kunststoffgehäuse, in das ein Verschlußgehäuse aus Leichtmetall und ein Stahllauf eingebaut sind. Die Zieloptik mit 1,4-facher Vergrößerung ist ein in das Gehäuse integriertes Bauteil, auch der Abzugsbügel ist festes Bestandteil des Gehäuses. Die Wahl der Feuerart ist ganz einfach – bei wenig eingedrücktem Abzug schießt das Gewehr Einzelfeuer, bei ganz eingedrücktem Abzug dagegen Feuerstöße. Das Magazin ist aus durchsichtigem Plastikmaterial gefertigt, ein nützliches Detail, denn man kann immer sehen, wieviele Patronen noch geladen sind. Das AUG genießt einen hervorragenden Ruf als widerstandsfähige und zuverlässige Waffe, es ist bei einer Anzahl von Streitkräften eingeführt. In der westlichen Welt ist es der Hauptkonkurrent des M16.

Steyr AUG (9 mm) 5
Österreich
Länge: 626 mm
Gewicht: 3'050 g
Kaliber: 9 mm Para
Kapazität: 30
V_0: 400 m/s

Dieser handliche Karabiner im Pistolenkaliber ist auf dem AUG aufgebaut und konnte für seine neue Rolle ohne großen konstruktiven Aufwand entsprechend modifiziert werden. Die Waffe schießt Einzelfeuer und wird von Polizeien, Anti-Terror-Einheiten und Sicherheitskräften benutzt, die Wert auf gute Schußpräzision legen, denen aber normale Gewehrmunition zu stark ist.

MILITÄRISCHE HANDWAFFEN

CETME L   1
Spanien
Länge: 925 mm
Gewicht: 3'400 g
Kaliber: .223 (5,56 x 45 mm)
Kapazität: 30
V_0: 875 m/s

Im ursprünglichen CETME-Gewehr, das in Spanien in den 50er Jahren entstanden ist, wurde ein verzögerter Rollenverschluß verwendet, der erstmals für das MG 42 entwickelt worden war. Auch das Modell L aus den 80er Jahren basiert noch auf dem ersten CETME, ist aber für die NATO-Patrone SS109 eingerichtet. Es gibt auch eine Kurzversion mit einschiebbarer Schulterstütze.

Armscor R5   2
Südafrika
Länge: 878 mm
Gewicht: 3'650 g
Kaliber: .223 (5,56 x 45 mm)
Kapazität: 30/50
V_0: 980 m/s

Diese Waffe ist eine in Südafrika gebaute Abart des Galil (siehe Seite 172), bei der einige kleine Details geändert wurden. Das erste eingeführte Modell R4 war im wesentlichen ein Galil mit langem Lauf und Klappschaft. Hauptänderung ist der etwas längere Klappschaft, der aus hochfestem Kunststoffmaterial statt aus Metall besteht und der deswegen bei großer Hitze besser zu handhaben ist. Das normalerweise verwendete Magazin faßt 30 Patronen und ist aus Glasfibermaterial, es gibt aber auch ein 50schüssiges Magazin für den Einsatz als lMG. Die hier abgebildete Waffe ist das später entstandene R5, das einen etwas leichteren Lauf hat und bei dem das Zweibein fehlt, es ist die Standardwaffe der südafrikanischen Streitkräfte. Im Einsatz unter den weltweit wohl härtesten und rauhesten Bedingungen haben sich diese Gewehre sehr bewährt.

AR70/223   3
Italien
Länge: 955 mm
Gewicht: 3'500 g
Kaliber: .223 (5,56 x 45 mm)
Kapazität: 30
V_0: 950 m/s

Dieses leichte Sturmgewehr wurde von Beretta in den späten 60er Jahren für die amerikanische Patrone US M193 entwickelt. Es besteht aus Blechprägeteilen und hat eine Plastikschäftung. Das Gewehr wurde an italienische Spezialeinheiten ausgegeben und an Jordanien, Malaysia und andere Länder verkauft. Es kann Einzel- und Dauerfeuer schießen.

SELBSTLADER UND STURMGEWEHRE

SCS70/90 4
Italien
Länge: 820 mm
Gewicht: 3'700 g
Kaliber: .223 (5,56 x 45 mm)
Kapazität: 30
V₀: 950 m/s

Da mehr und mehr Soldaten in gepanzerten Mannschaftstransportwagen und anderen Fahrzeugen an den Einsatzort gebracht werden, entstand lange nach Abschaffung der Kavallerie, für die ja die ursprünglichen Karabiner einst entstanden waren, wieder Bedarf an Kurzgewehren. Dieser handliche Waffentyp wird auch von den Fallschirmjägern und als Selbstverteidigungswaffe von Spezialeinheiten eingesetzt. Zwar schießen sie nicht so genau wie das entsprechende Gewehrmodell und entwickeln häufig auch starkes Mündungsfeuer, aber ihre Wirksamkeit auf kurze Entfernungen ist nicht geringer. Die hier abgebildete Waffe ist die Karbinerversion des AR70/90. Sie hat einen kürzeren Lauf als die Standardwaffe, und der Kolben ist durch einen kunststoffüberzogenen Klappschaft aus Metall ersetzt worden. Der Magazinlösehebel kann von beiden Seiten betätigt werden. Im Notfall kann auch mit eingeklapptem Schaft geschossen werden. Die Waffe ist bei Sondereinheiten der italienischen Streitkräfte eingeführt.

AR 70/90 5
Italien
Länge: 998 mm
Gewicht: 3'990 g
Kaliber: .223 (5,56 x 45 mm)
Kapazität: 30
V₀: 950 m/s

Nach der Einführung zeigte sich, daß am AR70/223 einige Verbesserungen notwendig waren. In den späten 80er Jahren erschien dann die überarbeitete Version AR70/90. Die neue Waffe ist robuster, aber auch sie ist aus Blechprägeteilen und Plastikmaterial hergestellt. Der Verschluß ist aufwendig überarbeitet worden und soll jetzt bei verlängerter Lebensdauer noch zuverlässiger funktionieren. Das AR70/90 ist ein Gasdrucklader mit Drehkopfverschluß, die Waffe kann Einzelfeuer, Dauerfeuer und 3-Schuß-Feuerstöße verschießen. Das Magazin stammt vom M 16, das Gewehr ist für die leistungsfähigere NATO-Patrone SS109 eingerichtet. Die Visierung ist in den langen Tragegriff integriert, der fest angebrachte Kolben besteht aus Kunststoff.
Die gut verarbeitete Waffe wurde mitsamt einer IMG-Version von den italienischen Streitkräften übernommen.

177

MILITÄRISCHE HANDWAFFEN

Browning A5   1
USA
Länge: 1'130 mm
Gewicht: 3'900 g
Kaliber: 12
Kapazität: 5
V_0: 400 m/s

Eigentlich ist die glattläufige Flinte im Militärgebrauch nichts anderes als der Nachfolger des Tromblons (siehe Seite 20). Sie wird bei Einsätzen benutzt, bei denen auf kurze Kampfentfernung schnell reagiert werden muß und bei denen Ziele großflächig beschossen werden müssen. Eine der am häufigsten in diesem Bereich verwendeten Flinten ist die A5, ein Entwurf von John Browning. Es war bei ihrem Erscheinen 1903 die erste Selbstladeflinte der Welt. Die Waffe arbeitet nach dem Funktionsprinzip des langen Rücklaufes des Laufes, bei dem Lauf und Verschluß durch die Kraft des Rückstoßes zusammen zurücklaufen. Der Lauf läuft dann allein wieder vor, der Verschluß führt beim Vorlauf eine neue Patrone aus dem Röhrenmagazin in den Lauf ein. Die Waffe ist zuverlässig und wirksam. Sie erwies sich schon in den Schützengrabenkämpfen des Ersten Weltkrieges als verheerendes Kampfmittel und wurde auch in den Dschungelkämpfen des Zweiten Weltkrieges und bei den Briten in Malaya mit gleichem Erfolg eingesetzt.

Ithaca 37   2
USA
Länge: 1'118 mm
Gewicht: 3'060 g
Kaliber: 12
Kapazität: 5/8
V_0: 400 m/s

Das Modell 37 featherlight (federleicht) von Ithaca wurde 1937 als Sportwaffe eingeführt, erwarb sich aber auch bald bei Polizei und Militär einen guten Ruf. Es ist eine bemerkenswert robust gefertigte Waffe mit einem aus dem Vollen gefrästen Verschlußgehäuse, das Patronenauswurffenster befindet sich unter dem Verschluß.

Remington 870   3
USA
Länge: 1'156 mm
Gewicht: 3'400 g
Kaliber: 12
Kapazität: 5/8
V_0: 400 m/s

Dieser Vorderschaftrepetierer aus den 50er Jahren hat viele Jahre lang bei der Bewaffnung von Militär und Sondereinheiten eine führende Rolle gespielt, er wurde bei Einsätzen im Häuserkampf und bei Geiselbefreiungsaktionen bevorzugt geführt. Es gibt eine Variante mit Klappschaft; die hier gezeigte Waffe hat ein verlängertes Magazin für 8 Patronen.

178

SELBSTLADER UND STURMGEWEHRE

Benelli M 121   4
Italien
Länge: 1'010 mm
Gewicht: 3'270 g
Kaliber: 12
Kapazität: 7
V_0: 400 m/s

Abgesehen von der Browning A5 sind bisher recht wenige Selbstladeflinten beim Militär verwendet worden. Die militärische Forderung nach einer absolut zuverlässigen Waffe für den Nahkampf und die Tatsache, daß eine große Anzahl verschiedener Munitionssorten funktionssicher verschossen werden können müssen, vertrug sich bisher nicht gut mit dem Funktionsprinzip der automatischen Flinte. Jetzt gibt es aber Neukonstruktionen, die es durchaus mit der Repetierflinte aufnehmen können. Typisch für diese Waffenart ist die Benelli M 121, eine gutaussehende Sport- und Dienstflinte aus Italien mit einem ungewöhnlichen Funktionsprinzip. Die Waffe arbeitet als Rückstoßlader, wobei aber der Lauf starr in Position bleibt und der Verschluß durch einen Trägheitsmechanismus entriegelt wird. Die Waffe ist hervorragend verarbeitet und ist leicht und handlich, allerdings schießt sie mit deutlich spürbarem Rückschlag. Geübte Schützen können mit dieser Flinte fünf gezielte Schüsse in einer Sekunde abgeben.

SPAS 12   5
Italien
Länge: 1'041 mm
Gewicht: 4'350 g
Kaliber: 12
Kapazität: 8
V_0: 400 m/s

Diese Flinte von Franchi, die SPAS (Special Purpose Automatic Shotgun – Automatische Flinte für Sonderzwecke), wurde von Anfang an als Militärwaffe konstruiert. Es ist ein Gasdrucklader, der eine ganze Reihe von verschiedenen Militärpatronen verschießen kann.
Die Flinte ist relativ schwer und solide verarbeitet und wird normalerweise mit einem speziellen Klappschaft geliefert, der einhändiges Schießen mit der Waffe möglich macht. Das hier abgebildete Exemplar hat einen fest angebrachten Kolben, der als Sonderzubehör lieferbar ist. Bei stark verschmutzter Waffe oder beim Verschießen von Sondermunition kann die Waffe durch Umschalten in eine normale Repetierflinte verwandelt werden. Diese sehr gut durchdachte Konstruktion einer Militärwaffe erfreut sich rasch zunehmender Beliebtheit. Eine Folgeentwicklung dieser Waffe, das SPAS 15, sieht eher aus wie ein überdimensioniertes M16 und verschießt Munition aus einem abnehmbaren Kastenmagazin.

MILITÄRISCHE HANDWAFFEN

MASCHINENPISTOLEN

Eigentlich jeder interessierte Leser weiß, daß es an der Westfront in den Jahren 1916/17 einen sehr unbeweglichen Stellungskrieg gegeben hat. Weit weniger bekannt ist die Tatsache, daß es sehr ähnliche Verhältnisse auch an der Ostfront gegeben hat. Im September des Jahres 1917 griff der deutsche General von Hutier das von den Russen gehaltene Riga mit neukonzipierten «Sturmtruppen» an. Diese zahlenmäßig kleinen Stoßtrupps suchten im Frontverlauf nach Schwachstellen, durch die sie unerkannt hinter die feindlichen Linien gelangen konnten. Dort trafen sie dann entsprechende Vorbereitungen für den Hauptangriff. Diese Männer benötigten natürlich gut tragbare Waffen mit großer Feuerkraft, darum wurden sie mit der von Theodor Bergmann konstruierten, als «Bergmann-Musquete» bezeichneten leichten automatischen Waffe ausgerüstet. Bergmann hatte sie im Jahre 1916 entworfen, einige Exemplare davon wurden an die Westfront geschickt, wo sie aber keine großen Erfolge erzielten. Von Hutier dagegen konnte diese tragbare Maschinenwaffe, die Pistolenmunition verschoß, sehr gut gebrauchen, und so wurde die Maschinenpistole 18 von Bergmann die erste wirklich brauchbare MP im Militärdienst.

Die Maschinenpistole wird als vollautomatische Handfeuerwaffe definiert, die Pistolenmunition verschießt, wobei es ein paar Ausnahmen gibt, die aber die Regel bestätigen. Im großen und ganzen trifft die Definition zu. Die Bergmann-Waffe war außerhalb des Militärs wenig bekannt und wäre wohl nach 1918 vergessen worden, wenn es nicht einen anderen Konstrukteur gegeben hätte, der die gleichen Ideen hatte, der später der MP zu Weltruhm verhelfen sollte und der zumindest im englischsprachigen Raum der Waffe ihren endgültigen Namen gab.

John T. Thompson war ein amerikanischer Offizier, der sich während seiner gesamten Dienstzeit mit dem Handwaffenwesen befaßt hatte. Er ging 1915 in den Ruhestand und beschäftigte sich dann mit der Konstruktion eines Selbstladegewehres. Während der Suche nach einem geeigneten Verriegelungssystem fand er eine Entwicklung, die nach ihrem Erfinder das Blish-System benannt wurde. Es handelte sich um eine Abart des Gasdruckladesystems mit verzögertem Rücklauf. Nach dem Eintritt der Vereinigten Staaten in den Ersten Weltkrieg wurde Thompson in den aktiven Dienst zurückbeordert und beauftragte daher einen Konstrukteur namens Oscar Payne mit der Weiterführung der Gewehrentwicklung. Payne fand bald heraus, daß das Blish-System für Gewehre nicht geeignet war, bei der Patrone .45 ACP dagegen funktionierte es gut. Thompson beauftragte ihn daraufhin mit der Konstruktion einer speziell für den Schützengrabenkampf geeigneten Waffe, die er den «Schützengrabenbesen» (trench broom) nannte. Zur Zeit der Fertigstellung der ersten Musterwaffen war der Krieg vorbei, und Thompson gab der Waffe den neuen Namen «Sub Machine Gun» (in etwa: Maschinenpistole) und bot sie als Polizeiwaffe an. Unglücklicherweise war die Unterwelt beim Erwerb des neuen Waffentyps genauso schnell wie die Polizei, aber der Rest dieser Geschichte dürfte allgemein bekannt sein.

Die Finnen waren auf der Suche nach einer Spezialwaffe für ihre dichten Wälder und entwickelten dann im Jahre 1931 mit ihrer Suomi eine ganz hervorragende Waffe. Auch in Deutschland beschäftigte man sich mit einer Reihe von Entwicklungen, und auch in Rußland wurde experimentiert. In den kriegerischen Auseinandersetzungen in der Zeit vor 1939 waren nur wenige

Links: Ein Polizeioffizier in der Weimarer Republik mit einer Bergmann-Maschinenpistole MP 28. Diese Waffe ist die Weiterentwicklung der weltweit ersten Maschinenpistole.

Unten: Während des Zweiten Weltkrieges wurden bei den russischen Truppen Millionen von Maschinenpistolen verwendet.

180

MASCHINENPISTOLEN

Maschinenpistolen zu sehen. Im Spätjahr 1937 hatte man bei der deutschen Wehrmacht erkannt, wozu dieser Waffentyp geeignet war. Es war die ideale Waffe für die Panzergrenadiere, die durch die kompakte Bauweise dieses Waffentyps beim Auf- und Absitzen von ihren Schützenpanzerwagen nicht behindert wurden. Aus dieser Zeit stammt die Entwicklung eines Waffentyps, der wie kaum ein zweiter charakteristisch für die leichte Bewaffnung des deutschen Infanteristen wurde. Es war die Maschinenpistole 38, die im englischsprachigen Raum mehr unter der falschen Bezeichnung «Schmeisser» bekannt ist.

Mit der Konstruktion der MP 38 wurde in vielen Bereichen Neuland beschritten: Es war die erste bei einer Armee als Standardwaffe eingeführte Maschinenpistole, außerdem hatte sie keine Holzschäftung mehr, sondern eine einklappbare Schulterstütze, durch die sie noch kompakter und besser tragbar wurde. Die Waffe sah genauso aus, wie sie war – modern, wirksam und unheilverkündend. Ihr Erscheinen reichte aus, um die Russen zur Konstruktion einer eigenen MP zu bringen, der PPS-38 mit ihrem charakteristischen Trommelmagazin und dem ventilierten Laufmantel. Die Waffe wurde später vereinfacht und wurde als PPSh so etwas wie das Markenzeichen der Roten Armee, genauso, wie es die MP 38 für die Deutsche Wehrmacht war.

1939 bis 1945 entstanden viele MP-Entwürfe. Einige fanden weite Verbreitung, andere verschwanden schnell wieder. Der britische Beitrag zu dieser Geschichte war die Sten, eine einfach herzustellende Billigwaffe, von der Millionen gebaut wurden und die großzügig an Widerstandsgruppen in ganz Europa verteilt wurde. Das amerikanische Pendant dazu war die M 3 «grease gun» (Fettspritze), die aber nie so bekannt wie die Sten wurde. Die meisten dieser Waffen arbeiteten als einfache Rückstoßlader mit unverriegeltem Masseverschluß, bei denen der Verschluß durch sein Gewicht und die Kraft der Schließfeder solange nach dem Schuß geschlossen gehalten wurde, bis der Gasdruck auf ein ungefährliches Maß abgesunken war.

In der Nachkriegszeit spielte die Entwicklung von Maschinenpistolen keine große Rolle mehr. Es gab große Bestände an preiswerten Waffen aus dem Krieg, deswegen wurden fast nirgendwo neue Maschinenpistolen gebraucht. Außerdem spielte nach dem Krieg und speziell in den 60er Jahren die Sturmgewehrkonzeption eine immer größere Rolle, und eines der erklärten Ziele dieser Konzeption war der Ersatz von Gewehr und MP durch die neue Waffe. Die Sowjets haben dieses Konzept durch die Einführung des Kalaschnikow AK in die Tat umgesetzt. Interessanterweise wird diese Waffe, die vom Rest der Welt als das Sturmgewehr par excellence angesehen wird, im offiziellen sowjetischen Sprachgebrauch als Maschinenpistole bezeichnet.

Mit dem Aufstieg des Sturmgewehres kam im militärischen Bereich der Niedergang der MP. Im polizeilichen Bereich dagegen gewann die Waffe an Bedeutung. Für Sicherheitskräfte und Einheiten in der Terroristenbekämpfung ist die MP die ideale Waffe. Sie ist kompakt, leicht zu bedienen und hat eine hohe Feuerkraft. Die Wirkung ist auf die bei Polizeieinsätzen recht kurze Kampfentfernung ausreichend. Für diese Art von Einsätzen forderten die Polizeien und Sicherheitskräfte aber schließlich doch eine Waffe, die besser und sicherer sein sollte als die bisher verwendeten groben Militärwaffen aus Überschußbeständen. Jetzt schlug noch einmal die Stunde der Konstrukteure.

Die Ergebnisse dieser Arbeiten dürften bekannt sein, es sind die Heckler & Koch MP 5, die spanische Star und die israelische Uzi, um nur drei davon aufzuzählen. Diese Waffen werden mittlerweile auf der ganzen Welt verwendet. Besonders die Sicherheitskräfte stellten aber an die zu verwendenden Waffen noch weitere Anforderungen, so daß schließlich noch kleinere und kompaktere Maschinenpistolen wie die Mini- und Micro-Uzi, die H&K MP 5K und einige andere entstanden. Da ein Teil dieser kompakten neuen Waffen auch als Halbautomaten geliefert wird, ist mittlerweile gar nicht mehr so einfach festzustellen, wo die Pistole aufhört und wo die Maschinenpistole anfängt.

Unten: Das AKSU ist eine Karabinerversion des AK 74 und verschießt die gleiche leistungsfähige Munition. Die Waffe ist nicht größer als eine Maschinenpistole.

Rechts: Ein italienischer Fallschirmjäger mit einer MP Beretta 12, einer einfachen und wirksamen Waffe mit unverriegeltem Masseverschluß.

MILITÄRISCHE HANDWAFFEN

Bergmann MP 18.1   1
Deutschland
Länge: 813 mm
Gewicht: 4'180 g
Kaliber: 9 mm Para
Kapazität: 32
V_0: 365 m/s

Diese deutsche Waffe wurde 1918 als erste richtige Maschinenpistole in Dienst gestellt, sie basiert auf einem Entwurf von Hugo Schmeißer aus dem Jahre 1916. Sie arbeitet als Rückstoßlader, wobei der große und schwere Verschluß durch die Rückstoßkraft der 9-mm-Parabellum-Patrone geöffnet wird. Eine kräftige Schließfeder, die das ganze hintere Verschlußgehäuse ausfüllt, sorgt dafür, daß der Verschluß wieder vorläuft, dabei nimmt er eine Patrone aus dem Magazin mit und führt sie ein. Die Munition wird aus einem 32-schüssigen Trommelmagazin zugeführt, das auch für das Artilleriemodell der Parabellum-Pistole (siehe Seite 96) verwendet wurde und das sich im Felddienst als unzuverlässig erwies. Das ursprüngliche Einsatzkonzept sah vor, daß jeweils sechs dieser Waffen in einer Infanteriekompanie eingesetzt wurden, wobei jeweils ein zweiter Soldat als Munitionsträger eingesetzt war.

Bergmann MP 28.II   2
Deutschland
Länge: 813 mm
Gewicht: 4'000 g
Kaliber: 9 mm Para
Kapazität: 20/30/50
V_0: 365 m/s

Nach dem Krieg verwertete Schmeißer die im Krieg gewonnenen Erfahrungen für eine Weiterentwicklung der MP 18, aus der schließlich die MP 28.II entstand. Statt des bei den frühen Waffen verwendeten Trommelmagazins wurde für die neue Waffe ein Stangenmagazin mit verschiedenen Kapazitäten verwendet. Mit einem Feuerartenwahlschalter konnte zwischen Einzel- und Dauerfeuer gewählt werden, außerdem hatte die Waffe eine recht optimistisch ausgelegte Visierung.
Die Waffe war eine sehr erfolgreiche Konstruktion, die zuerst bei der deutschen Polizei verwendet wurde. Sie wurde auch in Belgien und Spanien in Lizenz gefertigt und bei der belgischen Armee und in einigen südamerikanischen Ländern bei Polizei und Streitkräften eingesetzt. Die Waffe wurde außerdem für die Kaliber 7,65 mm und .45 (11,4 mm) hergestellt. Viele der konstruktiven Merkmale dieser Waffe wurden später in anderen Ländern für eigene Entwürfe verwendet.

182

MASCHINENPISTOLEN

ZK 383 3
Tschechoslowakei
Länge: 899 mm
Gewicht: 4'250 g
Kaliber: 9 mm Para
Kapazität: 30
V_0: 365 m/s

Diese tschechische Konstruktion aus dem Jahre 1933 war technisch auf einem hohen Standard und sehr gut verarbeitet. Sie hatte einen auswechselbaren Lauf, und die Kadenz konnte durch Einsetzen von Gewichten in den Verschluß verändert werden. Die Waffe wurde serienmäßig mit dem an den Kühlmantel angesetzten Zweibein geliefert.

Steyr Solothurn S100 4
Deutschland/Österreich
Länge: 833 mm
Gewicht: 3'900 g
Kaliber: 9 mm Para
Kapazität: 32
V_0: 417 m/s

Da die Beschränkungen des Versailler Vertrages umgangen werden mußten, entstand diese deutsche Konstruktion in Österreich. Eine zuverlässige und wirksame Waffe, die als Rückstoßlader mit unverriegeltem Masseverschluß arbeitete. Für ihre Herstellung wurden viele Frästeile verwendet, was die Waffe teuer machte. Sie wurde in Österreich und südamerikanischen Ländern verwendet.

Suomi Modell 1931 5
Finnland
Länge: 870 mm
Gewicht: 4'690 g
Kaliber: 9 mm Para
Kapazität: 20/50/40/71
V_0: 400 m/s

Aimo Lahti hatte schon eine ganze Reihe von Maschinenpistolen entworfen, ehe dieses Modell 1931 von der finnischen Armee angenommen wurde. Einige Jahre vorher hatte man bereits die von Lahti entworfene Selbstladepistole (s. Seite 110) eingeführt. Die MPi ist eine große, schwere Waffe, die aus hochwertigen Werkstoffen in aufwendigen Fertigungsverfahren hergestellt wurde. Sie arbeitet auf herkömmliche Weise als Rückstoßlader mit unverriegeltem Masseverschluß, mit ihrem 317-mm-Lauf schießt sie präziser als die meisten MP. Eine ganze Reihe von Magazinen konnten verwendet werden, so z. B. ein 20-Schuß-Magazin, ein zweireihiges 50-Schuß-Magazin, ein Trommelmagazin mit 40 Patronen und ein Trommelmagazin für 71 Patronen. In den 50er Jahren wurden viele Waffen für die Aufnahme eines modernen Kastenmagazines für 36 Patronen abgeändert. Die Waffe wurde auch in Schweden, Dänemark und der Schweiz gebaut und u. a. bei den polnischen Streitkräften und in Skandinavien eingesetzt.

MILITÄRISCHE HANDWAFFEN

MP 40 1
Deutschland
Länge: 833 mm
Gewicht: 4'020 g
Kaliber: 9 mm Para
Kapazität: 32
V_0: 365 m/s

Diese Waffe ist speziell in der englischsprachigen Welt als «Schmeisser» bekannt. Diese Bezeichnung ist falsch, denn Hugo Schmeisser hatte mit seiner Konstruktion nichts zu tun. Sie war die erste Maschinenpistole, die als Ganzmetallkonstruktion mit Klappschaft entstanden war. Die Waffe war als Rückstoßlader mit unverriegeltem Masseverschluß als Konstruktion eines Mitarbeiters der Erma-Werke entstanden, sie wurde 1938 bei der Wehrmacht eingeführt und ursprünglich zur Ausrüstung von Panzerbesatzungen und Panzergrenadieren verwendet. Unter der Bezeichnung MP 38 wurde diese kurze, handliche und wirksame Waffe schnell bei der Truppe beliebt. Aufgrund der Kriegsereignisse mußte aber das Fertigungsverfahren vereinfacht werden, deswegen wurde das Verschlußgehäuse aus geschweißten Stahlprägeteilen und nicht mehr aus Frästeilen hergestellt. Das neue Modell wurde als MP 40 bekannt. Sie war genauso wirksam wie ihr Vorgänger und diente den deutschen Soldaten auf allen Kriegsschauplätzen.

Beretta Modello 38A 2
Italien
Länge: 946 mm
Gewicht: 4'970 g
Kaliber: 9 mm Para
Kapazität: 10/20/40
V_0: 420 m/s

Diese Waffe ist ein typischer Entwurf der 30er Jahre, er stammt von Beretta und basiert auf einem Selbstladekarabiner. Die ursprüngliche Ausführung Modello 38 war hervorragend verarbeitet, sie hatte einen Holzkolben und ein gefrästes Verschlußgehäuse. Sie war ein Rückstoßlader mit unverriegeltem Masseverschluß, wobei der Schlagbolzen separat eingesetzt war. Die frühen Ausführungen hatten ein Klappbajonett und längliche Kühlschlitze im Laufmantel. Späte Ausführungen hatten runde Kühllöcher, und das Bajonett fehlte. Diese Waffen hatten einen Kompensator, der das Klettern der Mündung bei Dauerfeuer verhindern sollte.
Mit den beiden Abzügen kann Einzelfeuer (vorderer Abzug) und Dauerfeuer (hinterer Abzug) geschossen werden. Der abgebildeten Waffe kann man ansehen, daß sie ein Produkt der Massenfertigung unter Kriegsbedingungen ist. Sie hat ein geschweißtes Verschlußgehäuse aus Blechprägeteilen. Sie wurde sowohl von italienischen als auch von deutschen Truppen verwendet.

MASCHINENPISTOLEN

Beretta Modello 38/42 3
Italien
Länge: 800 mm
Gewicht: 3'260 g
Kaliber: 9 mm Para
Kapazität: 20/40
V₀: 381 m/s

Die Beretta Modello 38/42 war ein für die Massenproduktion vereinfachtes Modell 38. So wurde unter anderem der Laufmantel weggelassen, die Schäftung vereinfacht und der Verschluß aus einem einzigen Werkstück gefertigt. Später gab es noch ein Modell 38/44, das noch weiter vereinfacht worden war. Beide Typen waren wirksame Nahkampfwaffen.

Thompson M 1928 4
USA
Länge: 857 mm
Gewicht: 4'880 g
Kaliber: .45 ACP (11,4 mm)
Kapazität: 20/50
V₀: 281 m/s

Diese klassische Maschinenpistole wurde während des Ersten Weltkrieges vom damaligen Oberst der US-Armee J. T. Thompson konstruiert. Es ist eine schwere und gut verarbeitete Waffe, die die Patrone .45 ACP von Colt verschießt. Die Waffe arbeitet als Rückstoßlader mit unverriegeltem verzögertem Masseverschluß. Der Verschluß muß beim Rücklauf erst eine Metallbrücke in zwei Aussparungen im Gehäuse drücken, ehe er in die Endstellung gelangt. Der Spanngriff ragt oben aus dem Gehäusedeckel, er hat in der Mitte einen Einschnitt, damit die Visierlinie nicht unterbrochen ist. Ursprünglich wurde die Waffe mit einem 50schüssigen Trommelmagazin ausgeliefert, aber es konnte auch ein Kastenmagazin für 20 Patronen verwendet werden. Es gab einige Varianten, so wurden z. B. unterschiedliche Vordergriffe gefertigt, und nicht alle Baureihen hatten Kühlrippen am Lauf. Anfänglich ließ sich die Waffe kaum ans Militär verkaufen, erst 1939 wurde sie von Großbritannien und Frankreich in großen Stückzahlen geordert.

Thompson M1 A1 5
USA
Länge: 813 mm
Gewicht: 4'740 g
Kaliber: .45 ACP
Kapazität: 20/30
V₀: 281 m/s

Die bei der US Army verwendete Version M1 A1 der Thompson war eine vereinfachte Variante für kriegsbedingte Massenproduktion. Die Rücklaufverzögerung System Blish wurde fortgelassen sowie Gehäuse und Verschluß überarbeitet. Auch die Kühlrippen und der vordere Pistolengriff fielen bei dieser Ausführung fort. Es war eine beliebte Waffe, die in vielen Ländern verwendet wurde.

MILITÄRISCHE HANDWAFFEN

Reising Modell 50   1
USA
Länge: 908 mm
Gewicht: 3'060 g
Kaliber: .45 ACP (11,4 mm)
Kapazität: 15/20
V_0: 281 m/s

Diese Maschinenpistole wurde von Eugene Reising im Jahre 1938 entworfen, die amerikanische Marineinfanterie führte sie dann 1941 ein. Die Funktion der Reising glich mehr einem Selbstladegewehr als einer MPi, es war eine aufschießende Waffe mit separatem Schlagbolzen und einem verriegelten Verschluß. Zum Spannen mußte mit dem Finger in eine Aussparung des Spannstückes an der vorderen Waffenunterseite gegriffen werden und dieses Teil dann zurückgezogen werden. Auf dem Schießstand brachte diese Waffe gute Leistungen, im Einsatz dagegen war sie katastrophal schlecht. Sie war unnötigerweise viel zu kompliziert und deswegen empfindlich gegen Schmutz und Pulverrückstände. Das zeigte sich erstmals beim Kampf um Guadalcanal. Die Hemmungen und Ausfälle der Waffe waren nicht mehr zu zählen. Die meisten Marineinfanteristen entledigten sich ihrer Reising recht schnell und versuchten mit allen Mitteln, in den Besitz von brauchbaren Schußwaffen zu kommen.

Lanchester Mark I   2
Großbritannien
Länge: 851 mm
Gewicht: 4'380 g
Kaliber: 9 mm Para
Kapazität: 50
V_0: 365 m/s

Im Sommer 1940 befand sich Großbritannien in einer verzweifelten Situation, denn es herrschte gewaltiger Mangel an Handwaffen aller Art. In ihrem Bemühen, möglichst rasch eine serienreife Maschinenpistolenkonstruktion vorzulegen, übernahmen die britischen Konstrukteure ein Modell, von dem sie wußten, daß es funktioniert – die Bergmann MPi (siehe Seite 182). Diese bis auf wenige Änderungen genaue Kopie der deutschen Waffe erhielt die Bezeichnung Lanchester, sie war ein zuverlässiger und robuster Rückstoßlader mit unverriegeltem Masseverschluß. Die Patronen wurden aus einem seitlich angesetzten Kastenmagazin mit 50 Patronen Kapazität zugeführt. Frühe Modelle hatten einen Umschalter für Dauer- und Einzelfeuer. Die abgebildete Waffe ist eine späte Ausführung, sie hat eine vereinfachte Visierung und keinen Feuerartenwahlschalter. Die Lanchester wurde bei der Armee schon bald von der einfacher herzustellenden Sten abgelöst. Sie wurde an die Marine abgegeben, die sie bis in die 60er Jahre einsetzte.

186

MASCHINENPISTOLEN

Smith & Wesson Leichtgewehr USA 3
Länge: 825 mm
Gewicht: 3'630 g
Kaliber: 9 mm Para
Kapazität: 20
V_0: 396 m/s

Diese Waffe wurde in den 30er Jahren ursprünglich als Selbstladekarabiner entworfen. Einige Exemplare wurden später so abgeändert, daß sie auch Dauerfeuer schießen konnten. Die Waffe war gut verarbeitet, wurde aber von den US-Militärbehörden aufgrund ihres Kalibers 9 mm Para zurückgewiesen. Es wurden etwa 2'000 Waffen gebaut, die dann 1940 an die Briten geliefert wurden.

United Defense M42 4
USA
Länge: 820 mm
Gewicht: 4'140 g
Kaliber: .45 ACP (11,4 mm)
Kapazität: 20
V_0: 281 m/s

Diese mit dem einfachen unverriegelten Masseverschluß ausgestattete MP entstand 1938 und sollte ursprünglich die Patrone .45 ACP verschießen. Die Serienausführung war dann aber für die 9 mm Para eingerichtet. Sie war gut verarbeitet, wurde aber schließlich nicht angenommen. Die amerikanischen Streitkräfte zogen die M1 A1 Thompson und die M3 vor, die sich einfacher herstellen ließen.

M3A1 5
USA
Länge: 757 mm
Gewicht: 3'700 g
Kaliber: .45 ACP (11,4 mm)
Kapazität: 30
V_0: 281 m/s

Die M3 entstand im Jahre 1942, sie sollte den kriegsbedingten Anforderungen an die Massenproduktion entsprechen. Sie wurde hauptsächlich aus verschweißten Metallprägeteilen hergestellt und arbeitet als Rückstoßlader mit unverriegeltem Masseverschluß. Nichts an der Waffe ist überflüssig. Das Kastenmagazin für 30 Patronen wird von unten eingeführt, der Magazinschacht dient außerdem als zusätzlicher Haltegriff. Sowohl Pistolengriff als auch die ausziehbare Schulterstütze sind aus Metall. Die Waffe kann nur Dauerfeuer schießen, allerdings ist die Kadenz so niedrig, daß ein geübter Schütze durch kontrolliertes Betätigen des Abzuges Einzelschüsse abgeben kann. Die abgebildete spätere Version M3 A1 hat keinen Spanngriff mehr. Statt dessen muß zum Spannen der an einem Scharnier gelagerte Staubschutzdeckel aufgeklappt werden, so daß mit dem Zeigefinger in eine Aussparung im Verschluß gegriffen und der Verschluß nach hinten gezogen werden kann. Die Waffe war recht einfach gefertigt, tat aber zuverlässig ihre Pflicht.

187

MILITÄRISCHE HANDWAFFEN

Sten Mark I   1
Großbritannien
Länge: 896 mm
Gewicht: 3'270 g
Kaliber: 9 mm Para
Kapazität: 32
V_0: 365 m/s

Nach den diversen Desastern des Jahres 1940 brauchten die Briten dringend viele und schnell und einfach herzustellende Infanteriewaffen. Im Jahre 1941 entwickelten Major Shepherd und Mr. Turpin eine einfache Maschinenpistole mit unverriegeltem Masseverschluß, die dann im Juni des gleichen Jahres als Sten (der Name ist eine Zusammenfassung von Shepherd, Turpin und Enfield) bei der Armee eingeführt wurde. Die Sten Mk I hatte ein röhrenförmiges Verschlußgehäuse, in dem der einteilige Verschluß und die Schließfeder gelagert waren. Der Laufmantel war ventiliert, und die Waffe hatte einen konischen Feuerdämpfer. Der abklappbare vordere Haltegriff war aus Holz, der fest angebrachte Kolben war aus Stahlrohr mit einer Holzeinlage. Das einreihige Stangenmagazin für 32 Patronen wurde von der linken Verschlußseite eingesteckt. Es bildete aufgrund seiner mangelhaften Konstruktion den einzigen Schwachpunkt der Waffe. Die Sten war eine einfache und grob gefertigte Waffe, aber sie funktionierte erstaunlich gut.

Sten Mark II   2
Großbritannien
Länge: 762 mm
Gewicht: 3'000 g
Kaliber: 9 mm Para
Kapazität: 32
V_0: 365 m/s

Nach weiteren Vereinfachungen an der Konstruktion brachte Enfield schließlich das Modell Mark II heraus, es war die billigste, häßlichste und einfachste Waffe, die jemals von der britischen Armee verwendet worden ist. Die Schulterstütze bestand lediglich aus einem groben Rohr mit einer aufgeschweißten Endplatte und einem Daumenloch am Griff, der Laufmantel bildete gleichzeitig den Vorderschaft. Das Magazin wurde seitlich eingesteckt. Die Waffe hatte einen Schutzdeckel, mit dem das Patronenauswurffenster vor dem Eindringen von Schmutz geschützt werden konnte. Auch diese Version der Sten wurde von Zuführungsproblemen geplagt, sie war außerdem recht empfindlich, wobei ein Teil der schlimmsten Probleme durch sorgfältige Wartung und Ausbildung beseitigt werden konnte.
Die Mk II wurde in großen Stückzahlen gefertigt. Sie wurde oft in Werkstätten gebaut, in denen man mit Waffenfertigung nicht die geringste Erfahrung hatte. Sie war eine ideale Waffe zur Ausstattung von Partisanengruppen.

188

MASCHINENPISTOLEN

Sten Mark II   3
(2. Ausführung) Großbritannien
Länge: 762 mm
Gewicht: 3'000 g
Kaliber: 9 mm Para
Kapazität: 32
V_0: 365 m/s

Diese in Kanada gebaute Mark II ist typisch für die während des Krieges im Commonwealth hergestellten Waffen. Sie ist besser verarbeitet als die Vorläufer. Die Sten Mark II hat einen kräftigeren Klappschaft aus Metall. Eine Bajonettaufpflanzvorrichtung ist vorhanden.
Im letzten Krieg wurden über vier Millionen Sten-Maschinenpistolen gefertigt.

DeLisle Airborne   4
Kommando-Karabiner GB
Länge: 889
Gewicht: 3'180 g
Kaliber: .45 ACP (11,4 mm)
Kapazität: 11
V_0: 260 m/s

Der britische DeLisle war ein sehr ungewöhnlicher, schallgedämpfter Karabiner für Sondereinsätze. Der Verschluß stammte vom Lee-Enfield-Gewehr, der 228 mm lange Lauf und das Patronenlager dagegen waren für die Patrone .45 ACP eingerichtet.
Die Waffe war bemerkenswert wirksam und zeichnete sich durch ihre hervorragende Schalldämpfung aus.

Sten Mark 6 (S)   5
Großbritannien
Länge: 908 mm
Gewicht: 4'450 g
Kaliber: 9 mm Para
Kapazität: 32
V_0: 305 m/s

Die Sten Mk III war nicht viel besser als die Mk II, während die Mk V besser verarbeitet war. Diese Waffe hatte einen Holzkolben und einen richtigen Pistolengriff aus Holz. Nachdem man mit einer schallgedämpften Mk II Versuche unternommen hatte, fertigte man schließlich eine Mk V mit integriertem Schalldämpfer. Dazu war der Lauf mit zahlreichen Bohrungen versehen worden, durch welche die Schußgase in den in viele Einzelsektionen unterteilten eigentlichen Schalldämpfer strömen konnten. Dadurch kam das Geschoß in den Unterschallbereich, das einzige Geräusch, das man nun noch hören konnte, war das Vorschnellen des Verschlusses. Da der Schalldämpfer schnell heiß wurde, sollten nach Möglichkeit nur Einzelschüsse abgegeben werden, Feuerstöße durften nur im Notfall geschossen werden. Die Waffe trug die Bezeichnung Mk VI (S) und wurde an Fallschirmjäger und Kommandos ausgegeben, die sie bei nächtlichen Einsätzen gegen Schlüsselpersonal wie zum Beispiel Wachen usw. einsetzten.

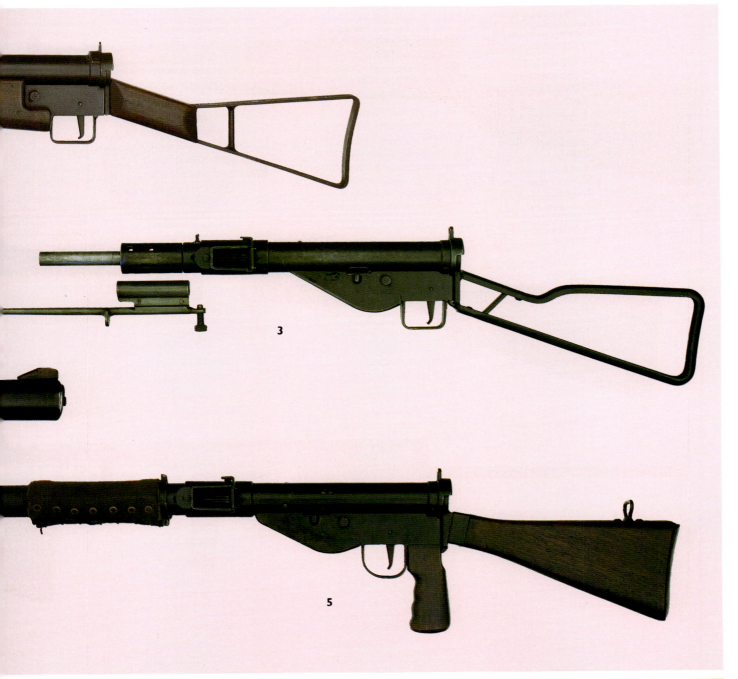

MILITÄRISCHE HANDWAFFEN

PPD 34/38 1
Sowjetunion
Länge: 779 mm
Gewicht: 3'240 g
Kaliber: 7,62 mm
Kapazität: 25/71
V_0: 489 m/s

Diese handliche und gut verarbeitete russische Maschinenpistole ist konstruktiv mit der Bergmann MP 28 (siehe Seite 182) verwandt, sie wurde von Wasili Degtjarjev konstruiert.
Die Waffe arbeitet mit einem einfachen unverriegelten Masseverschluß und verschießt die russische Pistolenpatrone 7,62 mm. Diese Munition hat zwar eine höhere Mündungsgeschwindigkeit als die 9 mm Para, aber sie ist auch nicht wirksamer. Die Waffe konnte mit einem Kastenmagazin für 25 Patronen ausgestattet werden, meistens wurde aber das Trommelmagazin für 71 Schuß verwendet, das ursprünglich für die finnische Suomi (siehe Seite 183) konstruiert worden war. Die Waffe war zwar zuverlässig und wirksam, sie wurde aber 1940 durch die geringfügig verbesserte PPD 40 abgelöst. Beide Waffen wurden aber noch in Finnland und auch während des Zweiten Weltkrieges zusammen eingesetzt. Die Herstellung dieser MPi war recht aufwendig, daher wurde sie zugunsten einfacher herzustellender Waffen aufgegeben.

PPSh 41 2
Sowjetunion
Länge: 841 mm
Gewicht: 3'630 g
Kaliber: 7,62 mm
Kapazität: 35/71
V_0: 489 m/s

Nach der Neuorganisation der Streitkräfte nach den Niederlagen des Juli 1941 brauchten die Sowjets dringend Unmengen von Waffen. Um diesen Bedarf zu decken, konstruierte Georgi Shpagin auf der Basis der PPD eine vereinfachte MPi, die sich leichter herstellen ließ. Die so entstandene PPSh 41 bestand hauptsächlich aus Blechprägeteilen, die Holzschäftung wurde beibehalten. Der Lauf war von einem mit Längslöchern versehenen Kühlmantel umgeben und endete in einem einfachen Kompensator, mit dem das Klettern der Mündung vermieden werden sollte. Zwar kann die Waffe mit einem Kastenmagazin für 35 Patronen versehen werden, aber die weitaus meisten dieser MPi hatten das von der PPD übernommene Trommelmagazin mit 71 Schuß. Die abgebildete Waffe ist eine frühe Ausführung, die einen Feuerartenwahlhebel vor dem Abzug und ein aufwendig gefertigtes Visier hat. Die späteren Versionen konnten nur Dauerfeuer schießen, und das Visier war nur eine einfache Lochplatte.

MASCHINENPISTOLEN

TZ45 3
Italien
Länge: 851 mm
Gewicht: 3'260 g
Kaliber: 9 mm Para
Kapazität: 20/40
V_0: 365 m/s

Diese italienische Konstruktion entstand im Zweiten Weltkrieg, sie ging 1945 in Serie. Hauptsächlich verwendet wurde sie aber erst nach dem Krieg, bei Säuberungsaktionen von Sicherungskräften. Die Waffe war grob gefertigt. Hinter dem Magazinschacht befand sich eine Griffsicherung, die eingedrückt werden mußte, um die Schußbereitschaft herzustellen.

Owen 4
Australien
Länge: 813 mm
Gewicht: 4'240 g
Kaliber: 9 mm Para
Kapazität: 32
V_0: 420 m/s

Nach dem Ausbruch des Zweiten Weltkrieges wurde in Australien eine Abart der Sten gefertigt, die als Austen bekannt wurde. Bei der australischen Armee war man von der Sten nicht besonders angetan, man zog eine von Evelyn Owen in den späten 30er Jahren ursprünglich für das Kaliber .22 entwickelte Konstruktion vor. Die Waffe wurde auf das Kaliber 9 mm Para umgestellt und erhielt die Bezeichnung Owen-Maschinenkarabiner. Sie war schwer und robust und arbeitete als Rückstoßlader mit unverriegeltem Masseverschluß. Das Verschlußgehäuse war ein einfaches Rohr, die MP hatte einen Klappschaft aus Metall und zwei Pistolengriffe. Das Kastenmagazin für 32 Patronen wurde von oben in die Waffe eingesteckt, dadurch gab es im Gegensatz zu anderen Maschinenpistolen überhaupt keine Zuführungsprobleme. Der Spanngriff wirkte nicht direkt auf den in einer separaten Kammer geführten Verschluß, sondern nur indirekt über einen besonderen Hebel. Dadurch war der Verschluß sehr gut vor Verschmutzung geschützt.

Typ 50 5
China (VR)
Länge: 858 mm
Gewicht: 3'630 g
Kaliber: 7,62 mm
Kapazität: 35
V_0: 472 m/s

Ende der 40er Jahre war die Sowjetunion für die Volksrepublik China der Hauptlieferant für Infanteriewaffen. Die hier gezeigte MPi Typ 50 ist eine Kopie der russischen PPSh 41, obwohl sie eine leichtere Schäftung hat und ein Bananenmagazin für 35 Patronen verwendet wird. Viele dieser Waffen wurden von den chinesischen Truppen im Koreakrieg verwendet.

191

MILITÄRISCHE HANDWAFFEN

Typ 54/PPS 43 1
Sowjetunion
Länge: 819 mm
Gewicht: 3'360 g
Kaliber: 7,62 mm
Kapazität: 35
V_0: 489 m/s

Während der Belagerung von Leningrad in den Jahren 1941/42 mußten die russischen Verteidiger auf alle irgendwie in der Stadt verfügbaren Möglichkeiten für die Schaffung von Waffen zurückgreifen. Ein Resultat dieser Bemühungen war der Entwurf dieser einfachen, dennoch wirksamen Waffe, die als Rückstoßlader mit unverriegeltem Masseverschluß arbeitete. Sie trug ursprünglich die Bezeichnung PPS 42. Sie konnte in jeder einigermaßen ordentlich ausgestatteten Werkstatt hergestellt werden. Sie bestand aus einfachen Metallprägeteilen, die punktgeschweißt und zusammengenietet wurden. Sie hatte einen Klappschaft und konnte nur Dauerfeuer schießen, die Munition wurde aus einem 35schüssigen Kastenmagazin zugeführt. Eine später eingeführte, verbesserte Version war die PPS 43, von der über eine Million Stück während des ganzen Zweiten Weltkrieges bei der Sowjetarmee eingesetzt wurden. Die hier gezeigte Waffe ist ein chinesischer Nachbau, der nach dem Krieg unter der Bezeichnung Typ 54 entstanden ist.

BSA Modell 1949 2
Großbritannien
Länge: 697 mm
Gewicht: 2'900 g
Kaliber: 9 mm Para
Kapazität: 32
V_0: 365 m/s

Nach 1945 suchten die Briten nach einem Ersatz für die Sten. Diese Waffe, eine gefällige Konstruktion, die als Rückstoßlader mit unverriegeltem Masseverschluß arbeitete, war in der engeren Auswahl, wurde dann aber doch nicht angenommen. Das Magazin für 35 Patronen wird seitlich eingesteckt. Zum Spannen der Waffe muß der Pistolengriff gedreht und dann vor- und zurückgeführt werden.

MCEM 2 3
Großbritannien
Länge: 598 mm
Gewicht: 2'720 g
Kaliber: 9 mm Para
Kapazität: 18
V_0: 365 m/s

Ein weiterer erfolgloser Versuch, die Sten abzulösen. Die Waffe hatte einen röhrenförmigen Verschluß mit einem hinten angebrachten festen Schlagbolzen. In seiner vorderen Stellung umschloß der Verschluß aufgrund seiner Röhrenform Lauf und Patronenlager. Die Verwendung dieses frühen Teleskopverschlusses erbrachte eine sehr kurze Waffe, aber leider war die Kadenz außerordentlich hoch.

192

MASCHINENPISTOLEN

L2 A3 Sterling 4
Großbritannien
Länge: 690 mm
Gewicht: 2'720 g
Kaliber: 9 mm Para
Kapazität: 32
V_0: 365 m/s

Einige Prototypen der ursprünglich als Patchett bezeichneten Waffe kamen gegen Ende des Zweiten Weltkrieges noch zum Einsatz. Im Jahre 1953 löste sie dann als Nachfolgewaffe die Sten ab. Die weiterentwickelte Ausführung dieser MPi trägt die Bezeichnung L2 A3. Sie ist eine robuste, zuverlässige und gut verarbeitete Waffe. Sie ist eine zuschießende MPi mit unverriegeltem Masseverschluß, hat einen Klappschaft und einen Pistolengriff aus Kunststoff, darüber ist der Sicherungshebel angebracht. Der Verschluß ist mit Einfräsungen versehen, in denen sich Pulverrückstände ablagern können. Dadurch ist die Sterling auch unter ungünstigen Verhältnissen eine zuverlässige Waffe. Im gebogenen Magazin sind die Patronen in zwei Reihen gelagert. Aufgrund seiner robusten Bauweise konnten mit diesem Magazin viele der bei der Sten noch vorkommenden, vom Magazin verursachten Funktionsstörungen eliminiert werden. Die Sterling wird in über 90 Ländern verwendet und in Indien, Kanada und einigen anderen Ländern in Lizenz gefertigt.

Madsen M50 5
Dänemark
Länge: 794 mm
Gewicht: 3'150 g
Kaliber: 9 mm Para
Kapazität: 32
V_0: 381 m/s

Die erste in Dänemark selbst produzierte MP war das Modell 45 von Madsen, die aber kompliziert und teuer war und sich schwer verkaufen ließ. Madsen fertigte danach das Modell 46, diesmal eine einfache Konstruktion mit unverriegeltem Masseverschluß, bei deren Herstellung moderne Fertigungstechniken angewendet wurden. Nach weiteren Änderungen entstand daraus das hier gezeigte Modell 50 und später das Modell 53. Alle diese Waffen haben ein zweiteiliges Gehäuse, das an einem hinten angebrachten Scharnier zur Reinigung und Wartung auseinandergeklappt werden kann. Die seitlich anklappbare Schulterstütze ist aus Metall, außerdem hat die Waffe direkt hinter dem Magazinschacht eine Griffsicherung. Die Madsen-MPi wurde nur verhältnismäßig wenig verkauft, obwohl die Briten die M 50 zeitweilig als möglichen Nachfolger der Sten betrachteten. Die hier gezeigte Madsen gehörte zu den damals erprobten Waffen, sie hat deswegen das britische gebogene Magazin und nicht das übliche gerade Stangenmagazin.

MILITÄRISCHE HANDWAFFEN

Carl Gustav M45 1
Schweden
Länge: 808 mm
Gewicht: 3'450 g
Kaliber: 9 mm Para
Kapazität: 36/50
V_0: 369 m/s

Durch die Ereignisse des Zweiten Weltkrieges angespornt, machten sich die Schweden an die Entwicklung einer einfachen Maschinenpistole, die sich gut für die Massenproduktion eignete. Die Waffenfabrik Carl Gustav bekam schließlich für ihren Entwurf Modell 45 den Zuschlag. Diese Waffe mit einem unverriegelten Masseverschluß ähnelt in vieler Hinsicht der Sten. Das Verschlußgehäuse ist ein einfaches Rohr, in dem sich Verschluß und Schließfeder befinden, die seitlich abklappbare Schulterstütze ist hinten am Gehäuse und unten am Pistolengriff gelagert. Mit dem Modell 45 konnte nur Dauerfeuer geschossen werden, ein geübter Schütze konnte allerdings durch kontrolliertes Betätigen des Abzuges auch Einzelfeuer damit schießen. Ursprünglich hatte die Waffe das 50-Schuß-Magazin der Suomi-MPi, bald darauf wurde aber ein neues Magazin für 36 Patronen eingeführt. Es war eine zuverlässige und erfolgreiche Konstruktion, die auch in Ägypten und Indonesien gefertigt wurde.

MAT 49 2
Frankreich
Länge: 720 mm
Gewicht: 3'500 g
Kaliber: 9 mm Para
Kapazität: 20/32
V_0: 390 m/s

Die erste erfolgreiche französische Maschinenpistolenkonstruktion war die MAS 38, die bereits vor dem Krieg entstand. Sie wurde 1939 von der hier gezeigten Waffe abgelöst. Es war eine einfache Konstruktion mit unverriegeltem Masseverschluß. Das eckige Aussehen der Waffe weist darauf hin, daß viele Stanzteile verwendet wurden und daß viele Teile verschweißt sind. Die Waffe hat einige ungewöhnliche Merkmale, so zum Beispiel die Griffsicherung an der Rückseite des Pistolengriffes. Die Waffe schießt nur bei eingedrücktem Griff. Der Magazinschacht ist gleichzeitig als Haltegriff ausgebildet, er kann nach vorn unter den Lauf geklappt werden. Dadurch wird das Waffenreinigen vereinfacht, es ist außerdem eine gute und wirksame Sicherheitsvorrichtung. Die MAT 49 wurde von den Franzosen in allen Nachkriegskonflikten verwendet, in Vietnam wurde sie von den kommunistischen Rebellen in großer Zahl erbeutet.

MASCHINENPISTOLEN

Rexim-Favor 3
Schweiz
Länge: 813 mm
Gewicht: 3'180 g
Kaliber: 9 mm Para
Kapazität: 20
V_0: 396 m/s

Diese ursprünglich in der Schweiz entstandene Konstruktion wurde in Spanien gefertigt. Für eine Maschinenpistole ist sie ziemlich kompliziert aufgebaut. Es ist eine aufschießende Waffe mit separatem Hahn und Schlagbolzen, der Verschluß ist allerdings nicht verriegelt. Sie war teuer und viel zu kompliziert und wurde nur bei den türkischen Streitkräften in geringer Zahl verwendet.

Uzi 4
Israel
Länge: 640 mm
Gewicht: 3'500 g
Kaliber: 9 mm Para
Kapazität: 25/32/40
V_0: 390 m/s

Diese von Major Uziel Gal konstruierte Maschinenpistole mit zuschießendem, unverriegeltem Masseverschluß war Anfang der 50er Jahre eines der ersten Produkte der seitdem sehr florierenden israelischen Waffenindustrie. Es war die erste Konstruktion, bei der das Konzept des Teleskopverschlusses erfolgreich angewandt wurde. Dabei schiebt sich ein Teil des Verschlusses im Moment der Schußabgabe über den Lauf. Dadurch kann bei insgesamt kurzer Waffe ein relativ langer Lauf verwendet werden. Seitdem ist dieses Konstruktionsmerkmal in viele andere Entwürfe eingeflossen. Das Magazin wird durch den Pistolengriff eingeführt. Dadurch ist die Waffe so gut ausbalanciert, daß man sogar einhändig gut damit schießen kann. Die Uzi ist kompakt, zuverlässig und wirkungsvoll, sie ist in viele Länder der Welt verkauft worden. Allerdings haben die meisten Waffen einen Klappschaft aus Metall und nicht den hier abgebildeten Holzkolben. Es gibt auch verkürzte Varianten, die als Mini- und Micro-Uzi angeboten werden.

F1 5
Australien
Länge: 715 mm
Gewicht: 3'260 g
Kaliber: 9 mm Para
Kapazität: 34
V_0: 365 m/s

Die F1 wurde Anfang der 60er Jahre eingeführt, um die Owen (s. Seite 191) abzulösen. Auch bei dieser Konstruktion wurde die Magazinzuführung von oben beibehalten. Die Waffe hat einen fest angebrachten Kolben, der in der Verlängerung der Laufseele angebracht ist. Dadurch ist die Visierlinie etwas hoch geraten, aber die Waffe schießt sehr genau. Sie ist zuverlässig und gut verarbeitet.

MILITÄRISCHE HANDWAFFEN

VZ61 Skorpion   1
Tschechoslowakei
Länge: 520 mm
Gewicht: 1'310 g
Kaliber: 7,65 mm
Kapazität: 10/20
V_0: 294 m/s

Ursprünglich wurde diese handliche kleine MP mit zuschießendem Masseverschluß als Verteidigungswaffe für Fahrzeugbesatzungen entwickelt. Mit eingeklappter Schulterstütze ist sie nur 270 mm lang. Die Waffe erfreut sich bei Polizeien und Sicherheitskräften großer Beliebtheit, leider auch bei Terroristen. Einziger Nachteil ist die fehlende Aufhaltekraft der von ihr verschossenen Munition.

Ingram MAC 10   2
USA
Länge: 548 mm
Gewicht: 2'840 g
Kaliber: .45 ACP
Kapazität: 30
V_0: 275 m/s

Diese recht einfach aufgebaute Waffe erschien im Jahre 1970. Sie hat eine einschiebbare Schulterstütze und einen Teleskopverschluß, durch beide Bauteile wird die Gesamtlänge der Waffe niedrig gehalten, sie ist nur 279 mm lang. Sie wurde nie in größeren Stückzahlen verkauft, obwohl einige Spezialeinheiten Interesse an ihr zeigten. Das hier abgebildete Modell hat einen Schalldämpfer.

Heckler & Koch MP 5   3
Deutschland
Länge: 680 mm
Gewicht: 2'880 g
Kaliber: 9 mm Para
Kapazität: 15/30
V_0: 400 m/s

Die moderne MP 5 von Heckler & Koch ist eine ungewöhnliche Maschinenpistole, denn es ist eine aufschießende Waffe. Für den Verschluß wurde die Konstruktion vom G 3 (siehe Seite 169) mit verzögertem Rollenverschluß übernommen.
Die Waffe ist überaus zuverlässig und schießt äußerst präzise, allerdings ist sie teuer und relativ pflegebedürftig. Trotzdem konnte sie mit großem Erfolg weltweit an Polizeien, Sicherheitskräfte und Spezialeinheiten verkauft werden, wobei die MPi in einer Unzahl von Varianten lieferbar ist. So gibt es Ausführungen mit Klappschaft, festem Kunststoffkolben, Feuerstoßbegrenzer auf drei Schuß, und es gibt außerdem ein extrem kompaktes Kurzmodell für die verdeckte Tragweise. Die hier abgebildete Waffe ist vom Typ MP5A5 mit einschiebbarer Schulterstütze, 3-Schuß-Automatik und 15-Schuß-Magazin.

MASCHINENPISTOLEN

Heckler & Koch MP 5 SD 4
Deutschland
Länge: 780 mm
Gewicht: 3'400 g
Kaliber: 9 mm Para
Kapazität: 15/30
V_0: 285 m/s

Da die MP 5 in ihren diversen Ausführen bei Spezialeinheiten überaus beliebt ist, ließ auch eine Schalldämpferversion dieser MPi nicht lange auf sich warten. Im Lauf sind eine Unzahl von Bohrungen angebracht, durch die Gase in den Schalldämpfer entweichen können. Danach werden sie in einen Sammelbehälter geleitet und können dann mit reduzierter Energie durch die Mündung entweichen. Wenn das Geschoß die Mündung verläßt, fliegt es bereits im Unterschallbereich, die einzigen Geräusche, die man dann noch an der Waffe hören kann, sind das Schlagbolzengeräusch und der zurücklaufende Verschluß. Da die MPi 5 eine zuschießende Waffe ist, hat sie bis zu Entfernungen von ca. 200 Metern eine überragende Schußpräzision; sie ist für die Montage von Zielfernrohren, Sondervisierungen und Laserzielhilfen geeignet. Der abgebildete Typ MP 5 SD3 hat eine einschiebbare Schulterstütze; es gibt auch Varianten mit fester Schulterstütze oder ohne Kolben, außerdem ist für alle Modelle eine 3-Schuß-Automatik lieferbar.

Spectre 5
Italien
Länge: 580 mm
Gewicht: 2'900 g
Kaliber: 9 mm Para
Kapazität: 30/50
V_0: 400 m/s

Die Spectre wurde 1984 in Italien entwickelt, es ist ein aufschießender Rückstoßlader mit unverriegeltem Masseverschluß. Das Schloß hat eine Entspannvorrichtung, mit der bei fertiggeladener Waffe der Schlagbolzen wieder entspannt werden kann, somit kann die MPi völlig sicher geführt werden. Bei entspannter Waffe kann man durch Betätigen des Double-Action-Abzuges sofort feuern und ist somit gegen jede Überraschung gewappnet. Eine weitere Sicherung ist an der Waffe nicht vorhanden. Die Spectre wird zwar auch mit einem Klappschaft geliefert, besser läßt sie sich aber mit einem zusätzlichen Handgriff am Vorderschaft handhaben. Das 50-Schuß-Magazin der Spectre ist gut durchdacht. Die Patronen werden darin in vier Reihen gelagert, dadurch ist das Magazin nicht länger als ein herkömmliches 30-Schuß-Magazin. In dieser kompakten Waffenkonstruktion sind große Feuerkraft, Sicherheit und ständige Schußbereitschaft vereint. Sie ist bei Sicherheitskräften und im Polizeidienst sehr beliebt.

197

MILITÄRISCHE HANDWAFFEN

MASCHINENGEWEHRE

Im Jahre 1884 erschien mit dem Maxim das erste Maschinengewehr diese Konstruktion hielt sich souverän bis ungefähr zum Jahre 1910, selbst noch zu einer Zeit, als es schon eine ganze Reihe von anderen Konstruktionen gab. Die Armeeführungen der damaligen Zeit waren sich über die für den Maschinengewehreinsatz nötige Taktik gar nicht richtig im klaren, man nahm an, daß die Waffe eigentlich mehr für den Einsatz gegen Horden von schreienden Wilden geeignet war, an seiner Verwendungsfähigkeit auf dem europäischen Schlachtfeld hatte man Zweifel. Außerdem waren die wassergekühlten Maxim mit Gurtzuführung auf ihrem Dreibein ziemlich unhandliche Monstren. Trotzdem waren in den frühen 90er Jahren des letzten Jahrhunderts zwei MG pro Infanteriebataillon schon fast überall allgemeiner Standard bei der Ausrüstung.

Aufschwung erhielt das Maschinengewehr durch den russisch-japanischen Krieg im Jahre 1904, wo die Waffe von beiden Seiten mit gutem Erfolg eingesetzt wurde. Die Russen führten das Maxim, während die Japaner leichte Madsen und das schwerere Hotchkiss verwendeten. Während es zwischen Hotchkiss und Maxim eigentlich recht wenige Unterschiede gab, war das Madsen eine viel leichtere Waffe.

Weitsichtige Konstrukteure wurden auf den Erfolg des Madsen aufmerksam. So begann Samuel MacLean in den USA mit der Entwicklung eines leichten Maschinengewehres, das von einem Soldaten getragen werden konnte, Munition aus einem Trommelmagazin verschoß und das in der Liegendstellung mit Hilfe eines Zweibeines fast wie ein Gewehr angeschlagen werden konnte. Da er auch noch mit anderen Arbeiten beschäftigt war, verkaufte er den Entwurf an eine Firma weiter, die den Oberst Isaac Lewis mit der Weiterentwicklung der Waffe beauftragte. Das Endergebnis war das leichte Lewis-Maschinengewehr. Die amerikanische Armee hatte aber an der Waffe kein Interesse, darum ging Lewis mit seinem Entwurf nach Belgien, um die Waffe dort bauen zu lassen.

Durch den Einsatz im Ersten Weltkrieg wurde das Maschinengewehr dann weltweit bekannt. Im Schützengrabenkrieg mit seinen fast unüberwindlichen Stacheldrahtverhauen erstickte es jeden Versuch eines Angriffes schon im Keim und sorgte auf beiden Seiten für furchtbare Verluste. Speziell im Abwehrkampf erwies sich das mittlere MG als die ideale Waffe. Es konnte in einer gut geschützten Stellung aufgebaut werden, dort konnten große Munitionsvorräte bereitgehalten werden, und die wassergekühlte Waffe konnte stundenlang schießen. Nachdem die Kriegführung aber ab 1918 zusehends mobiler wurde, verloren diese Waffen viel von ihrer Bedeutung. Jetzt wurde ein leichtes Maschinengewehr benötigt, das der Infanterist beim Vorrücken mitnehmen konnte. Diesmal verging aber nicht viel Zeit, sondern der neu benötigte Waffentyp wurde sehr schnell geschaffen und bei den verschiedenen Armeen eingeführt. Die britische und die französische Armee erhielten das Hotchkiss

Unten: Der amerikanische Oberleutnant John Browning bedient ein Maschinengewehr Modell 1917, das sein Vater konstruiert hatte. Diese wassergekühlte Waffe mit Gurtzuführung wurde in beiden Weltkriegen eingesetzt.

Rechts: Das BAR wurde bei der amerikanischen Armee erstmals 1917 eingesetzt, Anfang der 50er Jahre stand es immer noch im Dienst. Die Waffe war zwar robust und zuverlässig, hatte aber mit 20 Schuß nur eine sehr begrenzte Magazinkapazität.

MASCHINENGEWEHRE

und das Lewis, während die Deutschen leichte Ausführungen des Parabellum, Dreyse und Bergmann einführten.

Diese leichteren Waffen unterschieden sich natürlich voneinander, aber eines hatten sie alle gemeinsam. Sie konnten von einem Mann getragen werden und wurden mit einem Zweibein in Stellung gebracht. Beim Hotchkiss und Lewis wurden Magazine verwendet, das Lewis hatte ein Tellermagazin für 47 Patronen, während für das Hotchkiss Ladestreifen mit 24 Patronen verwendet wurden, von denen aber mehrere aneinandergekoppelt werden konnten. Die Deutschen behielten den Gurt vom Maxim, obwohl dieser Gurt speziell bei schlammigem Untergrund unangenehm zu handhaben war. Die Soldaten kannten ihn aber und waren mit seiner Handhabung vertraut.

Nach gründlicher Auswertung aller im Krieg gewonnenen Erfahrungen kam man zu der Erkenntnis, daß dem leichten Maschinengewehr die Zukunft gehören würde. Man ging davon aus, daß der Stellungskrieg von 1915–1917 ein taktischer Irrweg gewesen war und daß die Konflikte der Zukunft sehr viel mobiler ausgetragen würden.

Die Franzosen, die mit den schlechtesten Maschinengewehren aller kriegführenden Mächte geschlagen waren, machten sich Anfang der 20er Jahre daran, diesen Zustand zu ändern. Gegen Ende des Jahrzehnts führten sie das Chatellerault ein, ein Gasdrucklader mit Magazin und Zweibein, der eine neuentwickelte 7,5-mm-Patrone mit verbesserter Leistung verschoß.

Die Briten konnten sich lange Zeit nicht zwischen dem Lewis und dem Vickers-Berthier entscheiden, wobei letzteres eine anglo-französische Entwicklung war. Gegen Ende der Vergleichstests wurden die Briten auf das tschechoslowakische ZB 26 aufmerksam. Auch diese Waffe war ein Gasdrucklader und hatte ein Zweibein, vor allem aber ließ sich der Lauf schnell wechseln. Ursprünglich war die Waffe für die Patrone 8 x 57 mm eingerichtet, sie wurde aber auf das Kaliber .303 British umgestellt. Nachdem man die Rechte an diesem MG erworben hatte, wurde es als Bren in Dienst gestellt und hat sich seitdem als wahrscheinlich bestes leichtes MG der Welt überaus bewährt.

In Deutschland sah man die ganze Angelegenheit von einem völlig anderen Standpunkt. Statt zwei verschiedene Waffen einzuführen, nämlich ein mittleres und ein leichtes Maschinengewehr, wählte man eine einzige Konstruktion, die dem Einsatzzweck entsprechend verwendet werden konnte. Das MG 34 war ein luftgekühlter Rückstoßlader mit Gurtzuführung, der mit einem Laufschnellwechselsystem ausgestattet war und dadurch sehr lange Schußfolgen erzielen konnte. Auf einem Dreibein montiert konnte die Waffe als mittleres MG verwendet werden, mit dem Zweibein dagegen konnte sie als leichtes MG in einer sehr mobilen Rolle eingesetzt werden. Das Konzept des Mehrzweckmaschinengewehres war geboren.

Die Wehrmacht war im Zweiten Weltkrieg mit dem MG 34 und später dem MG 42 ausgerüstet, die Briten hatten das Bren und das Vickers, während die Amerikaner das M 1919 von Browning und das BAR führten. Die Russen behielten das Maxim 1910 und verwendeten zusätzlich noch das Degtjarjow als leichtes Maschinengewehr.

Nach dem Kriege übernahmen viele Armeen das Konzept des Mehrzweckmaschinengewehres. Bis in die 80er Jahre hatte man aber auf diesem Gebiet schon wieder etwas umgedacht und kehrte zunehmend zum leichten MG zurück. Zur Zeit geht der Trend zu kleineren Kalibern. Für die Gewehre wird derzeit bei fast allen NATO-Staaten das Kaliber 5,56 mm (.223) verwendet, da wäre es natürlich sinnvoll, wenn auch das leichte MG die gleiche Patrone verschießen würde. Allerdings wird durch diese Munition die wirksame Reichweite des MG auf die Gewehrschußweite verringert, und Maschinengewehre sind schon immer für größere Entfernungen eingesetzt worden. Als Ergebnis dieser Überlegungen wird wohl in Zukunft das Kaliber 5,56 mm bei den leichten MG im Gruppen- und Zugrahmen verwendet werden, während die Unterstützungswaffen auf Kompanieebene weiterhin die Patrone 7,62 x 51 mm verschießen werden.

Schwere Maschinengewehre im Kaliber 12,7 mm (.50) werden allgemein als Flugabwehrwaffen verwendet oder dienen zur Bewaffnung von Fahrzeugen. Zur Ausrüstung der Infanterie sind sie zu schwer. Auf diesem Gebiet gibt es eigentlich nur zwei Konstruktionen, die eine Rolle spielen, das Browning M 2 aus Amerika und das DShK aus der früheren Sowjetunion. Mitte der 80er Jahre konstruierte man bei FN ein hervorragendes schweres MG im Kaliber 15,5 mm (.61), das aber gerade erschien, als der kalte Krieg zu Ende ging und überall auf der Welt die Verteidigungsetats zusammengestrichen wurden. Das Projekt wurde 1992 auf unbestimmte Zeit zurückgestellt.

Unten: Das französische leichte Maschinengewehr AAT-52 ist ein Rückstoßlader mit halbstarrem Hebelverschluß mit verzögertem Rücklauf. Die Waffe verschießt gegurtete Munition.

Rechts: Das Sturmgewehr Ultimax aus Singapur verschießt die Patrone 5,56 mm (.223) aus einem 100schüssigen Trommelmagazin.

MILITÄRISCHE HANDWAFFEN

Colt-Browning M 1895
USA
Länge: 1'035 mm
Gewicht: 15'870 g
Kaliber: .30 (7,62 mm)
Kapazität: Gurtzuführung
V_0: 855 m/s

Ungefähr zur gleichen Zeit, zu der es Maxim gelang, den Waffenrückstoß für den Nachladevorgang zu nutzen, führte auch John Browning Versuche auf diesem Gebiet durch. Zuerst experimentierte er mit an der Mündung aufgefangenen Schußgasen. Im Jahre 1890 hatte er dann den Prototypen eines luftgekühlten Maschinengewehres hergestellt, das schließlich von Colt in Serie gebaut und von der US-Marine eingeführt wurde. Die Waffe trug die Bezeichnung Modell 1895 und funktionierte nach einem etwas ungewöhnlichen Prinzip. Kurz vor der Mündung war der Lauf angezapft, senkrecht unter dieser Bohrung befand sich ein Kolben auf einer langen, mit dem Verschluß verbundenen Achse. Der Kolben wurde von den Schußgasen niedergedrückt, und diese Bewegung wurde übertragen und für den Ladevorgang genutzt. Das MG hatte übrigens deswegen den Spitznamen «Kartoffelernter». Die Munition wurde aus einem Segeltuchgurt zugeführt, und die Waffe war normalerweise auf einem 27,8 kg schweren Dreibein montiert. Das Colt war einigermaßen zuverlässig, allerdings war es durch den auf- und abschwingenden Kolben sehr schlecht im Ziel zu halten. Da die Waffe luftgekühlt war, konnte sie keine längeren Schußfolgen schießen. Sie wurde in beschränktem Maße in Kuba und China eingesetzt, war aber schon vor dem Ersten Weltkrieg veraltet. Daher mußten die Amerikaner mit automatischen Waffen in den Krieg ziehen, die von ihren Verbündeten konstruiert und gebaut worden waren.

1

MASCHINENGEWEHRE

Maxim Modell 1884 2
USA
Länge: 1'169 mm
Gewicht: 27'220 g
Kaliber: .45 (11,4 mm)
Kapazität: Gurtzuführung
V_0: 488 m/s

Der amerikanische Konstrukteur Hiram Maxim entwickelte die erste erfolgreiche automatische Selbstladewaffe der Welt – das Maschinengewehr. Diese Waffe sollte die Landkriegführung gründlich ändern. Da er meinte, daß in Großbritannien für seine Entwicklung bessere Marktchancen bestanden, siedelte Maxim um und begann mit der MG-Produktion in kleinem Rahmen.

Das erste Maxim, das überhaupt zum Einsatz kam, war eine von einem Offizier privat erworbene Waffe des Modells 1884. Offiziell in den britischen Militärdienst übernommen wurde das MG erst 1889. Die Waffe verschoß eine mit Schwarzpulver geladene Patrone im Kaliber .45 (11,4 mm) aus einem Segeltuchgurt. Nach dem Schuß liefen Lauf und Verschluß einen kurzen Weg zusammen zurück, dann wurde der Verschluß von einem Entriegelungsstück entriegelt, beim weiteren Rücklauf spannte er die Schließfeder, führte den Entladevorgang aus und holte gleichzeitig eine neue Patrone aus dem Gurt. Dann wurde der Verschluß durch die Schließfeder wieder vorgedrückt, wobei er die neue Patrone in den Lauf einführte und schließlich wieder verriegelte. Diese Vorgänge wurden so lange durchgeführt, wie der Abzug gedrückt blieb oder bis schließlich die Munition ausging. Die meisten britischen Maxim wurden bei Vickers gebaut, sie waren entweder auf dem hier abgebildeten Dreibein (6,8 kg Gewicht) oder einer Lafette mit großen Rädern montiert.
Das Maxim-Konzept wurde innerhalb weniger Jahre in vielen Ländern kopiert.

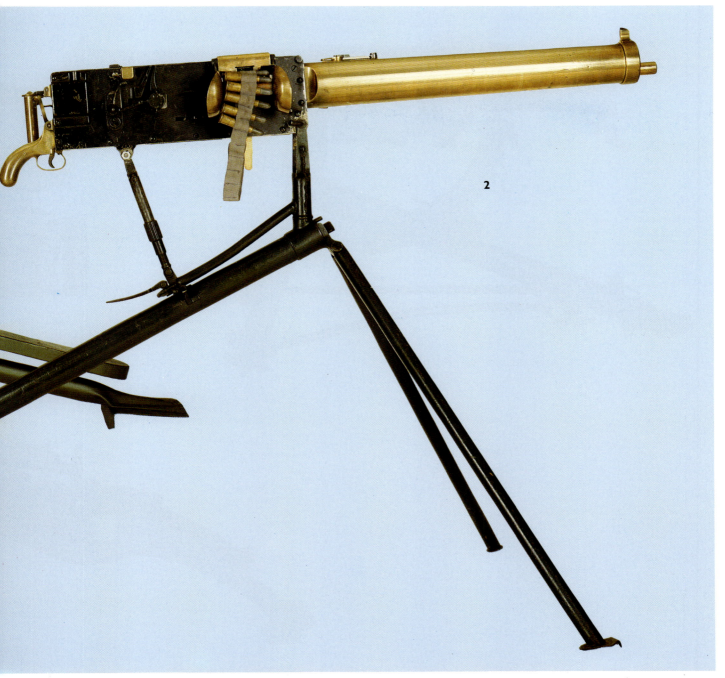

2

MILITÄRISCHE HANDWAFFEN

Schwarzlose MG 05   1
Österreich
Länge: 1'067 mm
Gewicht: 20'000 g
Kaliber: 8 mm
Kapazität: Gurtzuführung
V_0: 610 m/s

Diese im Jahre 1905 von Andreas Schwarzlose in Österreich konstruierte Waffe war das einzige in nennenswerter Anzahl eingesetzte mittlere Maschinengewehr, das einen unverriegelten Masseverschluß hatte. Statt des Rücklaufes des Laufes wie zum Beispiel beim Maxim nutzte Schwarzlose die direkt auf den Verschluß einwirkende Rückstoßenergie der Patrone für den Nachladevorgang. Dieses sehr einfache Funktionsprinzip erforderte nur wenige bewegliche Teile, eine Überlegung, die natürlich bei einer Dienstwaffe eine große Rolle spielte. Da die Waffe eine starke Patrone verschoß, mußte der Verschluß des MG 05 sehr schwer sein, damit er sich beim Schuß nicht vorzeitig bei noch hohem Gasdruck öffnete, was gefährlich gewesen wäre. Zusätzlich hielten noch eine starke Schließfeder und ein mechanisches Hebelsystem den Verschluß in seiner Position bzw. bremsten seinen Rücklauf. Der Lauf war mit 527 mm Länge gut 200 mm kürzer als der Maxim-Lauf, dadurch wurde der Gasdruck etwas reduziert, allerdings auf Kosten von Reichweite und Präzision. Um das Ausziehen der Hülsen zu erleichtern, war in der Waffe eine kleine Ölpumpe angebracht, die jede Patrone vor dem Einführen in das Patronenlager schmierte. Diese komplizierte Einrichtung fiel allerdings beim überarbeiteten Modell von 1912 weg. Genau wie das Maxim wurde das Schwarzlose normalerweise mit einem wassergefüllten Laufkühlmantel verwendet, die Waffe war üblicherweise auf einem 20 kg schweren Dreibein montiert. Es war ein wirksames Maschinengewehr, das von einer Reihe von Armeen im Ersten Weltkrieg verwendet wurde.

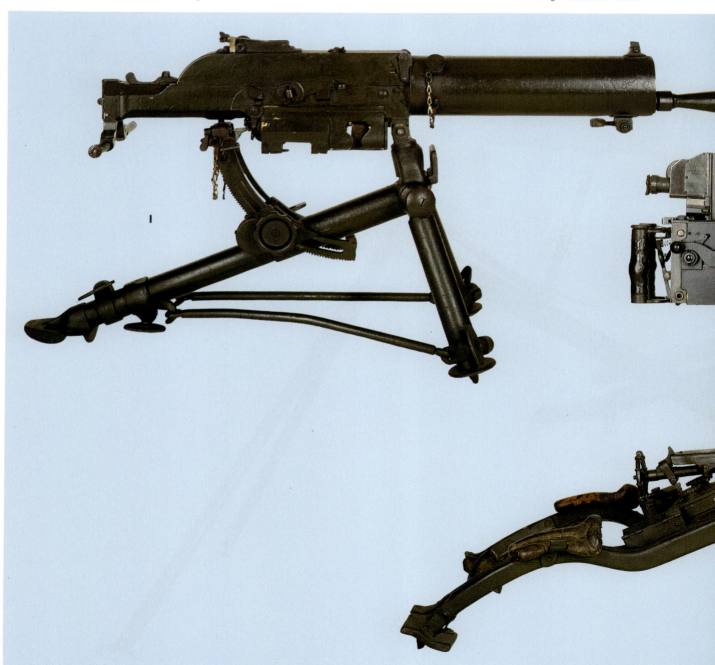

MASCHINENGEWEHRE

Maxim MG 08   2
Deutschland
Länge: 1'175 mm
Gewicht: 26'540 g
Kaliber: 8 x 57
Kapazität: Gurtzuführung
V_0: 892 m/s

Maxim führte erstmals im Jahre 1887 sein Maschinengewehr (siehe Seite 201) in Deutschland vor. Danach gab es beim deutschen Heer eine ganze Reihe von Erprobungen, bis die Waffe formell im Jahre 1901 eingeführt wurde. Nach einigen Dienstjahren wurde das MG leicht überarbeitet, in der neuen Form erhielt es die Bezeichnung MG 08. Diese Waffe bildete dann im Ersten Weltkrieg die Hauptbewaffnung der deutschen Maschinengewehrtruppen. Auch beim deutschen Heer, wie in fast allen anderen Ländern auch, war man lange Zeit sehr zurückhaltend mit der Entwicklung von Einsatztaktiken für diese neue Waffe. Erst die Berichte aus dem russisch-japanischen Krieg von 1904–05 überzeugten die Heeresleitung davon, daß man mit dem MG über eine äußerst wichtige Waffe für die moderne Kriegführung verfügte. So wurde jedem Infanterieregiment eine Batterie von sechs Maschinengewehren MG 08 zugeordnet, und schon 1914 befanden sich beinahe 13'000 dieser Waffen bei der Truppe. Das MG 08 hatte den originalen Maxim-Verschluß, der in einem großen Verschlußgehäuse aus Frästeilen arbeitete, die Waffe war unempfindlich und zuverlässig. Der Lauf war in einem Wasserkühlmantel gelagert, es konnte mit dem MG sehr lange Dauerfeuer geschossen werden, allerdings mußte dabei regelmäßig Wasser nachgefüllt werden. Zur Waffe gehörte auch ein Ersatzlauf, der in Gefechtspausen schnell ausgewechselt werden konnte. So sollte vermieden werden, daß ein überhitzter Lauf völlig ausgeschossen wurde. Alle Maxim-Maschinengewehre waren schwere Waffen, aber bei dieser deutschen Entwicklung kam zum normalen Waffengewicht noch die 32 kg schwere Lafette dazu, auf der die Waffe im Notfall bei Stellungswechsel wie auf einem Schlitten gezogen werden konnte.

MILITÄRISCHE HANDWAFFEN

Hotchkiss 1
Frankreich
Länge: 1'311 mm
Gewicht: 25'260 g
Kaliber: 8 mm Lebel
Kapazität: Ladestreifen
V_0: 709 m/s

Im Jahre 1893 verkaufte ein österreichischer Offizier namens Odkolek dem französischen Waffenkonzern Hotchkiss die Rechte an einer neuen Maschinenwaffe. Die Konstruktion war zwar insgesamt nicht brauchbar, aber der Chefingenieur der Firma, der Amerikaner Laurence Benét, hatte erkannt, daß das vorgeschlagene Gasdrucksystem entwicklungsfähig war. Nach ein paar Jahren Entwicklungsarbeit hatte man daraus eine gut funktionierende Waffe geschaffen. Sie hatte im Lauf eine Gasentnahmebohrung, durch die Schußgase in einen Zylinder auf einen Gaskolben geleitet wurden. Dieser wiederum lief zurück und wirkte auf den Verschluß und die Stützklappe, die den Verschluß verriegelte. Nach der Entriegelung konnte der Verschluß zurücklaufen und mit dem Nachladevorgang beginnen. Hotchkiss verwendete nicht den vom Maxim her bekannten Wasserkühlmantel, sondern richtete die Waffe für Luftkühlung ein. Dazu versah er den Lauf hinten mit einer Reihe von Kühlrippen aus Messing oder Stahl. Auch die Munitionszuführung war etwas ungewöhnlich, denn die Patronen wurden nicht auf den sonst üblichen Segeltuchgurt gegurtet, sondern sie kamen auf Ladestreifen, auf denen 24 oder 30 Patronen aufgesteckt waren. Die leergeschossenen Streifen fielen aus der Waffe heraus. Die hier abgebildete Waffe ist das später entstandene Modell 1914, das bei den französischen und amerikanischen Streitkräften im Ersten Weltkrieg verwendet wurde. Die Waffe war normalerweise auf einem 27,2 kg schweren Dreibein montiert, sie wurde mit jeweils drei hintereinander zusammengesteckten Ladestreifen geladen. Zwar waren Ladesystem und Laufüberhitzung immer Schwachstellen an diesem MG, aber ansonsten war sie eine ordentliche und zuverlässige Waffe, die ihre Benutzer nicht im Stich ließ.

MASCHINENGEWEHRE

St. Etienne Modell 1907   **2**
Frankreich
Länge: 1'181 mm
Gewicht: 25'740 g
Kaliber: 8 mm
Kapazität: Gurtzuführung
V_0: 700 m/s

Das St. Etienne war der gescheiterte Versuch der Franzosen, auf Grundlage des Hotchkiss eine Waffenentwicklung zu schaffen, bei der die Rechte an der Konstruktion beim Staat und nicht bei einer Privatfirma lagen. Nach ersten Versuchen entstand eine Waffe mit der Bezeichnung Puteaux M 1905. Es war eine überaus komplizierte und unzuverlässige Waffe, die nur zwei Jahre im Dienst blieb. Mit der Einführung des St. Etienne sollten eigentlich die Mängel des Vorgängertyps behoben werden, statt dessen kamen noch neue dazu. Es war wieder ein Gasdrucklader, aber in diesem Fall hatten die Konstrukteure den Gaskolben so konstruiert, daß er nach vorn lief. Dadurch wurde natürlich der Einbau eines Umlenksystems notwendig, mit dem die Kolbenkraft richtigerum auf den Verschluß gebracht werden konnte. Ein Teil des Mechanismus ist hier bei abgenommenem Gehäusedeckel gut zu sehen. Eine weitere Abweichung von der Norm war die Position der Schließfeder, sie lag unter dem Lauf. Ursprünglich wurde die Feder in einem geschlossenen Rohr geführt. Bei langanhaltendem Dauerfeuer erhitzte sich die Feder so stark, daß sie einen großen Teil ihrer Federkraft verlor. Darum wurde sie bei späteren Varianten der Waffe in einer offenen Führung angebracht. Jetzt war sie natürlich starker Verschmutzung durch äußere Einflüsse ausgesetzt, so zum Beispiel durch Matsch und Staub in den Schützengräben. Ausgerechnet der größte Schwachpunkt der Hotchkiss-Konstruktion wurde unverändert übernommen, nämlich die Munitionszuführung mit starren Ladestreifen. Das St. Etienne wurde in großer Zahl an die französische Armee ausgegeben, aber im Krieg in den Schützengräben zeigten sich die Mängel der Waffe überdeutlich. Es wurde dann sehr schnell durch das zuverlässigere Hotchkiss ersetzt.

MILITÄRISCHE HANDWAFFEN

Vickers .303in 1
Großbritannien
Länge: 1'092 mm
Gewicht: 14'970 g
Kaliber: .303 (7,7x56R)
Kapazität: Gurtzuführung
V_0: 744 m/s

Das Vickers von 1912 war eine verbesserte Version des Maxim (siehe Seite 201) mit geändertem Verschluß. Das Kniegelenk des Verschlusses schwenkte jetzt nach oben und nicht mehr nach unten. Dadurch konnte das Verschlußgehäuse flacher gehalten werden. Außerdem konnte durch die Verwendung von hochwertigen Werkstoffen eine Gewichtsreduzierung erzielt werden.

Der Lauf hatte einen wassergefüllten Kühlmantel, der entstehende Dampf wurde in dem abgebildeten Kanister gesammelt und kondensiert. Das Dreibein allein wog 22,7 kg. Wenn jetzt noch Wechsellauf, Sondervisier, Kühlwasser und Munition dazukamen, dann war das ganze so schwer, daß es kaum getragen werden konnte. Trotzdem war die Waffe robust und zuverlässig. Sie konnte überaus lange Dauerfeuer schießen. Sie diente bei der britischen Armee bis in die 60er Jahre und wurde auch bei vielen anderen Streitkräften verwendet. Es gab einige Varianten, zu denen auf Fahrzeugen montierte Waffen und Flugzeug-MGs gehörten.

Taisho 1914 2
Japan
Länge: 1'155 mm
Gewicht: 28'100 g
Kaliber: 6,5 x 50,5 mm
Kapazität: 30
V_0: 732 m/s

Nachdem die Japaner mit dem Hotchkiss-MG (siehe Seite 204) im russisch-japanischen Krieg 1904–05 gute Erfahrungen gemacht hatten, baute Nambu 1914 die Waffe im Kaliber 6,5 mm nach. Das Zuführungssystem mit den 30schüssigen Ladestreifen und die Ölpumpe wurden beibehalten, allerdings erhielt der Lauf mehr Kühlrippen. Das Dreibein wog 27,2 kg.

206

MASCHINENGEWEHRE

Browning M 1917 3
USA
Länge: 978 mm
Gewicht: 14'970 g
Kaliber: .30 (7,62 mm)
Kapazität: Gurtzuführung
V_0: 855 m/s

Nach seinen Experimenten mit Gasdruckladern und der Entwicklung des Colt M 1895 (siehe Seite 200) kam John Browning zu dem Entschluß, daß für ein mittleres Maschinengewehr das Funktionsprinzip des Rückstoßladers am besten geeignet sei. Für leichte Waffen war das Gasdrucksystem gut geeignet, bei langanhaltenden Feuerstößen dagegen, für die die damaligen mittleren Maschinengewehre vorgesehen waren, verschmutzte das Gaskolbensystem sehr stark und blockierte schließlich unter Umständen sogar. Das erste Patent für diese Waffe wurde Browning schon 1901 erteilt, aber erst 16 Jahre später verfügte die US Army über die für die Beschaffung eines neuen Maschinengewehres notwendigen Mittel. Beim Modell 1917 erfolgte die Munitionszuführung über einen Gurt, der große Ähnlichkeit mit dem Maxim-Gurt hat. Die Waffe war wassergekühlt mit einem Kühlmantel um den Lauf und war normalerweise auf einem 24 kg schweren Dreibein montiert. Sie arbeitete als Rückstoßlader, bei dem Lauf und Verschluß zusammen zurücklaufen. Nach der Entriegelung lief der Verschluß allein weiter zurück und komprimierte dabei die Schließfeder. Am Ende des Verschlußgehäuses befand sich ein Puffer, auf dessen Rückseite der Pistolengriff aufgesetzt war. Dieser Griff ist ein charakteristisches Merkmal aller mittleren Maschinengewehre von Browning. Die Waffe war einfacher aufgebaut als die Maxim und äußerst zuverlässig. Leider wurde sie zu spät übernommen und konnte daher nur noch in geringer Zahl im Ersten Weltkrieg eingesetzt werden. Die verbesserte Version M 1917 A1 wurde 1936 eingeführt, sie wurde an allen Fronten des Zweiten Weltkrieges extensiv eingesetzt. Es gab von dieser Waffe auch eine Variante ohne Wasserkühlmantel.

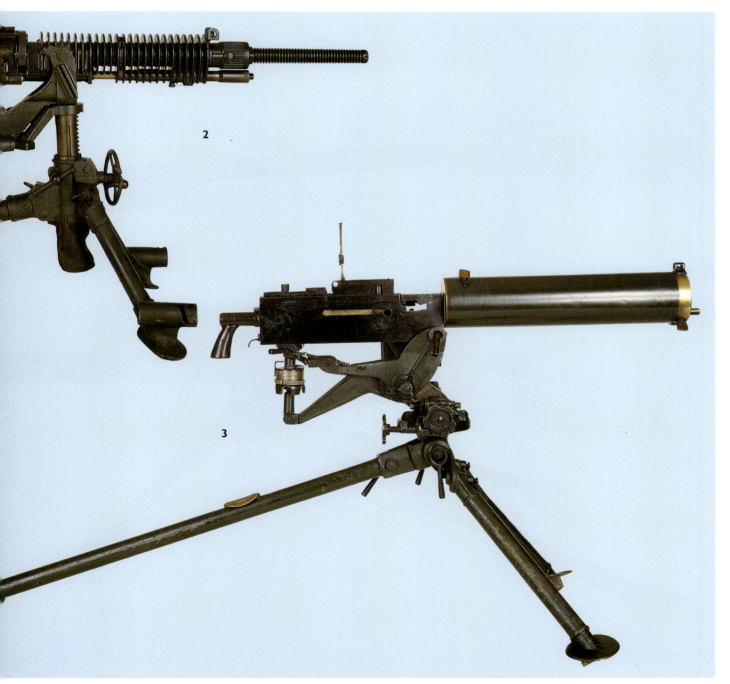

MILITÄRISCHE HANDWAFFEN

Browning M 1919   1
USA
Länge: 1'041 mm
Gewicht: 14'000 g
Kaliber: .30 (7,62 mm)
Kapazität: Gurtzuführung
V_0:   855 m/s

Das Browning M 1917 war zwar eine ganz ausgezeichnete Waffe, aber der voluminöse Wasserkühlmantel war beim Einsatz bei mobilen Truppen hinderlich und für den Einbau in Flugzeuge nur schlecht geeignet. Die Waffe wurde zur Version M 1919 weiterentwickelt, die aber nicht mehr rechtzeitig für einen Einsatz im Ersten Weltkrieg fertig wurde. Das Verschlußsystem des M 1919 wurde vom Vorgängertyp übernommen, allerdings waren die Teile überarbeitet worden, um Gewicht zu sparen. Hauptänderung war der schwere, luftgekühlte Lauf, der von einem gelochten Kühlmantel umgeben war. Die erste Ausführung der Waffe war als Panzerwaffe vorgesehen, mit dem dann folgenden Modell M 1919 A2 sollte die Kavallerie ausgerüstet werden. Das klassische Browning-MG aber war schließlich das M 1919 A4, das im ganzen Zweiten Weltkrieg von den Amerikanern auf allen Kriegsschauplätzen eingesetzt wurde. Es wurde starr in die Tragflächen von Jagdflugzeugen eingebaut, auf Panzern montiert, in Bombern in Drehtürmen installiert, auf Kriegsschiffen verwendet und zur Bewaffnung von fast allen möglichen Fahrzeugtypen verwendet. Die abgebildete Waffe war die Infanterieversion, die auf einem leichten Dreibein vom Typ M2 mit 6,35 kg Gewicht für den Erdkampf verwendet wurde. Es wurde zwar versucht, die Waffe durch Anbau eines Kolbens und eines Zweibeines als leichtes MG einzusetzen, doch war sie für einen wirklich erfolgreichen Einsatz zu schwer. Das M 1919 war widerstandsfähig, zuverlässig und einfach zu bedienen und war bei den Amerikanern wie auch bei anderen Streitkräften eine beliebte Waffe.

1

MASCHINENGEWEHRE

Breda Modello 1937   **2**
Italien
Länge: 1'270 mm
Gewicht: 19'280 g
Kaliber: 8 mm
Kapazität: Ladestreifen
V_0: 793 m/s

Der italienische Konzern Breda begann im Jahre 1916 mit der Waffenherstellung als Subunternehmer für FIAT und lieferte dann schließlich auch eigene Entwürfe. Das Modello 37 war ursprünglich für den Einsatz in Panzerfahrzeugen vorgesehen, wurde aber schließlich das Standard-MG des italienischen Heeres und wurde während des ganzen Zweiten Weltkrieges eingesetzt. Es war ein Gasdrucklader, bei dem der Gasdruck mit Hilfe eines Reglers genau eingestellt werden konnte. Über einen Kolben wurde der Verschluß betätigt, der dann entriegelt wurde und zurücklief. Bei dieser Waffe ließ sich der Verschlußabstand nicht einstellen, deswegen konnte es durch frühzeitiges Ausziehen zu Hülsenreißern und daraus resultierenden Hemmungen kommen. Um dieses Problem zu beseitigen, bauten die Italiener eine Ölpumpe nach Art des Schwarzlose (siehe Seite 202) ein, mit deren Hilfe die Munition geschmiert wurde. Das Munitionszuführungssystem war ebenfalls ungewöhnlich, denn die Waffe steckte alle leeren Hülsen nach dem Verschießen der Patronen fein säuberlich wieder in den festen Ladestreifen zurück. Man müßte eigentlich meinen, daß dieses System zusammen mit der geschmierten Munition ein großer Schwachpunkt der Waffe war, vor allen Dingen dann, wenn man an die Einsatzorte der italienischen Truppen denkt, denn dort gab es reichlich Staub und Schmutz. In der Praxis erwies sich das Modello 37 aber als sehr gute und zuverlässige Waffe, die problemlos ihren Dienst versah.

MILITÄRISCHE HANDWAFFEN

Browning M2HB 1
Länge: 1'651 mm
Gewicht: 38'110 g
Kaliber: .50 (12,7 mm)
Kapazität: Gurtzuführung
V_0: 894 m/s

Die meisten Heere kämpften im Ersten Weltkrieg mit mittleren Maschinengewehren, das waren auf Dreibeinen montierte Waffen mit Gurtzuführung, die normale Gewehrmunition verschossen. Gegen Ende des Krieges wurde deutlich, daß Bedarf an einer schwereren Waffe bestand, die auch zur Abwehr von Flugzeugen, Beobachtungsballons und gepanzerten Fahrzeugen verwendet werden konnte. John Browning modifizierte daraufhin sein von ihm entwickeltes Rückstoßsystem dahingehend, daß eine schwerere Patrone im Kaliber .50 (12,7 mm) verschossen werden konnte. Im Jahre 1921 hatte er seine Arbeiten abgeschlossen. Die Munition basierte übrigens auf der für die deutsche Panzerbüchse verwendeten Mauser-Patrone. Das wassergekühlte Modell M 1921 wurde in den 30er Jahren durch eine luftgekühlte Variante abgelöst, die wiederum sehr bald durch eine Version mit schwererem Lauf ersetzt wurde. Der schwere Lauf wurde mit den beim Dauerfeuer auftretenden extrem hohen Temperaturen besser fertig. Diese als M 2 HB (HB=heavy barrel/schwerer Lauf) bekannte Waffe wurde sowohl zur Ausrüstung von Panzern, Radfahrzeugen, Flugzeugen und leichten Flaklafetten als auch für den Erdkampf auf einem 19,6 kg schweren Dreibein verwendet.

Die Waffe kam im Zweiten Weltkrieg, in Korea, Vietnam und sogar noch 1991 im Golfkrieg zum Einsatz. Selbst heute noch gehört sie bei vielen Armeen zur Standardbewaffnung. Obwohl sie als Flugabwehrwaffe mittlerweile veraltet ist, kann sie in anderen Bereichen immer noch mit großer Wirksamkeit eingesetzt werden, so zum Beispiel für Weitschüsse gegen feste Ziele, denn das Geschoß durchschlägt auch auf große Entfernung leichte Panzerung, Mauerwerk und andere Deckungen. Das einzige Gegenstück auf östlicher Seite ist das russische DShK «Dushka» im Kaliber 12,7 mm.

MASCHINENGEWEHRE

SGM 2
Sowjetunion
Länge: 1'120 mm
Gewicht: 13'500 g
Kaliber: 7,62 mm
Kapazität: Gurtzuführung
V_0: 823 m/s

Ab 1910 war eine Variante des Maxim das Standardmaschinengewehr der Russen. Nach dem Desaster von 1941 zeigte sich aber, daß dringend eine Waffe benötigt wurde, die schneller und weniger aufwendig herzustellen war. Die hier gezeigte einfach konstruierte luftgekühlte Waffe wurde von Goryunov entworfen, sie entsprach den Anforderungen und erwies sich später als wirksames Kampfmittel. Ursprünglich trug das MG die Bezeichnung SG 34. Der Gaszylinder mit dem Kolben lag unter dem Lauf, der Kolben wirkte direkt auf den Verschluß. Dieser kippte zur Verriegelung seitlich in eine Aussparung im Verschlußgehäuse. Nach dem Entriegeln durch den Gaskolben lief der Verschluß zurück und komprimierte dabei die Schließfeder. Verschossen wurde die alte russische Randpatrone von 1891 im Kaliber 7,62 mm, die wegen des Randes nach hinten aus dem Gurt gezogen werden mußte. Dadurch wurde zwar das Munitionszuführungssystem etwas komplizierter, aber die Waffe arbeitete trotzdem sehr zuverlässig. Das MG hatte einen schweren Lauf, der die Hitze absorbieren sollte, er konnte außerdem innerhalb von Sekunden gegen einen kalten Lauf ausgewechselt werden. Wie die früheren russischen MG war auch diese Waffe auf einem 23,1 kg schweren Karren montiert, der gekippt werden konnte, so daß das MG auch als Flugabwehrwaffe eingesetzt werden konnte.
Das hier gezeigte SGM stammt aus der Nachkriegsfertigung, es hat einen überarbeiteten Spanngriff und einen Lauf mit längsverlaufenden Kühlrippen. In dieser Form wurde es in vielen kommunistischen Ländern verwendet.

211

MILITÄRISCHE HANDWAFFEN

Madsen M 1902 1
Dänemark
Länge: 1'169 mm
Gewicht: 9'980 g
Kaliber: 8 mm
Kapazität: 30
V_0: 824 m/s

Diese dänische Waffe war das erste leichte Maschinengewehr, das diese Bezeichnung wirklich verdiente. Es wurde von der russischen Kavallerie im russisch-japanischen Krieg eingesetzt. Die Waffe hatte ein ungewöhnliches Verschlußsystem, das dem Martini-Gewehr (siehe Seite 141) ähnelte. Der Verschluß war auf einer Achse hinten im Gehäuse drehbar gelagert und führte eine Aufund- abbewegung durch. Nach dem Schuß liefen Verschluß und Lauf zusammen zurück, wobei der Verschluß von einem stählernen Führungsrahmen im Verschlußgehäuse geführt wurde. Durch ein Nockensystem wurde dann der Verschluß nach oben gekippt, wobei ein Auswerfer die leere Hülse auswarf. Beim Vorlauf des Führungsrahmens wurde die nächste Patrone aus dem auf dem Gehäuse aufgesetzten Magazin zugeführt. Das MG zeichnete sich durch eine sehr kompakte Bauweise aus und wurde fast überall auf der Welt verwendet, allerdings nirgendwo in größerer Stückzahl. Offiziell eingeführt wurde es von keiner Armee.

Chauchat M 1915 2
Frankreich
Länge: 1'143 mm
Gewicht: 8'620 g
Kaliber: 8 mm
Kapazität: 20
V_0: 700 m/s

Dieses MG hat den Ruf, die unzuverlässigste Waffe aller Zeiten zu sein. Der schlecht verarbeitete Rückstoßlader wurde in Frankreich von Zulieferbetrieben gefertigt, von denen viele keine Erfahrung in der Waffenherstellung hatten. Nachdem die französische Armee im Einsatz mit diesem MG schlechte Erfahrungen gemacht hatte, wurden Tausende davon an die Amerikaner verkauft.

MASCHINENGEWEHRE

Lewis LMG 3
Länge: 1'282 mm
Gewicht: 12'250 g
Kaliber: .303
Kapazität: 47
V_0: 744 m/s

Anfang des 20. Jahrhunderts begann ein Amerikaner namens Samuel McClean mit der Konstruktion eines leichten Maschinengewehres, die Arbeit wurde schließlich im Jahre 1910 von Oberst Isaac Lewis zu Ende geführt. Einige dieser Waffen wurden an Belgien verkauft, aber ansonsten war niemand an ihnen interessiert. Erst als im Westen die Fronten im Schützengrabenkrieg erstarrt waren, erkannten die Soldaten, daß Bedarf bestand an einer automatischen Waffe, die von einem Mann beim Angriff über schweres Gelände getragen und eingesetzt werden konnte. Die Waffe wurde 1915 bei der britischen Armee eingeführt und hatte dort sehr bald großen Erfolg. In der US Army dagegen, in der ihr Konstrukteur Lewis diente, fand sie kaum Beachtung. Das Lewis-MG war ein Gasdrucklader, bei dem der Gaskolben unter dem Lauf lag. Am hinteren Ende des Kolbens befand sich ein Nocken, der durch eine Aussparung des Zylinders in den Verschluß griff. Der Verschluß selbst verriegelte mit Warzen im Verschlußgehäuse. Beim Rücklauf drehte der Gaskolben über den Nocken den Verschluß, der daraufhin zurücklief und die Hülse auszog. Die Munition wurde aus einem 47-schüssigen Tellermagazin zugeführt. Beim Schießen konnte die Waffe auf ein Zweibein gestützt werden. Ein besonders charakteristisches Merkmal der Waffe war der mit einer großen Anzahl von Kühlrippen umgebene Lauf, der von einem dünnen Laufmantel umschlossen war. Die Waffe war zwar recht kompliziert und auch ein wenig empfindlich, bewährte sich aber im Kampf recht gut.

213

MILITÄRISCHE HANDWAFFEN

M1918 BAR 1
USA
Länge: 1'220 mm
Gewicht: 8'850 g
Kaliber: .30-06/7,62 x 63
Kapazität: 20
V_0: 855 m/s

Bald nach Ausbruch des Ersten Weltkrieges erkannte auch John Browning, daß den amerikanischen Streitkräften ein leichtes MG fehlte. Er machte sich an die Arbeit und hatte zum Zeitpunkt des Kriegseintrittes der USA die Konstruktionsarbeiten daran abgeschlossen. Bei der Armee erhielt die Waffe die Bezeichnung «Browning Automatic Rifle» (automatisches Browning-Gewehr).

Es sollte in erster Linie zum Feuern aus der Bewegung beim Vorrücken der Infanterie verwendet werden, wobei der Feind mit starkem Feuer in den Schützengräben niedergehalten werden sollte. Das BAR ist ein Gasdrucklader, Gaszylinder und Gaskolben befinden sich unter dem Lauf. Der Verschluß kippt mit dem Hinterteil in der geschlossenen Stellung nach oben in den «Buckel» im Gehäusedeckel und verriegelt dadurch. Geladen wird die Waffe mit einem abnehmbaren Kastenmagazin für 20 Schuß, beim Liegendanschlag kann sie auf ein abklappbares Zweibein abgestützt werden. In der Ursprungsversion war das BAR umschaltbar von Einzelfeuer auf Dauerfeuer, später gab es auch eine Version, mit der sich nur Dauerfeuer schießen ließ.

Es gab vom BAR noch weitere Varianten, so unter anderem mit einem Lauf mit Kühlrippen oder mit einer hochklappbaren Kolbenkappe (siehe Abbildung), mit deren Hilfe die Waffe beim Dauerfeuer besser im Ziel gehalten werden konnte. Es war eine sehr gut verarbeitete und zuverlässige Waffe, obwohl sie als lMG eigentlich etwas zu leicht und als Selbstladegewehr etwas zu schwer war.

Trotz dieser Mängel stand das BAR bis weit in die 50er Jahre bei den US-Streitkräften in Dienst, nachdem es sowohl im Zweiten Weltkrieg als auch im Koreakrieg eingesetzt worden war. Auch viele andere Streitkräfte waren mit dem BAR ausgerüstet.

MASCHINENGEWEHRE

MG 08/15   2
Deutschland
Länge: 1'398 mm
Gewicht: 17'700 g
Kaliber: 8 x 57 mm
Kapazität: Gurtzuführung
V_0: 885 m/s

Diese Konstruktion war der deutsche Versuch, auf Basis des im Krieg überaus erfolgreichen Vorgängertyps MG 08 ein leichtes Maschinengewehr zu schaffen. Die Bauteile wurden überarbeitet und deren Gewicht reduziert, außerdem wurde ein Gewehrkolben montiert und ein Pistolengriff angebracht. Der Mantel für die Wasserkühlung wurde beibehalten, aber der massive Schlitten wurde durch ein leichtes Zweibein ersetzt. Es blieb eine schwere Waffe, die zu ihrer Bedienung im Kampf speziell für die Munitionsversorgung zwei Soldaten erforderte. In Flugzeugen und Luftschiffen wurde eine luftgekühlte Version der Waffe eingesetzt, einige wenige dieser Waffen wurden gegen Kriegsende auch an Bodentruppen ausgegeben. Obwohl die Waffe schwer und unhandlich war, zeigte sie sich den üblichen lMG mit Magazinzuführung weit überlegen und wurde bis in die 30er Jahre eingesetzt.

Hotchkiss Mark I   3
Großbritannien
Länge: 1'187 mm
Gewicht: 12'250 g
Kaliber: .303
Kapazität: 30
V_0: 744 m/s

Während des Ersten Weltkrieges beschafften die Briten zusätzlich zu ihren Vickers und Lewis diese in Großbritannien hergestellte Version des Hotchkiss-MG. Die Waffe war ursprünglich für die Kavallerie vorgesehen (daher das leichte Dreibein), wurde später aber auch auf gepanzerten Fahrzeugen verwendet. Selbst im Zweiten Weltkrieg wurde sie noch in geringer Zahl eingesetzt.

MILITÄRISCHE HANDWAFFEN

Beardmore-Farquhar 1
Großbritannien
Länge: 1'258 mm
Gewicht: 8'620 g
Kaliber: .303
Kapazität: 81
V_0: 744 m/s

Dieses Experimentalmodell von 1919 war ein Gasdrucklader, bei dem die Patronen aus einem sehr charakteristischen Tellermagazin zugeführt wurden. Die Waffe war extrem leicht, ein Federstoßdämpfer zwischen Gaskolben und Verschluß sorgte dafür, daß der Rückstoß gemildert wurde. In der folgenden Truppenerprobung erwies es sich aber als unzuverlässig und wurde deswegen abgelehnt.

Vickers-Berthier 2
Großbritannien
Länge: 1'181 mm
Gewicht: 9'430 g
Kaliber: .303
Kapazität: 30
V_0: 744 m/s

Der französische Heeresleutnant André Berthier war der Konstrukteur eines sehr wirksamen leichten Maschinengewehres, für das er aber keinen Hersteller interessieren konnte. Schließlich erwarb der britische Rüstungskonzern Vickers im Jahre 1925 die Rechte an der Waffe. Sie war ein leichter und gefällig konstruierter Gasdrucklader, bei dem das gebogene 30schüssige Magazin oben auf den Gehäusedeckel aufgesetzt wurde. Der Verschluß verriegelte mit einem Kippblock und arbeitete leicht und zuverlässig. Die Waffe hatte nur wenige bewegliche Teile und konnte ohne den Einsatz von Spezialwerkzeug gewartet werden. Das VB sollte in die britische Armee übernommen werden, wurde aber 1934 zugunsten des Bren zurückgewiesen. Von der indischen Armee wurde es dagegen übernommen, dort leistete es im Verlauf des Zweiten Weltkrieges exzellente Dienste. Die Royal Air Force verwendete eine verstärkte und schwerere Ausführung mit Trommelmagazin als Flugzeug-MG unter der Bezeichnung Vickers «K» oder VGO.

MASCHINENGEWEHRE

Chatellerault M 1924 3
Frankreich
Länge: 1'080 mm
Gewicht: 9'120 g
Kaliber: 7,5 mm
Kapazität: 25
V₀: 790 m/s

Zum Ende des Ersten Weltkrieges führte die französische Armee immer noch das berüchtigte Chauchat (siehe Seite 212) als leichtes Maschinengewehr. Dieser Zustand mußte dringend geändert werden. Die staatliche Waffenfabrik Chatellerault entwickelte daraufhin ein neues lMG, das aufgrund finanzieller Engpässe aber erst 1926 eingeführt werden konnte. Für diese Waffe wurde eine Patrone im Kaliber 7,5 mm entwickelt, die im wesentlichen auf der deutschen Mauser-Patrone 8 x 57 mm basierte. Die für das Verschießen dieser Patrone entwickelte Waffe war ein leichter Gasdrucklader, bei dem die Patronen aus einem oben auf dem Gehäusedeckel angebrachten geraden Magazin zugeführt wurden. Der Verschlußmechanismus ähnelte dem Browning BAR (siehe Seite 214), der Verschluß verriegelte also in einer Aussparung oben im Verschlußgehäuse. Die Waffe hatte zwei Abzüge, der vordere für Einzelschüsse und der hintere für Dauerfeuer. Nach den eigentlich bei allen Neukonstruktionen auftretenden Kinderkrankheiten entwickelte sich das M 1924 zu einer beliebten und zuverlässigen Waffe, die sowohl in Frankreich als auch in zahlreichen Kolonien während des ganzen Zweiten Weltkrieges Dienst tat. Es gab von diesem MG auch eine Festungsversion, die auf einer festen Lafette montiert war und bei der die Munition aus einem großen, seitlich angebrachten Trommelmagazin zugeführt wurde. Während der deutschen Besetzung wurden viele M 1924 von der Wehrmacht und anderen deutschen Truppenteilen verwendet. In der Nachkriegszeit kam es noch zu ausgedehnten Einsätzen dieses MG-Typs in Algerien und Indochina.

217

MILITÄRISCHE HANDWAFFEN

ZB 26 1
Tschechoslowakei
Länge: 1'150 mm
Gewicht: 10'200 g
Kaliber: .303
Kapazität: 30
V_0: 744 m/s

Die Waffenfabrik Zbrojovka Brno wurde in der Tschechoslowakei nach dem Ersten Weltkrieg gegründet. Ihr erfolgreichstes Produkt war das ZB 26. Der Gasdrucklader war für die Mauser-Patrone 8 x 57 mm eingerichtet, es war eine zuschießende Waffe, der normalerweise aufstehende Verschluß sollte für eine ausreichende Innenkühlung des Laufes sorgen. Um eine sichere und störungsfreie Funktion zu erreichen, wurde der Lauf im vorderen Teil angezapft. Der Laufwechsel konnte binnen Sekunden durchgeführt werden. Die Patronen wurden aus einem gebogenen, oben auf die Waffe aufgesteckten Magazin zugeführt. Das zuverlässige lMG diente bei vielen Streitkräften. Am Nachfolgemodell ZB 30 hatte man einige kleine Änderungen vorgenommen. Das folgende, hier abgebildete Baumuster ZB 33 nahm als Prototyp am Auswahlverfahren der britischen Armee 1934 teil. Es wurde für die Patrone .303 British abgeändert und war allen Konkurrenten derart überlegen, daß es als Bren in den Dienst übernommen wurde.

Besal Mark 2 2
Großbritannien
Länge: 1'185 mm
Gewicht: 9'750 g
Kaliber: .303
Kapazität: 30
V_0: 744 m/s

Da die gesamte britische Maschinengewehrproduktion im Zweiten Weltkrieg auf die staatliche Waffenfabrik in Enfield konzentriert war, wurde diese Waffe als Alternative und Ausweichmöglichkeit geschaffen, blieb aber dann doch ein Prototyp. Es war ein Gasdrucklader, bei dem schon einige der später bei der Sten in großem Maße verwendeten Herstellungsverfahren wie Blechprägetechnik und Schweißen angewandt wurden. Die Waffe wurde aber aufgrund des Kriegsverlaufes schließlich doch nicht gebraucht und blieb ein Prototyp.

218

MASCHINENGEWEHRE

Bren 3
Großbritannien
Länge: 1'156 mm
Gewicht: 10'200 g
Kaliber: .303
Kapazität: 30
V_0: 744 m/s

Im Jahre 1934 übernahm die britische Armee als neues leichtes Maschinengewehr das ZB 26, eine in der Tschechoslowakei entstandene Waffenkonstruktion, die auf das Kaliber .303 umgerüstet worden war. Die Waffe wurde Bren genannt, eine Bezeichnung, die aus den beiden Anfangsbuchstaben des Herkunftsortes Brünn und des Herstellungsortes Enfield entstanden war. Die neue Waffe mußte sehr sorgfältig gefertigt werden, es dauerte einige Jahre, bis sie in nennenswerter Zahl vorhanden war. Sie war bei den Soldaten sofort beliebt, denn es zeigte sich bald, daß sie zuverlässig und einfach war und vor allen Dingen überaus genau schoß. Die Schußfolge war eher langsam, deswegen konnte der Schütze die Waffe auch im Stehen im Hüftanschlag und im Notfall sogar wie ein Gewehr im Schulteranschlag verwenden. Anfangs gab es kleinere Probleme mit der Munitionszuführung, bis man herausfand, daß die Waffe sicher funktionierte, wenn das Magazin nur mit 28 statt der möglichen 30 Patronen geladen wurde. Das Bren wurde auch in Kanada hergestellt und im ganzen Commonwealth verwendet. Die hier abgebildete Waffe ist auf einem 12 kg schweren Dreibein montiert, in dieser Form wurde sie aber nicht oft eingesetzt. Sie wird allgemein für das beste leichte MG aller Zeiten gehalten. Nach dem Krieg wurden viele Waffen auf das NATO-Kaliber 7,62 x 51 mm umgerüstet. Zwar ist das MG im Prinzip veraltet und wird von den britischen Streitkräften offiziell nicht mehr eingesetzt, es befinden sich aber immer noch einzelne Exemplare bei der Truppe, wo sie von den Soldaten, die den Nachfolgetyp nicht leiden mögen, liebevoll gepflegt werden.

MILITÄRISCHE HANDWAFFEN

Degtjarjow DP
Sowjetunion
Länge: 1'290 mm
Gewicht: 9'300 g
Kaliber: 7,63 mm
Kapazität: 49
V₀: 849 m/s

Wassili Degtjarjow konstruierte erstmals im Jahre 1921 ein leichtes Maschinengewehr, diese Waffe wurde von der Roten Armee 1928 übernommen. Sie war so konstruiert, daß sie auch von wenig erfahrenen Arbeitskräften hergestellt werden konnte, sie war einfach und hatte wenige Teile. Das DP war ein Gasdrucklader mit unter dem Lauf liegendem Gaskolben. Die Schließfeder war um den Gaskolben herumgeführt, dadurch konnte sie bei heißgeschossener Waffe einen Teil ihrer Federkraft verlieren. Der Verschluß war etwas ungewöhnlich konstruiert, er verriegelte über zwei Stützklappen, wobei dann bei verriegeltem Verschluß der bewegliche Schlagbolzen weiter vorlief. Hauptproblem der Waffe war die Munition, denn das MG mußte die alte russische Randpatrone von 1891 verschießen. Randpatronen sind aber für Kastenmagazine nicht gut geeignet. Degtjarjow löste das Problem, indem er ein flaches Tellermagazin für 49 Patronen konstruierte. Die Soldaten fanden bald heraus, daß die Waffe noch zuverlässiger schoß, wenn zwei Patronen weniger geladen wurden. Das DP konnte nur Dauerfeuer schießen und war zuschießend, damit der Lauf zwischen den Feuerstößen besser auskühlen konnte. Die Waffe war eigentlich recht zuverlässig, Probleme gab es nur durch frühzeitiges Überhitzen und durch das empfindliche Zweibein. Am verbesserten DPM aus dem Jahre 1945 waren diese Mängel behoben worden; diese Waffe ist an der anders plazierten Schließfeder und dem Pistolengriff aus Holz gut zu erkennen. Die spätere Ausführung wurde in der Sowjetunion und den mit ihr verbündeten Staaten bis in die 60er Jahre verwendet.

MASCHINENGEWEHRE

Breda Modello 30 2
Italien
Länge: 1'232 mm
Gewicht: 10'320 g
Kaliber: 6,5 mm
Kapazität: 20
V_0: 618 m/s

Diese Waffe aus dem Jahre 1930 war ein Rückstoßlader, der geölte Munition verschoß. Dadurch sollten Probleme beim Ausziehen der Hülsen vermieden werden. Das seitlich angebrachte Magazin war fest mit dem Gehäuse verbunden, zum Laden mußte es aufgeklappt werden. Die Waffe war unzuverlässig und unangenehm zu bedienen, bei der Truppe war sie deswegen unbeliebt.

Typ 96 3
Japan
Länge: 1'054 mm
Gewicht: 9'070 g
Kaliber: 6,5 mm
Kapazität: 30
V_0: 732 m/s

Die erste ausschließlich in Japan konstruierte Maschinenwaffe war das Nambu Typ 11, dieses MG wies eine ganze Reihe von Besonderheiten auf. Es basierte konstruktiv auf dem Hotchkiss-Gasdrucklader und hatte ein seitlich fest angebautes Magazin mit Ladeklappe, das mit den Ladestreifen für das Gewehr beladen wurde. Um das Ausziehen der Hülsen zu erleichtern, wurde die Munition geschmiert. Der Typ 96 aus dem Jahre 1936 war in einigen Punkten verbessert worden, unter anderem hatte die Waffe jetzt ein oben aufgesetztes Magazin für 30 Patronen. Die Patronenschmierung mußte beibehalten werden, sie erfolgte aber jetzt im Magazin und nicht mehr in der Waffe. Das MG hatte einen leicht auswechselbaren Lauf mit einem Haltegriff und einem einteiligen Kolben mit Pistolengriff. Die zuletzt hergestellte Version Typ 99 hatte das stärkere Kaliber 7,7 mm, sie kam aber sehr spät und wurde deswegen im Krieg kaum noch eingesetzt.

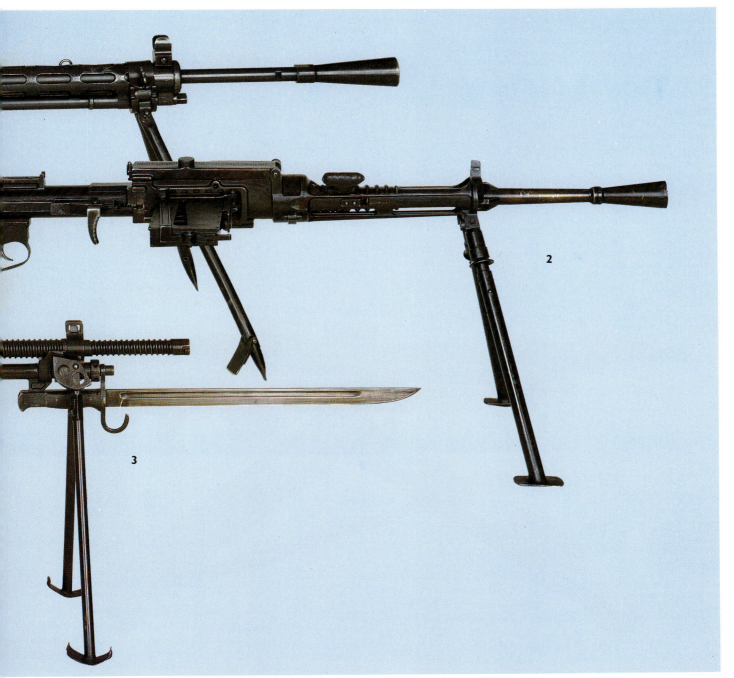

MILITÄRISCHE HANDWAFFEN

MG 34
Deutschland
Länge: 1'220 mm
Gewicht: 12'100 g
Kaliber: 8 x 57 mm
Kapazität: Gurtzuführung
V_0: 756 m/s

1934 entwickelten die Deutschen eine neue Einsatztaktik für das Maschinengewehr, wobei sie den Begriff des Mehrzweck-MGs schufen und die entsprechende Waffe dafür einführten. Dabei konnte die gleiche Waffe auf einem Dreibein als mittleres MG mit Gurtzuführung und mit einem Zweibein als leichtes MG mit Trommelmagazin eingesetzt werden. Das MG war luftgekühlt und arbeitete als Rückstoßlader, wobei aber auch der Gasdruck mitgenutzt wurde. Der Lauf lief ein kurzes Stück mit dem Verschluß zurück, danach entriegelte der Drehkopf, und der Verschluß lief allein weiter. Der Rückstoßimpuls wurde durch einen vorn an der Mündung angebrachten Rückstoßverstärker, in den Gas eingeleitet wurde, noch verstärkt. Ein Feuerartenwahlschalter war an der Waffe nicht vorhanden, statt dessen war der Abzug zweiteilig. Durch Betätigen des oberen Abzugsteiles konnte Einzelfeuer, durch Betätigen des unteren Teiles Dauerfeuer geschossen werden. Beim Einsatz als mittleres MG verschoß die Waffe gegurtete Munition aus einem Zerfallgurt aus Metall. Wenn das MG 34 als lMG verwendet wurde, konnte ein Sattelmagazin mit zwei Trommeln zu je 75 Schuß aufgesetzt werden. In der Praxis wurde von der Infanterie aber lieber mit Gurt geschossen, weil so mehr Munition zur Verfügung stand. Die Trommeln wurden hauptsächlich bei der Flugabwehr verwendet. Es war ein ausgezeichnetes MG, in das viele Neuerungen eingeflossen waren. Einziger Fehler war die viel zu gute Verarbeitung, denn dadurch waren teilweise die Toleranzen zu eng, was zu Schmutzanfälligkeit führte. Die Waffe wurde während des ganzen Zweiten Weltkrieges eingesetzt.

MASCHINENGEWEHRE

MG 42   2
Deutschland
Länge: 1'220 mm
Gewicht: 11'570 g
Kaliber: 8 x 57 mm
Kapazität: Gurtzuführung
V_0: 756 m/s

Im Krieg zeigte sich, daß eine Waffe benötigt wurde, die zwar dem MG 34 entsprechen sollte, die aber einfacher herzustellen und robuster sein mußte. Das daraufhin entwickelte MG 42 bestand hauptsächlich aus Blechprägeteilen und arbeitete als Rückstoßlader mit einem Rollenverschluß, den ein polnischer Ingenieur namens Edward Stecke entwickelt hatte. Bei den späteren deutschen Infanteriewaffen wurde diese Verschlußbauweise dann immer verwendet. Im Vergleich zu seinem Vorgänger war das MG zwar gröber verarbeitet, aber die Waffe zeigte schon bald ihre ganz hervorragenden Qualitäten. Sie ist in vielen Ländern nachgebaut oder als Grundlage für Nachbauten verwendet worden. Der Lauf ließ sich schnell wechseln, was bei der hohen Kadenz von bis zu 1'200 Schuß pro Minute wichtig war. Eine so hohe Schußfolge verminderte zwar die Präzision, hatte aber eine nicht zu unterschätzende moralische Wirkung auf den Gegner. Bei den Briten und Amerikanern wurde die Waffe «Spandau» genannt.

RPD   3
Sowjetunion
Länge: 1'036 mm
Gewicht: 7'000 g
Kaliber: 7,62 mm
Kapazität: Gurtzuführung
V_0: 732 m/s

Diese nach dem Kriege in der Sowjetunion entstandene Waffe war die letzte Konstruktion von Degtjarjow. Das Gasdrucksystem entspricht dem DP (siehe Seite 230), aber die Waffe verschießt die Mittelpatrone 7,62 x 39 mm, die auch im Kalaschnikow (siehe Seite 164) verwendet wird. Die Waffe war unempfindlich und zuverlässig und wurde in großen Stückzahlen gefertigt.

MILITÄRISCHE HANDWAFFEN

FN MAG   1
Belgien
Länge: 1'264 mm
Gewicht: 10'890 g
Kaliber: 7,62 x 51 mm
Kapazität: Gurtzuführung
V_0: 855 m/s

Wie in vielen anderen Ländern war man auch bei FN in Belgien vom deutschen MG 42 sehr beeindruckt. Nach dem Krieg wurde dort eine sehr ähnliche Waffe entwickelt. Das MAG (Mitrailleur à Gaz: MG mit Gasdruckladesystem) wurde erstmals im Jahre 1957 gefertigt. Es ist ein robuster Gasdrucklader, bei dem das Gurtzuführungssystem des MG 42 übernommen wurde, die Verschlußkonstruktion dagegen stammt vom BAR. Der Lauf kann schnell gewechselt werden. In der Verwendung als lMG hat es ein Zweibein und einen abnehmbaren Kolben. Die Waffe ist ein großer Verkaufserfolg und wurde bisher in über 70 Länder geliefert. Dort wird sie zur Bewaffnung der Infanterie und als Fahrzeug- und Hubschrauber-MG verwendet. Die gezeigte Waffe ist ein in Großbritannien gefertigtes GPMG (bei den Soldaten mit dem Spitznamen «Gimpy» bekannt), das auf einem 13,2 kg schweren Dreibein montiert ist. Für den Einsatz als schweres MG wird die Waffe üblicherweise mit einem Spezialvisier oder einem Zielfernrohr versehen.

M 60   2
USA
Länge: 1'111 mm
Gewicht: 10'430 g
Kaliber: 7,62 x 51 mm
Kapazität: Gurtzuführung
V_0: 853 m/s

Auch dieser aus den 50er Jahren stammende Entwurf stammt vom MG 42 ab. Die Waffe wurde ab den frühen 60er Jahren als Standardmaschinengewehr bei den amerikanischen Streitkräften eingeführt. Sie arbeitet als Gasdrucklader, das Munitionszuführungssystem stammt von der deutschen Waffe. Die frühen Ausführungen der Waffe waren unzuverlässig und unangenehm

1

MASCHINENGEWEHRE

zu bedienen. Das Gasdrucksystem ist von ungewöhnlicher Bauweise, denn der Gasdruck läßt sich nicht regeln. Statt dessen soll die Gasdruckregelung über die Kolbenbewegung erfolgen. In der Praxis ist dieses System aber überaus empfindlich gegen Verschmutzung. Der Lauf ist innen mit einer widerstandsfähigen und langlebigen Spezialbeschichtung aus Stellit versehen. Beim Laufwechsel verbleiben Zweibein und Gaszylinder am Lauf, so daß der Schütze für seine Waffe entweder eine Unterlage suchen oder sie in den Schmutz legen muß. Dem zweiten Schützen geht es auch nicht besser, denn er muß den heißen Lauf ohne Haltegriff handhaben. Das Korn ist fest mit dem Lauf verbunden, so daß der Schütze gezwungen ist, nach jedem Laufwechsel das Visier neu zu justieren. Beim später eingeführten M60 E1 wurden viele der früheren Schwachstellen beseitigt. Die Waffe kann auf einem Dreibein oder einem Fahrzeugdrehkranz montiert werden, außerdem kann ein Gurtkasten angesetzt werden. Die zuletzt entstandene Version M60 E3 ist leichter, hat vorn einen zusätzlichen Haltegriff und einen verbesserten Lauf. Sie wurde bei der Marine und der Marineinfanterie eingeführt und ist nach Meinung vieler Soldaten endlich die Waffe, die man sich von Anfang an gewünscht hatte.

RPK 3
Sowjetunion
Länge: 1'029 mm
Gewicht: 5'000 g
Kaliber: 7,62 mm
Kapazität: 30/75
V_0: 735 m/s

Im Gegensatz zu vielen anderen Ländern haben die Russen das Konzept des leichten Maschinengewehres nie aufgegeben. In den 60er Jahren bauten sie das RPK, ein AK 47 mit schwererem Lauf, einem Zweibein und der wahlweisen Verwendung eines Trommelmagazins mit 75 Schuß. Die Waffe hat alle guten Eigenschaften der Kalaschnikow wie Robustheit, Einfachheit und Zuverlässigkeit.

MILITÄRISCHE HANDWAFFEN

FN Minimi 1
Belgien
Länge: 1'040 mm
Gewicht: 15'050 g
Kaliber: .223/5,56 mm
Kapazität: 30/200
V_0: 915 m/s

Mit dem Aufkommen der neuen Sturmgewehre im Kaliber .223 stehen die damit ausgerüsteten Armeen vor der Entscheidung, ob sie auch ihre leichten Maschinengewehre auf dieses Kaliber umstellen sollen. Falls die Entscheidung für lMG im kleineren Kaliber fällt, dann muß als nächstes entschieden werden, ob einfach eine schwerere Version des eingeführten Gewehres verwendet wird oder ob ein komplett neues System eingeführt werden soll. Im Falle einer Entscheidung für ein neues System gehört das Minimi von FN aus Belgien zur ersten Wahl. Die Waffe ist ein einfach aufgebauter Gasdrucklader und wurde von vornherein als lMG konzipiert, sie ist also kein verstärktes Gewehr. In ihr sind die große Feuerkraft eines MG mit Gurtzuführung und die Vorteile einer relativ leichten und gut tragbaren Waffe vereint. Das Minimi hat einen Plastikkolben, einen Pistolengriff und ein anklappbares Zweibein. Es kann sehr schnell auf ein Dreibein oder auf einen Drehkranz auf einem Fahrzeug montiert werden.

Eine sehr nützliche Besonderheit des FN Minimi ist der Magazinschacht unter der Gurtzuführung, hier kann im Notfall das Magazin des M 16 eingesetzt werden. Im Normalfall wird die Waffe mit einem Gurtkasten versehen, in dem ein Gurt mit 200 Patronen enthalten ist. Durch den Kasten läßt sich die Waffe besser tragen und handhaben, und vor allen Dingen wird für die Bedienung nur ein Mann benötigt. Vom Minimi gibt es eine Fallschirmjägerversion mit Klappschaft und verkürztem Lauf.
Die Waffe hat sich als außerordentlich zuverlässig erwiesen und gehört mittlerweile zur Ausrüstung von zahlreichen Streitkräften. In der US-Armee wird es unter der Bezeichnung M249 geführt und ersetzt dort allmählich das M60 in den Infanteriezügen.

MASCHINENGEWEHRE

L86 A1   2
Großbritannien
Länge: 900 mm
Gewicht: 5'400 g
Kaliber: .223/5,56 mm
Kapazität: 30
V_0: 970 m/s

Als neues leichtes Maschinengewehr übernahmen die Briten eine verstärkte Ausführung des «bullpup»-Gewehres L85 A1 (siehe Seite 175). Die meisten Komponenten der Waffe sind baugleich mit dem Gewehr, allerdings kann das L86 A1 Light Support Weapon zur besseren Laufkühlung so umgestellt werden, daß sie als zuschießende Waffe funktioniert. Der Lauf ist länger und schwerer als bei der Gewehrversion, außerdem hat die Waffe ein Zweibein. An der Kolbenkappe befindet sich eine hochklappbare Stütze aus Stahldraht und unter dem Kolben ein zusätzlicher Haltegriff. Magazin und Zieloptik sind baugleich mit der Gewehrausführung.
Auch diese Waffe ist als unzuverlässig bekannt, wobei es sich aber wohl noch um Kinderkrankheiten handelt. Viel wichtiger ist dafür die Frage, inwieweit eine Waffe, die keinen auswechselbaren Lauf hat und aus einem Magazin mit nur begrenzter Kapazität schießt, ihre Aufgabe bei der Feuerunterstützung wirklich erfüllen kann.

AUG/HBAR   3
Österreich
Länge: 900 mm
Gewicht: 10'750 g
Kaliber: .223/5,56 mm
Kapazität: 30/42
V_0: 1'000 m/s

Das «bullpup»-Prinzip des Steyr AUG ist auf Seite 175 beschrieben worden, die abgebildete Waffe ist die lMG-Ausführung davon. Sie hat einen längeren, schwereren Lauf, ein Zweibein und ein Magazin für 42 Patronen. Der Verschluß kann so umgestellt werden, daß sie als zuschießende Waffe arbeitet. Auf eine Variante können Spezialzielfernrohre und Infrarot-Nachtsichtgeräte montiert werden.

BLICK IN DIE ZUKUNFT

Wenn man die rasante Entwicklung der Feuerwaffen in der Zeit nach 1870 betrachtet, dann kann man sich die berechtigte Frage stellen, was das 21. Jahrhundert auf diesem Gebiet wohl noch Neues bringen wird. Denn wenn es selbst mit den begrenzten technischen Mitteln des ausgehenden 19. Jahrhunderts schon möglich war, Maschinengewehre, Selbstladepistolen und Repetiergewehre zu schaffen, so kann man sich vorstellen, welche gewaltigen technischen Fortschritte das heutige hochtechnisierte Zeitalter bringen wird.

Das muß nicht unbedingt der Fall sein. In der Vergangenheit waren sehr oft kriegerische Auseinandersetzungen und der dadurch entstehende Bedarf bzw. die Forderungen der Armeen (das ist nicht unbedingt dasselbe) der Auslöser für die Schaffung technischer Neuerungen. Heutzutage werden diese Neuerungen eher von den Herstellern geschaffen, die am ehesten beurteilen können, welche Verbesserungen in bestehende Produktionsprozesse einfließen können. Technisch eigentlich eher unbedarfte Soldaten tun sich da deutlich schwerer.

Bei den heutigen, hochentwickelten Waffen ist aber die Einführung von Neuerungen und Verbesserungen eine immens teure Angelegenheit.

Wenn man sich jetzt noch vergegenwärtigt, daß eigentlich überall die Verteidigungshaushalte drastisch zurückgeschnitten werden, dann begreift man, daß mittlerweile eigentlich jeder Hersteller sehr vorsichtig geworden ist und millionenteure Neuentwicklungen auf dem Waffensektor nur dann noch durchführt, wenn er weiß, daß einigermaßen sicher ist, daß sie auch angenommen werden. Im vergangenen Jahrzehnt gab es dafür drei drastische Beispiele.

Der erste Fall ist die Firma Heckler & Koch mit ihrer Entwicklung eines Sturmgewehres, das hülsenlose Munition verschießt und das in seiner Endausführung die Bezeichnung G 11 erhielt. Die Entwicklungsarbeiten begannen 1970, und 1980 hatte man den ersten funktionierenden Prototypen geschaffen. Da die Bundeswehr die Einführung dieser Waffe für das Jahr 1990 in Aussicht gestellt hatte, wurde in den folgenden Jahren die Waffe verbessert und serienreif gemacht. Bis dahin hatte die Firma 10 Millionen Mark ihres Firmenkapitals in die Entwicklungsarbeiten gesteckt.

Dann aber kam der Zusammenbruch des Ostblocks und die deutsche Wiedervereinigung. Die Bundesregierung benötigte nun alle verfügbaren Geldmittel für die Finanzierung der deutschen Einheit.

Was bot sich den Politikern da mehr an als die Beschneidung des Verteidigungshaushaltes? Folglich wurden auch die Bestellungen für das G 11, mit dem immerhin fast die komplette Bundeswehr ausgerüstet werden sollte, bis auf einen Kleinauftrag von 1'000 Stück für Spezialeinheiten vollständig storniert. Daraufhin geriet Heckler & Koch an den Rand des Konkurses, die Firma und die Arbeitsplätze konnten nur durch einen Verkauf an British Aerospace gerettet werden. Das G 11-Projekt ist jetzt nur noch Geschichte.

BLICK IN DIE ZUKUNFT

Der zweite Fall ist der ehemalige französische Rüstungskonzern GIAT. Hier begann man mit der systematischen Erforschung und Untersuchung der Konstruktionen aller für hülsenlose Munition eingerichteten Gewehre. Die Forschungsarbeiten dauerten drei bis vier Jahre. Dabei wurde jedes nur vorstellbare System untersucht, wobei die total unbrauchbaren ausgesondert wurden, so daß man schließlich über Erkenntnisse verfügte, die eine brauchbare technische Lösung versprachen. Man hatte auch schon anhand von Prototypen und genauen Untersuchungen ermittelt, daß das erarbeitete Konzept funktionierte.

Zu diesem Zeitpunkt ging die Firma an die Öffentlichkeit und verkündete, daß man die weiteren Entwicklungsarbeiten nur noch mit der finanziellen Unterstützung durch ein weiteres Land durchführen könne. Da sich niemand dazu bereitfand, wurde die französische Suche nach dem Gewehr für hülsenlose Munition zu diesem Zeitpunkt ziemlich abrupt beendet.

Der dritte Fall war das amerikanische Forschungsprojekt zur Schaffung des «Advanced Combat Rifle (ACR)» Anfang der 80er Jahre. Die Neukonstruktion sollte etwa 1995 einsatzbereit sein. Es wurden Forschungsaufträge zur Entwicklung eines Gewehres für hülsenlose Munition in Höhe von vielen Millionen Dollar an eine ganze Reihe von Firmen vergeben, später wurden weitere Firmen mit der Entwicklung von konventionellen Systemen beauftragt. Die Konstrukteure erhielten relativ freie Hand bei ihren Arbeiten und brauchten sich auch kaum an Gewichts- und Größenbeschränkungen zu halten. Hauptziel des Projektes war die Schaffung einer Waffe, bei der die Ersttrefferwahrscheinlichkeit um 100 Prozent über derjenigen des derzeit eingeführten M16 A1 lag.

Schließlich wurden im Jahre 1989 vier Testwaffentypen erprobt. Sie kamen von Heckler & Koch aus Deutschland, Colt und AAI Corporation aus den USA und Steyr-Mannlicher aus Österreich. Die von Heckler & Koch eingereichte Waffe entsprach in fast allen Punkten dem G 11, es waren nur einige kleine Verbesserungen und Änderungen vorgenommen worden. Der Colt-Entwurf basierte auf der derzeitigen Ordonnanzwaffe M16 A2, wobei einige ergonomische Änderungen vorgenommen worden waren, außerdem verfeuerte das Gewehr eine neuentwickelte Patrone mit zwei Geschossen im Kaliber .223 (5,56 mm). Der Entwurf von AAI war ein Gasdrucklader, der im wesentlichen auf früheren Entwürfen der Firma aufgebaut war und der flügelstabilisierte unterkalibrige Pfeilmunition, sogenannte Flechettes, verschoß. Das Gewehr von Steyr-Mannlicher verschoß ebenfalls Pfeilmunition, die aber aus einer neuartigen Plastikhülse abgeschossen wurde, außerdem hatte die Waffe einen neuentwickelten Verschlußmechanismus. Erprobungen und Schießversuche liefen bis Mitte des Jahres 1990. Dann dauerte es bis 1992, bis die Ergebnisse der Erprobungen offiziell veröffentlicht wurden. Nach Auswertung aller Erkenntnisse kam man zu dem Ergebnis, daß zwar alle vier Gewehrtypen hervorragende Konstruktionen waren und auch ausgezeichnet funktionierten, daß aber keines davon so überdurchschnittlich gute Leistungen im Vergleich zum bisherigen M16 A2 zeigte, daß es die Ablösung der derzeitigen Waffe gerechtfertigt hätte. Das Projekt wurde zurückgestellt. Bis dahin hatte es den amerikanischen Steuerzahler 375 Millionen Dollar gekostet. Wieviel Kapital die vier beteiligten Firmen selbst noch aufgebracht hatten, ist leider nicht bekannt.

Wenn man sich nun diese Beispiele vor Augen führt, dann kann man verstehen, warum heutige Hersteller nicht besonders darauf erpicht sind, eine Vorreiterrolle auf dem Gebiet der Innovationen in der Waffentechnik zu spielen. Außerdem muß man

Links: Beim G 11 von Heckler & Koch liegen sowohl Lauf als auch Verschluß in einem Kunststoffgehäuse. Die hülsenlose Kompaktmunition liegt in einem Magazin horizontal über dem Lauf.

Rechts: Die von der Firma AAI entworfene Waffe hat zwar ein etwas konventionelleres Aussehen, aber sie verschießt neuentwickelte Pfeilmunition aus einer herkömmlichen Hülse 5,56 x 45 mm.

Unten: Steyr nahm in den USA am Auswahlverfahren für das ACR mit dieser hauptsächlich aus Kunststoff bestehenden Konstruktion teil. Die Waffe verschießt eine neuentwickelte Pfeilmunition, sogenannte Flechettes, die eine sehr gestreckte Flugbahn aufweisen.

Unten rechts: Auf der Grundlage des bewährten M16 A2 entwickelte Colt dieses neue Gewehr. Die an den Erprobungen für das ACR teilnehmende Waffe verschießt «Duplexpatronen», bei denen die Hülsen mit zwei Geschossen geladen sind.

MILITÄRISCHE HANDWAFFEN

sich mittlerweile wirklich Gedanken darüber machen, auf welchen Gebieten Fortschritte überhaupt noch zu erwarten sind. Die derzeitig verwendeten Dienstwaffen, egal ob Gewehr, Pistole oder Maschinenpistole, erfüllen ihren Zweck vollständig. Daher kann man auch die eigentlich recht hochgesteckte amerikanische Forderung nach hundertprozentiger Steigerung der Ersttrefferwahrscheinlichkeit gut verstehen, denn jede darunterliegende Forderung hätte den riesigen Aufwand einer Bewaffnungsumstellung einfach nicht gerechtfertigt.

Trotz dieser im großen und ganzen düsteren Zukunftsaussichten gibt es doch einige Lichtblicke. Zwar mag es momentan nicht mehr gerechtfertigt sein, ein komplett neues Waffensystem zu entwickeln, aber es gibt immer noch Randbereiche und Marktnischen, in denen Forschungsarbeit und Neuentwicklungen durchaus noch profitabel sind.

Als Beispiel dafür soll uns die FN P-90 Personal Defence Weapon dienen. Bei der Fabrique National in Belgien, die mittlerweile als FN Herstal SA firmiert, hatte man sich Gedanken darüber gemacht, ob wirklich jeder Soldat eines Heeres mit einem ausgewachsenen Sturmgewehr ausgerüstet sein muß. Die Antwort ist nach Meinung von FN ganz eindeutig, denn sie lautet: abgesehen von den Angriffstruppen der Infanterie eigentlich kaum jemand. Die restlichen Streitkräfte, und das sind immerhin bis zu sieben Achtel der Gesamtstärke, benötigen eigentlich nur eine Waffe, mit der sie sich in Notsituationen wie zum Beispiel Hinterhalten usw. selbst verteidigen können. Die Pistole ist dafür nicht gut geeignet, und auch die Maschinenpistole, die ja Pistolenmunition verschießt, kommt dafür nicht in Frage. Der Pistole mangelt es an Reichweite, und außerdem erfordert ihre sachgerechte und wirksame Handhabung eine gute Ausbildung und ständiges Training. Die Maschinenpistole hat zwar eine bessere Reichweite, ist aber in der Hand des ungeübten Schützen, genau wie die Pistole, eine unpräzise Waffe.

Daher beschloß man bei FN, daß die neue Waffe leicht (weil nämlich sonst der damit Bewaffnete versucht sein könnte, die Waffe im Fahrzeug zurückzulassen, anstatt sie am Mann zu führen) und einfach in der Handhabung und Pflege sein müsse, sie sollte genau schießen, wenig Rückstoß haben, trotzdem aber ausreichend Energie entwickeln und genügend Reichweite haben. Da es keine Patrone gab, die in dieses Konzept paßte, entwickelte man bei FN eine völlig neue Patrone im Kaliber .224 (5,7 mm), die aussieht wie eine kleine Gewehrpatrone. Das Geschoß ist aus Verbundmaterial aufgebaut, es hat einen Kern aus Synthetikmaterial und einen Metallmantel. Es entwickelt ausreichend Energie, um auf 140 Meter einen Stahlhelm oder auf 90 Meter eine kugelsichere Weste zu durchschlagen. Aufgrund des geringen Geschoßgewichtes entwickelt die Patrone aber sehr wenig Rückstoß, er ist mit dem eines Kleinkalibergewehres vergleichbar. Deswegen geht man auch davon aus, daß selbst Soldaten, die eigentlich vor dem Schießen Angst haben und gern «mucken», mit dieser Waffe einigermaßen präzise schießen.

Die äußere Form der Waffe hat mit einem traditionellen Gewehr nichts mehr zu tun. Das durchsichtige Magazin liegt oben auf der Waffe, die Patronen werden mit einer Art Drehscheibe zugeführt. Obwohl die Waffe merkwürdig aussieht, liegt sie gut in der Hand und befindet sich automatisch in der richtigen Position für den Deutschuß. Sie ist zudem mit einer optischen Zielhilfe ausgestattet, deswegen kann der Schütze beim Schießen beide Augen offenhalten, er braucht nur einen Leuchtring aufs Ziel zu bringen. Da das Geschoß aufgrund der hohen Anfangsgeschwindigkeit eine sehr gestreckte Flugbahn hat, ist eine Visierkorrektur auf normale Schußentfernungen nicht nötig.

Links: Die Calico M 960 A ist eine moderne Maschinenpistole im Kaliber 9 mm Para. Die Waffe kann mit einem zylindrischen 50- oder 100-Schuß-Magazin ausgestattet werden.

Rechts: Bei FN wurden die Anforderungen, die an eine Waffe zur persönlichen Verteidigung gestellt werden, völlig neu erarbeitet. Das Ergebnis ist die radikal neue P-90 mitsamt der ebenfalls neuen Munition im Kaliber 5,7 mm.

Unten links: Hier wird das Innenleben des 50-Schuß-Magazins der Calico gezeigt. Die Patronen werden von einer eingebauten Feder auf der jeweiligen Führungsschiene nach vorn gedrückt.

Unten: Auch Steyr hat eine Waffe zur persönlichen Verteidigung konstruiert, es ist die hauptsächlich aus hochmodernen Kunststoffen bestehende TMP. Die Waffe ist kurz und leicht, der unverriegelte Masseverschluß arbeitet mit einem Schußfolgebegrenzer.

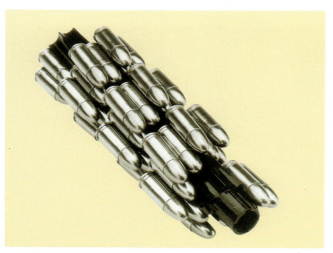

BLICK IN DIE ZUKUNFT

Unglücklicherweise wurde die Waffe zu einer Zeit serienreif, in der mehrere ungünstige Umstände zusammentrafen. Zwar hatten einige Armeen Interesse an diesem Konzept, die wirtschaftlichen Schwierigkeiten der späten 80er Jahre und das Ende des kalten Krieges führten aber dazu, daß aus Mangel an finanziellen Mitteln keine Aufträge erteilt wurden. So dauerte es eine ganze Weile, bis das Konzept des P-90 allgemein bekannt und verbreitet wurde.

Es waren kleinere Streitkräfte, die sich zuerst dafür interessierten, und so begann dann Anfang der 90er Jahre die Serienproduktion des P-90. Seither haben sich aber eine ganze Anzahl von größeren NATO-Armeen genauer mit diesem FN-Konzept und der von der Firma entdeckten Marktlücke beschäftigt, und einige von ihnen haben sogar schon Bedarf für ein solches Waffenkonzept angemeldet. Und da FN bisher der einzige Anbieter einer solchen Waffe ist, kann es sogar sein, daß sich die Entwicklungsarbeiten der Firma doch noch bezahlt machen. Das ist auch ganz gut so, da FN mit dem Entdecken einer anderen Marktlücke nicht so viel Erfolg zu verzeichnen hatte.

Ende der 70er Jahre beschäftigte man sich bei FN intensiv mit dem Konzept des schweren Maschinengewehres. Zu dieser Zeit gab es eigentlich nur zwei brauchbare Systeme. Im sowjetischen Einflußbereich war es das DShK im Kaliber 12,7 mm, während im Westen das Browning M 2 im Kaliber .50 (12,7 mm) verwendet wurde. Das Browning stammte aus dem Jahre 1919, und an der dazugehörigen Patrone waren seitdem keine nennenswerten Verbesserungen vorgenommen worden. Es bestand also eindeutig Bedarf an einem modernen schweren Maschinengewehr.

Ungefähr zu dieser Zeit war von einigen Herstellern leistungsgesteigerte Munition entwickelt worden, wobei sich die Verbesserungen aber in Grenzen hielten, denn Hülsen- und Geschoßgröße und -form konnten natürlich nicht verändert werden.

Man ging in den späten 70er Jahren außerdem von veränderten Zuständen auf dem Schlachtfeld aus, so wurde mit einer Zunahme der Anzahl von leichten gepanzerten Fahrzeugen und gepanzerten Bodenangriffshubschraubern gerechnet, gegen die mit dem M 2 nicht allzuviel auszurichten war. Bei FN wurden deswegen Überlegungen in Richtung einer Kalibervergrößerung angestellt, dadurch wäre die Durchschlagskraft gegen leichte Panzerungen erhöht worden, und Hubschrauber hätten auf Entfernungen bekämpft werden können, in denen diese sich selbst noch nicht zur Wehr setzen konnten.

Es wurde eine Waffe im Kaliber 15 mm mit doppelter Munitionszuführung entwickelt, bei der zwei Gurte mit verschiedener Munition zugleich eingelegt werden konnten. Der Schütze konnte während des Schießens die Munitionssorte wechseln, so konnten aus dem einen Gurt zum Beispiel panzerbrechende Geschosse und aus dem anderen Gurt normale Vollmantelgeschosse verschossen werden.

Unglücklicherweise traten bei diesem Projekt, das ungefähr 1985 in die Erprobung trat, beträchtliche Verschleißprobleme in den Läufen auf. Als Verursacher wurde schließlich die Munition festgestellt, bei der es sich einfach um vergrößerte Gewehrmunition handelte.

Man entwickelte daher ein neues Geschoß mit einem laufschonenden Kunststoffmantel, außerdem wurde das Kaliber auf 15,5 mm vergrößert. Zu dieser Zeit war dann aber schon die sogenannte Friedensdividende in aller Munde. Da nun keine unmittelbare Bedrohung mehr bestand, konnte es sich keine Armee auf dieser Welt noch leisten, eine Umstellung vom alten Browning-MG auf das neue Muster auch nur in Erwägung zu

MILITÄRISCHE HANDWAFFEN

ziehen. Im Jahre 1992 stellte man bei FN alle Bemühungen auf diesem Gebiet ein, das Projekt wurde eingefroren, und man konzentrierte sich von da an ausschließlich auf das P-90.

Es gab noch einen weiteren Versuch, eine erkannte Marktlücke zu besetzten: Die meisten Maschinenpistolen sind sehr unpräzise, wenn Dauerfeuer mit ihnen geschossen wird, nur erstklassige Schützen erzielen damit einigermaßen gute Ergebnisse. Ursache ist einmal die durch den Rückstoß hochkletternde Mündung der Waffe; diese Kletterneigung wird durch die in der Waffe hin und her laufende Masse des Verschlusses noch verstärkt. Dadurch liegen nur die ersten Geschosse überhaupt noch im Ziel, der Rest der Garbe fliegt im wahrsten Sinne des Wortes ziellos durch die Luft. Es hat natürlich immer schon Versuche gegeben, diese Eigenheit der leichten Maschinenpistole durch Verringerung der Kadenz zu beseitigen. Dazu wurden alle möglichen Vorrichtungen zur Verzögerung des Verschlußrücklaufes entwickelt. Diese mechanischen Systeme schafften zwar Besserung, konnten das Übel aber nicht ausrotten.

Ein amerikanischer Konstrukteur, der in Großbritannien arbeitete, kam nun zu folgender Erkenntnis: Wie viele andere mechanische bzw. technische Geräte müßte auch die Maschinenpistole eine Art von idealer Arbeitsgeschwindigkeit haben, bei der sie ohne Schwierigkeiten zu kontrollieren wäre. Er konstruierte daraufhin einen elektronischen Schußfolgebegrenzer, der den Verschluß der Waffe in der gleichen Weise wie die mechanischen Begrenzer verzögerte. Das neue System war aber regelbar, und in den nun folgenden Versuchsreihen suchte man nach der idealen Arbeitsgeschwindigkeit der Waffe. Man fand sie wirklich. Aufgrund dieser Erkenntnisse wurde die «Bushman»-PDW entwickelt, eine einhändig zu bedienende Waffe, die die normale Pistolenpatrone 9 mm Para mit einer Kadenz von 1'400 Schuß in der Minute verschießt. Mit dieser Kadenz ist die Waffe praktisch nicht zu kontrollieren. Wenn nun aber der Schußfolgebegrenzer eingebaut wird, dann schießt sie mit einer Kadenz von 450 Schuß in der Minute, wobei sie sich höchstens etwas in der Schießhand schüttelt. Die Mündung klettert nicht nach oben, und alle Schüsse liegen zusammen im Ziel. Man hat diese Begrenzerkonstruktion auch schon in anderen Maschinenpistolen von konventioneller Bauweise erprobt. Auch dort hat es genauso gut funktioniert, allerdings mit einer anderen Kadenz, je nachdem, in welchem Bereich die ideale Arbeitsgeschwindigkeit der jeweiligen Waffe lag.

Neuerungen auf dem Munitionssektor

In den letzten 50 Jahren ist das Gewehrkaliber ganz allmählich von ungefähr 8 mm auf jetzt 5,56 mm reduziert worden. Gleichzeitig wurde die Anfangsenergie entsprechend erhöht, um auch weiterhin die gleichen Geschoßleistungen zu erhalten. Allerdings hatte diese Kaliberreduzierung nicht nur Befürworter. So läßt sich anhand von Meßwerten zwar beweisen, daß auch ein leichteres Geschoß die gleichen Leistungen erbringen kann wie der schwerere Vorgänger, die Praxis beweist aber etwas anderes. Ein von einem kleinkalibrigen Geschoß im Kaliber 5,56 mm getroffener Angreifer wird nicht unbedingt gestoppt, während ein Treffer durch ein großkalibriges Geschoß von ca. 8 mm Durchmesser den Gegner ganz sicher stoppt. Es sind immer wieder Kommissionen und Studiengruppen mit der Ermittlung des idealen Kalibers beauftragt worden, die seltsamerweise fast alle zu dem gleichen Ergebnis kamen – das Idealkaliber liegt bei 7 mm. Genau dieses Kaliber ist aber niemals offiziell eingeführt worden. Großbritannien übernahm es zwar formell im Jahre 1949 mit dem EM2-Gewehr, aber die Entscheidung wurde im Interesse eines einheitlichen NATO-Kalibers schnell wieder rückgängig gemacht, so erhielten die Briten dann das Kaliber 7,62 mm. In den 60er Jahren führten die Amerikaner Versuche durch, als deren Ergebnis sie ein Kaliber von 6 mm als ideal herausfanden, aber auch hier waren schließlich politische Gründe schuld an der Nichtübernahme. So wurde schließlich das Kaliber 5,56 mm zuerst US-amerikanischer und letztendlich dann auch NATO-Standard.

Ungefähr im Jahre 2010 werden alle diejenigen Streitkräfte, die in den späten 80er Jahren unseres Jahrhunderts neue Gewehre

Unten: Bei der Bushman wird die Kadenz elektronisch auf den für diesen Waffentyp idealen Wert eingeregelt.

Unten: Die moderne Glock 17 hat ein Griffstück aus Kunststoff. Schlitten, Lauf und einige Verschlußteile bestehen dagegen aus Stahl.

BLICK IN DIE ZUKUNFT

eingeführt haben, auf der Suche nach neuen Waffensystemen sein, und dann wird auch die Frage des Idealkalibers wieder auf den Tisch kommen. Daher ist es interessant zu erfahren, daß die Russen, die ja Ende der 70er Jahre eine neue Patrone im Kaliber 5,45 mm eingeführt hatten, seit Ende 1993 mit der Neuentwicklung eines Gewehres und eines Maschinengewehres beschäftigt sind, die beide eine völlig neue Patrone im Kaliber 6 mm verschießen. Zwar sind die Waffen noch im Erprobungsstadium, bemerkenswert ist aber schon jetzt, daß man sich durch die Kalibervergrößerung größere Reichweite und bessere Geschoßwirkung verspricht.

Es soll an dieser Stelle noch einmal daran erinnert werden, daß die kleinkalibrige Patrone 5,56 x 45 mm nicht wegen ihrer besseren ballistischen Leistungen eingeführt worden ist, sondern man wollte den im Schießen zunehmend schlechter ausgebildeten Soldaten durch die Ausstattung mit einer größeren Munitionsmenge eine größere Trefferwahrscheinlichkeit geben. In den amerikanischen Projekten der 50er und 60er Jahre fanden sich deswegen auch immer wieder Hinweise, daß der schlechte Schießausbildungsstand möglichst durch geeignete technische Hilfsmittel ausgeglichen werden sollte. Der Soldat in der heutigen Zeit muß an so vielen komplizierten technischen Geräten ausgebildet werden, daß für eine sorgfältige und grundlegende Schießausbildung kaum noch Zeit bleibt. Wenn daher die Russen die Rückkehr zum stärkeren Kaliber erwägen, dann haben sie vielleicht erkannt, daß eine gute Schießausbildung nicht einfach durch höhere Feuerkraft zu ersetzen ist.

Vielleicht erleben wir im 21. Jahrhundert eine Renaissance der alten soldatischen Tugenden. Auf jeden Fall können wir aber gespannt darauf warten, was die neuen Komitees als Idealkaliber ermitteln werden.

Neue Wege

Traditionell besteht die Bewaffnung des Soldaten aus den folgenden Waffentypen: Pistole, Maschinenpistole, Gewehr, leichtes Maschinengewehr und schweres Maschinengewehr. Mit diesem Arsenal werden alle praktisch auftretenden Einsatzbereiche abgedeckt.

Es gibt aber doch immer wieder einmal Situationen, in denen die traditionellen Waffentypen alle nicht die richtige Wahl sind, und deswegen gibt es noch zwei Waffentypen, deren Einsatzmöglichkeiten gegenwärtig von vielen Armeen erprobt werden und die genau die bestehenden Lücken ausfüllen. Es sind die Kampfflinte und das Scharfschützengewehr.

Die Geschichte der Flinte im Militäreinsatz ist sehr abwechslungsreich. In den Schützengrabenkämpfen von 1915 bis 1918

Unten: Für Kampfflinten besteht offensichtlich auf dem Markt für moderne Militärwaffen eine Marktnische. Hier gezeigt ist der Gasdrucklader SPAS 15 von Franchi.

Ganz unten: Eine etwas futuristisch anmutende Konstruktion ist die Kampfflinte Jackhammer von Pancor. Die zylindrische Munitionskassette für 12 Schuß befindet sich hinter dem Pistolengriff.

MILITÄRISCHE HANDWAFFEN

wurde sie in beschränkter Anzahl verwendet, in größerem Maße kam sie dann erst wieder in den 50er Jahren im Kampf gegen die kommunistischen Aufständischen in Malaya zum Einsatz. In den 60er Jahren wurde sie dann in Vietnam verwendet. Bei allen diesen Einsätzen wurde aber hauptsächlich bemängelt, daß sich die zivile Flinte für den rauhen Soldatenalltag nicht eignet, sie ist einfach zu lang und zu empfindlich. Auch die Munition entsprach nicht den militärischen Anforderungen. So war die normale Schrotpatrone mit Papphülse im feuchtwarmen Dschungelklima Malayas schon nach kurzer Zeit nicht mehr zu gebrauchen.

Von Zeit zu Zeit haben militärische Beschaffungsbehörden zwar eine militärische Kampfflinte gefordert, doch die Hersteller boten kaum jemals mehr als eine etwas überarbeitete und verstärkte Zivilversion an. Es war wie so oft, man war von Herstellerseite einfach nicht gewillt, Geld in ein Entwicklungsprogramm zu stecken, wenn nicht gewiß war, daß das gefundene Ergebnis anschließend überhaupt angenommen würde.

In den 70er Jahren begann man bei den amerikanischen Streitkräften mit den Entwicklungsarbeiten für eine militärische Kampfflinte, die die Bezeichnung CAWS (Close Assault Weapon System – Nahangriffswaffensystem) trug. Gefordert wurde eine Selbstladeflinte, die mit einer weiterentwickelten Munition eine Reichweite von knapp 300 Metern erreichen sollte. Es wurden sogar zwei verschiedene Systeme konstruiert, dann allerdings schlief das ganze Projekt wegen mangelnden Interesses ein, und jetzt ruht es schon etliche Jahre.

Es haben sich aber auch private Konstrukteure mit diesem Problem beschäftigt, wobei einige ganz ausgezeichnete Lösungen fanden. Eine davon ist die Selbstlade-Kampfflinte «Jackhammer» im Kaliber 12/70, bei der die Munition aus einer als Trommelmagazin ausgebildeten, bereits ab Fabrik geladenen Kassette zugeführt wird. Die leergeschossene Kassette wird einfach fallengelassen und durch eine neue Kassette ersetzt. Die Waffe hat eine Kadenz von 240 Schuß pro Minute, sie kann sowohl herkömmliche Schrotmunition im Kaliber 12 als auch Spezialpatronen verschießen. Ein ganz besonders interessantes Detail des neuen Systems ist die mitgelieferte Druckplatte, die auf eine gefüllte Munitionskassette aufgesetzt werden kann und mit der diese Kassette dann in eine hervorragend wirksame Tretmine verwandelt werden kann.

Es könnte also möglich sein, daß die Flinte beim Militär weitere Verbreitung findet und daß es schließlich spezielle Militärflinten gibt. Da sich das militärische Einsatzspektrum gewandelt hat und man mittlerweile für örtlich begrenzte Konflikte, Anti-Terroreinsätze, Hilfseinsätze und ähnliches plant, gäbe es für die Verwendung von speziellen Nahkampfwaffen wie der Flinte reichlich Einsatzmöglichkeiten.

Völlig anders liegen die Dinge beim Einsatz von großkalibrigen und weitreichenden Scharfschützengewehren. Für die ersten Konstruktionen auf diesem Gebiet, die in den USA Anfang der 80er Jahre entstanden, wurden leider etwas mißverständliche Bezeichnungen verwendet, die darauf schließen ließen, daß die Waffen gegen lebende Ziele verwendet werden sollten. Das war aber gar nicht der Fall, denn Hauptziel dieser Waffen sollen empfindliche Geräte und Ausrüstungsteile des Gegners sein. Die von Steyr-Mannlicher entwickelte Waffe trägt denn auch konsequenterweise die Bezeichnung «Anti-Material-Gewehr». Ursprünglich wurden diese Waffen im Kaliber .50 (12,7 mm) Browning entwickelt, und auch heute noch verschießen die meisten Konstruktionen diese Patrone, wobei die serienmäßig gefertigte MG-Munition verwendet wird. Für die schweren Gewehre wird grundsätzlich ein Zweibein verwendet, sie haben normalerweise eine Mündungsbremse und weitere rückstoßabsorbierende Zubehörteile. Ihr Einsatzgebiet ist der präzise Schuß auf Entfernungen von 1'100 bis 1'400 Metern.

Links: Das M 60 wurde zum verbesserten Untermodell E3 weiterentwickelt.

Unten links: Das Negev ist ein leichtes Maschinengewehr aus Israel im Kaliber 5,56 mm, es entspricht ungefähr dem Minimi von FN.

Unten: Das Weitschuß-Scharfschützengewehr M 82 von Barrett zum Einsatz gegen harte Ziele verschießt die MG-Patrone 12,7 mm (.50).

BLICK IN DIE ZUKUNFT

Wie sie genau verwendet werden sollen, läßt sich vielleicht mit dem folgenden Beispiel beschreiben: Der Stoßtrupp einer Spezialeinheit, bestehend aus drei Mann, dringt hinter die feindlichen Linien vor. Die Soldaten führen ein schweres Scharfschützengewehr und entsprechende Munition dafür mit sich. Sie arbeiten sich bis zu einem Punkt vor, von dem aus sie den Feldflugplatz des Feindes übersehen können, auf dem Erdkampfflugzeuge stationiert sind. Aus einer Entfernung von 800–900 Metern werden mit einem halben Dutzend Patronen ebenso viele Erdkampfflugzeuge außer Gefecht gesetzt. Das Geschoß der Patrone .50 ist ohne weiteres in der Lage, ein modernes Düsenflugzeug mitsamt der eingebauten komplizierten und empfindlichen Elektronik ganz nachhaltig zu beschädigen. Nach dem Einsatz läßt der Stoßtrupp seine Waffe einfach liegen und kehrt in seinen Stützpunkt zurück. Wenn die Zerstörung von sechs teuren Düsenkampfflugzeugen für den Preis eines Scharfschützengewehres im Werte von vielleicht 5'000 Dollar erkauft werden kann, so ist das ein sehr gutes Geschäft.

Nachdem das Konzept in der Streitkräfteführung Freunde gefunden hatte – und die US Army hat diesen Waffentyp mittlerweile in Grenada, Panama und am Golf eingesetzt –, begann man nun damit, die Waffe zu überarbeiten und das Konzept zu verbessern. Der Hauptfehler des Systems ist die verwendete fabriklaborierte Standardmunition für das Maschinengewehr .50, sie ist für ihre Aufgaben einfach nicht präzise genug. Natürlich kann man durch sorgfältiges Handladen die Präzision steigern, aber wirkliche Abhilfe bringt nur das Aufgeben des alten Kalibers .50, diesen Weg hat FN mit seiner Neuentwicklung bereits gezeigt. Diese Lösung wählte auch Steyr-Mannlicher bei seinem Antimaterialgewehr, hier wird ein unterkalibriges Pfeilgeschoß im Kaliber 14,5 mm verschossen. Das schwere Metallgeschoß durchschlägt 40 mm Panzerstahl auf eine Entfernung von 900 Metern.

Natürlich ist die Waffe dafür beträchtlich schwerer als ein Gewehr im Kaliber .50, aber sie kann von zwei Mann gut bewältigt werden und schießt mit überragender Präzision. Die Zukunft wird zeigen, ob dieses Konzept angenommen wird oder ob es wie so viele andere, bedingt durch den Sparzwang, in der Versenkung verschwindet.

Insgesamt gesehen sind also die Aussichten auf eine dynamische Entwicklung der militärischen Handwaffen in den nächsten 20 Jahren nicht sonderlich gut. Die meisten Armeen auf der Welt sind so gut ausgerüstet, daß sie vorhersehbaren Bedrohungen begegnen können, zumal die ganz große Bedrohung aus dem Osten wohl nicht mehr existiert. Die noch bestehenden Bedrohungen sind überschaubar und können leicht mit der vorhandenen Technologie bewältigt werden.

Da es momentan keinen dringenden Bedarf gibt und die Regierungen ihren Streitkräften strenge Sparmaßnahmen verordnet haben, gibt es für die namhaften Hersteller keinerlei Anreize, neue Waffensysteme zu konstruieren. Man konzentriert sich vielmehr auf die Verbesserung bestehender Konstruktionen, besonders dann, wenn dadurch rationeller produziert werden kann. Da zur Zeit kaum weitere bahnbrechende Erfindungen zu erwarten sind, werden wohl in Zukunft hauptsächlich wirtschaftliche Überlegungen die Waffenfertigung beeinflussen.

Unten links: Statt auf das radikal neue (und teure) G 11 umzurüsten, entschied sich die Bundeswehr schließlich für das G 41 von Heckler & Koch. Dieses Gewehr ist eine Weiterentwicklung des HK 33.

Unten: Eine weitere Variante der PDW (persönliche Verteidigungswaffe) ist die verkürzte MP5K von Heckler & Koch.

Ganz unten: Die Maschinenpistole BXP aus Südafrika ist ein konventioneller Rückstoßlader mit unverriegeltem Masseverschluß.

MILITÄRISCHE HANDWAFFEN

INDEX

A

AAI Corporation 229
AAT-52 Maschinengewehr 199
AAT-52, 199
ABC-Schutzanzug 13
Accuracy International PM & AW 157
Adams Dragoon 42
Adams Zentralfeuer 57
Adams Zentralfeuer, Nachbau 61
Adams 29, 29, 42
Adams, Robert 42, 46
Adams-Nachbau 43
Adams-Perkussionsrevolver 29, 42
Adams-Perkussionsrevolver, Nachbau 43
Adams-Zentralfeuerervolver 57
Adams-Zentralfeuerervolver, Nachbau 61
Advanced Combat Rifle (ACR) 229
AK 47, 159, 164, 165, 166, 172, 181, 225
AK 47, Klappschaft 165
AK 74, 174
AK5 (Schweden) 173
AKM 12, 165, 172, 174
AKS, siehe AK 74
AKSU Maschinenpistole 174
Allen-&-Wheelock-Revolver 55
Anelly 30
Anneley, T 30
Anschlagschaft/Holster 86, 88, 96, 118
AR 15, 159, 170, 170
AR 18, 170, 174
AR 70/223, 176, 177
AR 70/90, 177
Aranzabal 73
Arisaka, Oberst 152
ArmaLite 159, 170, 171
Armee-Universal-Gewehr, siehe Steyr AUG
Armscor R4, 159, 176
Armscor R5, 176
Arnott, Dr. 19
Arriaban & Co. 54
Arriaban, Stiftfeuer 54
Arriaban-Zündnadelrevolver 54
Austen 191
Australische Armee 191
Auswechselintervall 13
Automat Kalaschnikow, siehe AK 47

B

Baker, T. 32
Baker-Gewehr 122, 125
Baker-Revolver, gasdicht 32
BAR M 1918, 198, 212, 217, 224
Barker, Übergangsmodell 31
Barker-Revolver 31
Barrett M 82, 234

Beals, F. 38
Beardmore-Farquhar 216
Beattie, J. 32
Beattie-Revolver, gasdicht 32
Beaumont, Olt. F. 29, 42, 43
Beaumont-Adams Dragoon 43
Beaumont-Adams-Revolver 42, 46
Belgische Armee 173, 182
Belgischer Stiftfeuer 53
Belgischer Zündnadelrevolver 53
Belgisches Kurzgewehr 124
Benelli M 121, 179
Bentley, Joseph 45
Bentley-Revolver 45
Beretta Modell 1934, 108
Beretta Modell 1935, 109
Beretta Modell 81, 114
Beretta Modell 84, 114
Beretta Modell 92F 9, 101, 115, 116
Beretta Modell 92S 115, 118
Beretta Modell 92SB 115
Beretta Modell 93R 118
Beretta Modello 38/42, 185
Beretta Modello 38/44, 185
Beretta Modello 38A 184
Beretta 159, 176
Bergmann Bayard 91
Bergmann Modell 1896, 90
Bergmann Modell 1897, 90
Bergmann Modell 1917 siehe Lignose Einhand
Bergmann M) 18.1, 12, 180, 180, 182
Bergmann MP 28.II 182, 186, 190
Bergmann Musquete, siehe Bergmann MP 18.1
Bergmann Simplex 90
Bergmann, Theodor 11, 87, 90, 180
Bergmann-Bayard Pistole 91
Bernadelli P 018, 114
Bernedo-Taschenpistole 102
Berners, Hauptmann 125
Berthier M 1892, 9
Berthier, Lt. André 216
Berthier-Karabiner 149
Besal Mk 2, 218
Blakeslee-Ladehilfe 144
Blanch und Sohn 23, 24
Blanch 23
Blanch-Pistole 23
Bland-Pryse-Revolver 59
Blunderbuss Tromblon 15, 20, 21, 178
Bodeo Modell 1889, 72
Borchardt 11, 87, 88
Borchardt, Hugo 88
Borchardt-Patrone 88
Borchardt-Pistole 11, 87, 88
Boxer-Patrone 58, 60, 141
Braunschweig, Herzog von 125

Breda Modello 1930, 221
Breda Modello 1937, 209
Bren 12, 199, 216, 218, 219
British Aerospace 228
Britische Armee 142, 156, 157, 158, 166,
Britische Kavalleriepistole 18
Britische Perkussionskonversion 22
Britische Pioniere 9
Britischer Tip-up-Revolver 58, 61
Brown-Bess-Muskete 122
Browning A5, 178, 179
Browning Automatic Rifle, siehe BAR M 191
Browning GP 35, 110, 117
Browning High-Power, siehe Browning GP 23
Browning M 1917, 198, 207, 208
Browning M 1919, 199, 208
Browning M 1921, siehe Browning M2HB
Browning M2 HB 210, 231
Browning Modell 1900, 92
Browning Modell 1922, 104
Browning, Obtl. John 198
Bruniton 115
Brunswick-Gewehr 125
BSA Modell 1949, 192
Büchsen und Musketen, frühe
Bullpup-Konfiguration 159, 166, 173, 174
Burenkrieg 12, 82, 86, 88, 153, 158
Bürgerkrieg, amerikanischer, 8, 15, 120
Burnside, Generalmajor Ambrose T. 137
Burnside-Karabiner 137
Bushman 232, 232
BXP 235

C

Calico M 960A 230
Calico-Trommelmagazin 230
Carcano M 1891, 149, 154
Carcano M 1938, 154
Carcano, Oblt. S. 149
Carl Gustav M 45, 194
Cei-Rigotti-Gewehr 160
Cei-Rigotti, Hauptmann 160
Ceska Zbrojovka (CZ) 105, 112
CETME L 13, 176
Chamelot-Delvigne (1872) 71
Chapman, C. 128, 134
Chapman-Gewehr 128
Chapman-Musketoon 134
Chassepot-Gewehr 8
Chassepot-Karabiner 139
Chatellerault M 1924, 12, 199, 217
Chatellerault, staatliches Arsenal, 24, 2
Chauchat M 1915, 212, 217

Chinesische Armee 191
Clark, Sherrard & Co., Revolver 38
Close Assault Weapon System (CAWS) 234
CNC-Werkzeugmaschinen 87
Cofer, Thomas 41
Cofer-Revolver 41
Collier-Steinschloßrevolver 30
Collier, Elisha 30
Colt Army Special 78
Colt Artilleriemodell, siehe Colt Single
Colt Commando 170
Colt-Double-Action-Revolver 78
Colt Dragoon Modell 1849, 28, 34, 37
Colt-Gelenkladepresse 28
Colt-Hauptpatent 29
Colt Modell 1849, siehe Colt-Taschenrevolver
Colt Modell 1855 Revolvergewehr 127
Colt Modell 1855, 127
Colt Modell 1860, siehe Colt New Model Army
Colt Modell 1903, 92, 99
Colt Modell 1908, 103
Colt Modell 1911 A1, 100
Colt Modell 1911, 11, 79, 81, 87, 100
Colt Navy Modell 1851, 34, 36, 37
Colt New Model Army 35
Colt New Navy 78, 79
Colt New Service 78, 79
Colt Official Police 84
Colt Peacemaker, siehe Colt Single Action
Colt Pocket 35
Colt Police Positive 79
Colt Python 85
Colt-Scheibenrevolver 79
Colt Single Action (1873) 64
Colt Single Action (Kavallerie) 65
Colt-Taschenrevolver 35
Colt 11, 229
Colt, Samuel 28, 29, 34, 127
Colt-Browning M 1895, 200, 207
Columbus Firearms Company 37
Columbus-Revolver 37
Cook-&-Bro.-Gewehr 129
Cook-&-Bro.-Karabiner 133
Cook-&-Bro.-Musketoon 133
Cook, Ferdinand und Francis, 129, 133
Cooper Pepperbox 31
Cooper, J. 31
CZ Modell 1924, 105
CZ Modell 1927, 105
CZ Modell 1939, 112
CZ Modell 1950, 113
CZ, siehe Ceska Zbrojovka

236

INDEX

D

Damast 21, 22, 23, 26
Dance & Bro. Army 37
Dance & Bro. Navy 37
Dance Brothers and Park 37
Dänische Armee 91, 140
Dänische Schouboe M 1907, 94
Daw 49
Daw-Revolver 49
Deane-Harding-Revolver 46
Defender, siehe
    Harrington & Richardson
Degtjarjow DP 161, 199, 220,
    223
Degtjarjow, Wassili 190, 220,
    223
DeLisle-Kommandokarabiner 189
Desert Eagle 119
Deutsche Fallschirmjäger 163
Deutsche Gewehrkommission,
    63, 148
Deutsche Kavalleriepistole 18
Deutsche Luftwaffe 106
Deutsche Polizei 182
Deutscher Stiftfeuerrevolver 52
Deutscher Zündnadelrevolver 52
Deutsches Heer 184, 180, 61,
    63, 87, 89,
Devisme 57
Devisme-Revolver 57
Dickson, Nelson & Company 130
Dickson-Nelson-Karabiner 130
Dienstpistole, Frankreich 24
Doppelabzugsystem 46, 80
Doppellauf 26
Doppelläufige Pistole 26
Doppelläufiger Revolver 65
Doppelläufiges Gewehr 122
Doppelaufpistole 26
Doppelsystem, Revolver mit 49
Double-Action-Schloß 40, 42, 43
Dragunov-Gewehr 143
Dreyse-Zündnadelgewehr 8, 138
Dreyse, Johann von 33
Dreyse-Zündnadelkarabiner 138
DShK 199, 210, 231
Duell 14, 21, 22, 25
Duplex-Patrone 229
Dushka, siehe DShK

E

Echeverria Star B 101
Echeverria 113
Ecuadorianische Armee 159
Eibar 73, 102
EM 1, 158
EM 2, siehe Gewehr No. 9
Enfield-Karabiner (1856)
    131, 133
Enfield-Kurzgewehr (1856)
    124, 129
Enfield-Kurzgewehr (1865)
    124, 129
Enfield Mk I 72
Enfield Mk II 72, 76, 80
Enfield Musketoon (1853)
    130, 134
Enfield No.2 Mk I 83
Enfield Pattern 1853, 124,
    125, 126, 130

Entenfußpistole 15
Erma-Werke 184
Erster Weltkrieg 9, 12, 89, 97,
    100, 109

F

F1-Maschinenpistole 195
FA MAS 13, 173
Fabrique Nationale (FN) 87,
    92, 104
Fallschirmjägergewehr 42, 163
Fallschirmjägergewehr Typ 2
    (Japan) 156
Farquhar-Hill 160
featherlight, siehe
    Ithaca 37-Flinte
FEG P9R, 117
Fegyvergyar Modell 1937, 110
Fernandez, Juan 16
FG 42, siehe Fallschirmjäger-
    gewehr 42
FIAT 209
Finnische Armee 172, 183, 190
Flobert, Louis 50
FN FAL (Experimentalversion)
    168
FN FAL 12, 168, 169, 172
FN FNC 173
FN GP 35, 86
FN Heavy Machine Gun 231
FN MAG 10, 224
FN Minimi 226
FN P-90, 230, 230, 231
FN Schweres Maschinengewehr
    231
FN, siehe Fabrique Nationale
Fosbery, Oberst George 80
Franchi 179
Französische Armee 63, 112,
    121, 141, 14
Französische Armee, Stein-
    schloßpistole 18
Französische Dienstpistole 24
Französische Kolonialtruppen
    194
Französischer Stiftfeuerrevolver
    53
Freres, Pirlot 71
Frommer Baby 102
Frommer Modell 1910, 99
Frommer, Rudolf 102, 110
FAL, siehe FN
Fyedorov, V.G. 158

G

G 11, siehe Gewehr 11
G 3, siehe Gewehr 3
Gabbet-Fairfax, Hugh 93
Gabilondo Ruby 104
Gabilondo 101
Gal, Major Uziel 195
Galand-&-Sommerville-
    Revolver 59
Galand 70
Galand, Charles 59, 70
Galand-Revolver 70
Galil AR 172, 176
Galil ARM 173
Gallager-Karabiner 136

Garand, John 143
Gasdichtes System 32, 73
Gasdrucklader 160, 204
Gasser-Montenegrin-Revolver 64
Gasser 64
Gasser-Revolver 64
Gatling-Kanone 10
Gendarmeriepistole 26
Geradezugverschluß 142
Gettysburg, Schlacht von
    127, 144
Gewehr 3, 169, 171, 196
Gewehr 11, 228, 228, 229
Gewehr 41 (1990) 235
Gewehr 41 (M) 161
Gewehr 41 (W) 161, 162
Gewehr 41 (1990) 235
Gewehr 43 162
Gewehr 88, 148, 150
Gewehr 98, 150, 151
Gewehr HK 33, 171
Gewehr Modell 1841, 126,
    128, 129, 130
Gewehr Modell 1842 (B),
    siehe belgisches
Gewehr Modell 1855 126
Gewehr Modell 1861 126
Gewehr Modell 1863 126
Gewehr No.4 (brit.) 153,
    154, 156
Gewehr No.5 (brit.) 156
Gewehr No.9 (EM 2) 158,
    159, 166, 168
Gewehr Pattern 1913, 153
GIAT 228
Glisenti Modell 1910, 98
Glisenti-Fabrik 71
Glock 17, 232
Golfkrieg (1991) 210
Goryunov 211
Granaten 159, 169
grease gun, siehe Maschinenpi-
    stole M3A1
Green, Edwinson 76
Green-Gewehr 138
Green-Karabiner 139
Greene, James 138
Griechische Armee 91
Gross, Henry 137
Gross-Karabiner 137
Guadalcanal, Schlacht von 186
Gwyn-&-Campbell-Karabiner,
    siehe Gross-Karabiner
Gyrojet-Pistole 119

H

H & K P7M13 117
H & K VP70 118
Haager Konvention (1899) 10
Hafsada-Pistole 100
Hahn, geschwungener 21
Halbstarrer Verschluß 49
Harding, William 46
Harpers Ferry 133
Harrington & Richardson
    69, 94
Harrington & Richardson
    Automatic 94
Harrington-&-Richardson-
    Revolver 69

Harrington, Gilbert 69
Heckler & Koch 159, 171, 196,
    228, 229
Henry 143, 147
Henry, Alexander 141
Henry, Benjamin 147
Henry-Gewehr 143, 147
Hitler, Adolf 158
HK 33, 171
HK MP 5, 181, 196
HK MP 5K 235
HK MP 5SD 197
Hochländer 17
Holsterpistole 14
Holzgeschoß 94
Hotchkiss M 1914, 10, 11, 12,
    198, 204
Hotchkiss Mk I 215
Houllier, Bernard 50
Hülsenauswurf, geschlossener 51
Hülsenlose Patrone 228
Hunt, Walter 146
Hunt-Geschoß 146
Hutier, von, General 180

I

Indische Armee 122, 216
Indonesische Armee 173
Infanterieschule Warminster 19
Infrarot-Nachtsichtgerät
    162, 227
Ingram MAC 10, 196
Innenliegendes Schloß,
    siehe Morse-Musket
Irisches Tromblon 21
Israelische Armee 172
Italienische Armee 98, 141,
    160, 176, 17
Ithaca 37, 178
Iver-Johnson-Revolver 68
Iver-Johnson-Revolver,
    spätes Modell 69
IW (Individual Weapon) 174

J

Jacob, General John 122
Jacob-Gewehr 122
Japanisch-chinesischer Krieg 152
Japanische Armee 106
Jennings, Lewis 146
Jennings-Gewehr 146
Jones, Owen 72
Jordanische Armee 176
Jorgensen, Eric 151
Joslyn, Benjamin 136
Joslyn-Karabiner 136
Justice, P. S. 129
Justice-Gewehr 129

K

Kalaschnikow, Mikhail 164
Kalter Krieg 199, 230
Kampfflinten
Kanadische Armee 100
Kanonenläufige Pistole 17
Kar 98k 151
Kartoffelernter, siehe Colt-
    Browning M 18
Kaufmann, Michael 75

MILITÄRISCHE HANDWAFFEN

Kaukasische Steinschloß-
pistole 16
Kennedy, Ermordung von 154
Kerr, James 48
Kerr, späte Ausführung 49
Kerr-Gewehr 125
Kerr-Revolver 48
Kipplaufsystem 51, 51
Konföderierte Armee 126, 128,
130, 133,
Konversion für Zentralfeuer 57
Koreakrieg 191, 210
Krag, Hauptmann Ole 151
Krag-Jorgensen-Gewehr 142,
151, 152
Kropatschek 148
Kufahl-Zündnadelrevolver 33
Kufahl, J. 33
Kupfermantelgeschoß 121, 149
Kynoch, George 80
Kynoch-Revolver 80

L

L1 A1 SLR 12, 168
L42-Scharfschützengewehr 156
L7 A1 GPMG 224
L85 A1, 159, 170, 175, 227
L86 A1 Light Support Weapon
227
L96 A1-Scharfschützengewehr
157
L96 A1, 157
Ladeklappe, Revolver 51, 51
Ladestreifenbeladung 204,
205, 209
Lagresse-Revolver 55
Lahti L35 110, 183
Lahti, Aimo 183
Lamb-Gewehr 129
Lanchester Mk I 186
Lang, gasdichter Revolver 32
Lang 23
Lang, Joseph 23, 32
Lang-Pistole 23
Largo-Patrone 101, 105, 113
Laumann, Josef 86
Le Francais Modell 28, 106
Lebel Modell 1886 9, 142, 121,
148
Lebel-Patrone 155
Lebel-Revolver Modell 1892, 71
Lee Modell 1895 150
Lee, James Paris 150
Leech & Rigdon-Revolver 36
Lefaucheux Stiftfeuer (1851) 53
Lefaucheux Stiftfeuer 50, 52, 54
Lefaucheux, Eugene 53
Lefaucheux-Stiftfeuerrevolver
(1851) 53
Lefaucheux-Stiftfeuerrevolver 50,
52, 54
LeMat 1. Modell 45
LeMat 2. Modell 45
LeMat Patronenrevolver 60
LeMat, Jean 45
LeMat-Karabiner 135
Leningrad, Belagerung von 192
Lewis 12, 198, 199, 212, 215
Lewis, Oberst Isaac 198, 212
Lignose Einhand 103

Llama 101
Longspur-Nachbau 44
Lovell, George 25, 122
Luger, Georg 96
Luntenschloß 14
Lüttich (Belgien) 71

M

M 14, modifizierte Version 167
M 14, US Rifle 167
M 16, 159, 167, 170, 175
M 193, Patrone 170, 172, 176
M 1931 «Festungs-MG» 217
M1 A1-Karabiner 162
M1 Garand 143, 159, 161, 167
M1-Karabiner 12, 162
M14 (modifiziert) 167
M16 A1 170, 229
M16 A2 170
M16 159, 167, 170, 175
M2-Karabiner (Vollautomat) 162
M249 siehe FN Minimi
M3 A1-Maschinenpistole 187
M3, 181, 187
M3-Karabiner 162
M3-Maschinenpistole 181, 187
M4-Karabiner 170
M60 224, 226
M60 E1 224
M60 E3 224, 234
M9-Pistole, siehe Beretta
Modell 92F
MAB Modell D 108
MacArthur, General Douglas 143
MacLean, Samuel 198, 212
Maddox, George 29
Madsen M1902, 11, 12, 143,
198, 212
Madsen M45, M46 und M53,
193
Madsen M50, 193
Magnum-Patronen 84, 85, 119
Makarov PM 113
Malaysia, Aufstand in 178, 233
Malaysische Armee 176
Manhattan Firearms Co. 35
Manhattan 35
Mannlicher Modell 1894 91
Mannlicher Modell 1903 91
Mannlicher 142, 148, 149
Mannlicher, Ritter von 91
Mantelgeschoß 121, 229
Manton, Joseph 22
Manton-Perkussionspistole 22
Manton-Pistole 22
Mariette-Revolver 31
Marine 25
Marine-Holsterpistole 20
Marinepistole 20, 25
Martini-Henry-Gewehr 141, 212
MAS 36, 155
MAS 38, 194
MAS Modell 1935, 112
MAS Modell 1950, 112
Massachusetts-Adams-Revolver
43
Massachusetts Arms Co. 43
MAT 49, 194
Mauser 9 mm (1912) 89
Mauser Modell 1896, 86

Mauser Modell 1898, 88, 89
Mauser Modell 1912, 89
Mauser-Panzerbüchse 210
Mauser Reihenfeuer 89, 118
Mauser-Zick-Zack-Revolver 61
Mauser, Paul 9, 61, 150
Mauser-Gewehr 142, 142,
148, 149
Maxim MG 08, 203, 213
Maxim MG 08/15, 213
Maxim Modell 1884, 11, 88,
97, 198, 201,
Maxim Modell 1910, 199
Maxim, Hiram 10, 11, 86, 210
Maynard-Zündkapselstreifen
33, 126, 127,
Maynard, Edward 132
Maynard-Karabiner 132
MCEM 2, 192
Mehrzweck-MG 199, 222
Meiji Typ 26 72
Meiji Typ 30 142, 152
Meiji Typ 38 Arisaka 152, 155
Merrill-Karabiner 137
Mexikanischer Krieg 29, 126
MG 34, 199, 222, 223
MG 42, 169, 176, 199, 223,
224
Minié, Hauptmann 123
Minié-Geschoß 120, 123,
124, 126
Minié-Gewehr 123
Miquelet-Schloß 17
Mitrailleur à Gaz, siehe FN MAG
Modèle 1866
siehe Chassepot-Karabiner
Modell 1836 27
Modell 1842 27
Modell 1855 15
Modell 1873 (Frankreich) 63
Mondragon-Gewehr 11
Morse, George 128, 135
Morse-Karabiner 135
Morse-Muskete 128
Mortimer-Repetierpistole 19
Mortimer-Pistole 21
Mosin, Hauptmann S. I. 154
Mosin-Nagant M 1944, 154
MP 38, 181, 184
MP 40, 184
MP 43 und MP 44,
siehe Sturmgewehr 44
MP 5K 235
Murray, J. P. 128, 130, 131
Murray-Gewehr 128
Murray-Karabiner 131
Murray-Musketoon 130
Muskete Modell 1839 122
Muskete Modell 1842 (GB) 123
Muskete Modell 1842 (US)
25, 126

N

Nagant Modell 1895 51, 73
Nagant, Leon 73
Nambu Taisho 14, 106, 108
Nambu-Typ 11-Maschinen-
gewehr 221
Nambu 206
Napoleon I., Pistole von 19

NATO 159, 159, 166, 167,
168, 170, 173,
Negev 234
Nordvietnam 165
Norwegische Armee 140

O

Odkolek 11, 204
Österreichisch-Ungarische
Armee 98, 99
Österreichische Armee 65, 141,
157, 183
Ostindische Gesellschaft 122
Owen-Maschinenkarabiner
191, 195
Owen, Evelyn 191

P

P1 siehe Walther P 38
Pancor Jackhammer 232
Parabellum Artilleriemodell
96, 182
Parabellum P08/20, 97
Parabellum 11, 87, 89, 96,
110, 111
Parker Field, gasdichter Revolver
33
Patchett-Maschinenpistole,
siehe Sterling
Pattern 1913, 153
Payne, Oscar 180
Peabody-Gewehr 141
Pearson 28
Pedersen T2E1 143, 160
Pedersen, John D. 104, 160
Pepperbox-System 28, 30
Perkussions-Konversion 122
Perkussions-System 8, 15, 120
Pfeilmunition 229, 229
Pistole Modell 1836, 27
Pistole Modell 1842 (GB),
siehe Tower-Kavalleriepistole
Pistole Modell 1842 (US) 27
Pistole Modell 1855 15
Polnische Armee 183
PPD 34/38, 190
PPD 40, 190
PPS 38, 181
PPS 42 und 43,
siehe Maschinenpistole Typ 54
PPSh 41, 181, 190, 191
PPSh 41, 181, 190, 191
Preußisch-Französischer Krieg 8
Preußisch-Österreichischer Krieg
8, 141
Preußische Armee 138
Pryse, Charles 59, 62
Pryse-Bauart 62
Pryse-Nachbau 70
Puteaux M 1905, 205

R

R.I.C.-Kopie, belgische 75
R.I.C.-Kopie, britische 74
Radom VIS-35, 109
Radschloß 14, 16
Raketenantrieb 119
Randfeuerpatrone 50, 70, 120

INDEX

Rast-&-Gasser-Revolver 65
Rauchloses Pulver 121, 148, 149
RDP 223
Reichsrevolver 63
Reisepistole 14
Reising Modell 50, 186
Reising Modell 50, 186
Reising, Eugene 186
Remington 101
Remington 870, 178
Remington Army 29, 39
Remington Modell 51, 104
Remington, Eliphalet 38
Remington-Beals Army 38
Remington-Beals Navy 39
Remington-Gewehr 140
Remington-Revolver (1875) 66
Revolver Bauart Pryse 62
Revolver Modell 1873 (F) 63
Revolvergewehr 127
Rexim-Favor 195
Rheinmetall Dreyse 97
Richardson, William 69
Richmond Armory 133
Richmond-Karabiner 133
Rigdon-&-Ansley-Revolver 36
Robinson-Sharps-Karabiner 134
Ross-Gewehr 151
Roth-Steyr Modell 1907, 87, 98
Royal Air Force (RAF) 216
Royal Artillery 94
Royal Flying Corps 94
Royal Irish Constabulary 74
Royal Navy 94, 122, 123, 186
Royal Small Arms Factory, Enfield,
RPD 223
RPK 225
Rubin, Major 121
Rückstoßlader, verriegelter Verschluß 87
Rückstoßladesystem 87, 90, 182
Rückstoßladung 210, 87
Russisch-Finnischer Krieg 190
Russisch-Japanischer Krieg 11, 142, 198,
Russische Armee 66, 67, 181, 212, 220

S

S & W, britischer Dienstrevolver 81
S & W-Double-Action-Revolver 68
S & W Gold Seal 81
S & W, hahnloser Revolver 68
S & W-Handejektor, siehe S&W Gold Seal
S & W-Leichtgewehr 187
S & W Modell 1917 81
S & W Modell 39 116
S & W Modell 469 116
S & W Modell 686 85
S & W-Nachbau (No.3) 67
S & W-Nachbau 67
S & W New Century, siehe S&W Gold Seal
S & W New Model No.3 (Double Action) 67
S & W New Model No.3 (Single Action) 66

S & W-No.3-Revolver 145
S & W-Revolver, Nachbau 57
S & W-Revolvergewehr 145
S & W-Sicherheitsmodell 67, 68
S & W tip-up 56
S & W, verkleinertes Modell 84
S & W 145
S & W-Revolver, größenreduziert 84
SA 80, siehe L85 A1
SAFN Modell 49, 166, 168
Salongewehr 50
Sauer Modell 38H 111
Sauer, J.P. und Sohn 111
Savage Modell 1907, 97
Schalldämpferwaffen 157, 189, 196, 197
Scharfschützen 127
Schloßplatte, zurückgelegte 25, 26, 124
Schmeißer 97, 163, 181, 182, 184
Schnapphahn-Pistole 16
Schnapphahn-System 120
Schnelladerahmen 9, 140
Schonberger-Pistole 87
Schottische Ganzmetallpistole 17
Schouboe, Lt. Jens 94
Schützengrabenbesen, siehe Thompson M 192
Schwarzlose, Andreas 94, 202
Schwarzlose-MG 05, 202
Schwarzlose Modell 1908, 94
Schwedische Armee 173
Schweizerische Armee 166
Schweizerischer Karabiner Modell 1911, 14
Schweizerisches Gewehr 142, 149
SCS70/90, 177
SG 510, 169
SG43, siehe SGM
SGM 211
Sharps, Christian 127
Sharps-Gewehr «New Model» 127
Sharps-Karabiner 132
Shepherd, Maj. 188
Shpagin, Georgi 190
SIG 169
SIG-Sauer P220 116
SIG-Sauer P225 117
SIG-Sauer P226 116
Skoda 11
SKS 164
Smith & Wesson 51, 55, 56, 146
Smith, Gilbert 136
Smith, Horace, siehe Smith & Wesson
Smith-Karabiner 136
SMLE Mk I 153
SMLE Mk III 142, 153
SMLE Mk V 153, 155
Snider Mk II 139
Sommerville 59, 70
South, Oberst 19
Spandau, siehe MG 42
Spanische Armee 91, 101, 105
Spanische Marine 54
Spanisches Steinschloß 16, 17
SPAS 12, 179

SPAS 15, 179, 232
Spectre 197
Spencer, Christopher 144
Spencer-Gewehr 144
Spencer-Karabiner 144
Spiller-&-Burr-Revolver 41
Springfield Armory 126, 101, 152, 143
Springfield Modell 1903, 150, 152, 160
Springfield-Gewehr (1863) 140, 151
SS109-Patrone 170, 173, 174, 176, 177
SSG 157
St. Etienne 25
St. Etienne Modell 1907, 205
St. Etienne, Waffenfabrik 18, 63, 106
St. Etienne-Pistole 25
St. Petersburg, Erklärung von (1868) 10
Starfire Modell DK 113
Starr Arms Company 40
Starr Double Action-Revolver 40
Starr Single Action-Revolver 40
Starr, Ebenezer 40, 133
Starr-Karabiner 133
Stecke, Edward 223
Steinschloß 14, 120
Steinschloßrevolver 30
Sten Mk I 181, 186, 188, 192, 193, 194,
Sten Mk II (2. Ausführung) 188
Sten Mk II 188, 189
Sten Mk III und V 189
Sten Mk VI (S) 189
Sterling L2, 186, 193
Steuerung, elektronische 232
Steyr 87, 91
Steyr AUG (9 mm) 175
Steyr AUG 159, 175, 227
Steyr AUG/HBAR 227
Steyr AUG/HBAR 227
Steyr Modell 1907 siehe Roth-Steyr Modell 1907
Steyr Modell 1911, 99
Steyr TMP 230
Steyr-Mannlicher 87, 157, 159, 229
Steyr-Solothurn S100, 183
StG 44, siehe Sturmgewehr 44
StGw 57, siehe SG510
Stiftfeuerpatrone 50, 52, 120
Stoner, Eugene 159, 170
Sturmgewehr 44, 158, 163, 164
Sturmtruppen 180
Südafrikanische Polizei 94
Südafrikanische Streitkräfte 176
Sudarev 192
Suomi Modell 1931, 180, 183, 190

T

Taisho 1914, 206
Tallassee Armory 134
Tallassee-Karabiner 135
Tarpley, Jere 135
Tarpley-Karabiner 135

Taurus Magnum M 86, 84
Taylor, Sherrard & Co. 38
Taylor, Sherrard & Co.-Revolver 38
Teleskopverschluß 195, 196
Terry-Karabiner 131
Thomas-Revolver 58
Thompson M 1928, 12, 180, 185
Thompson M1 A1, 185, 187
Thompson, Oberst John T. 180, 185
Thouvenin, Oberst 123
Thouvenin-Gewehr 15, 123
Tokarev, Feodor 107
Tomischka Little Tom 103
Tower-Kavalleriepistole 25
Tower von London, Zeughaus 20, 25
Tranter, 1., 2. und 3. Modell 46
Tranter Armeemodell 77
Tranter-Double-Action-Revolver 70
Tranter-Randfeuerrevolver 54
Tranter-Taschenrevolver 54
Tranter-Zentralfeuerrevolver 60
Tranter, William 46, 54, 60, 77, 80
Trichtermündung 15
Trocaola-Revolver 73
Tschechoslowakische Armee 166
TT-30 und TT-33, siehe Tula Tokarev 1930
Tula-Arsenal 73, 107
Tula-Tokarev 1930, 107
Türkische Armee 195
Türkisches Tromblon 20
Turner pepperbox 30
Turpin 188
Typ 2-Fallschirmjägergewehr 156
Typ 50-Maschinenpistole 191
Typ 54-Maschinenpistole 192
Typ 56-Gewehr 165
Typ 94-(Nambu-)Selbstladepistole 108
Typ 96-Maschinengewehr 221
Typ 99-Kurzgewehr 155, 156
Typ 99-Maschinengewehr 221
TZ54 191

U

Übergangspatrone 158, 164, 166, 172, 223
Ultimax 199
Unceta Astra 400, 105
Unceta Victoria 99
Ungarische Armee 99
Unionsarmee 126, 129, 132
United Defence M42, 187
Unterhebelrepetition 142
US Army 66, 78, 87, 100, 115, 116, 126,
US-Marine 150, 200, 224
US-Marineinfanterie 78, 186, 224
Uzi 181, 195

MILITÄRISCHE HANDWAFFEN

V

Valmet M60 172
Valmet M62 172
Versailles, Vertrag von 97, 183
Vetterli-Gewehr 141
Vickers-Maschinengewehr 206, 215
Vickers 201, 216
Vickers-Berthier 12, 199, 216
Vielle 121
Vierläufige Pistole 24
Vietnamkrieg 165, 170, 210, 211, 234
Volcanic Repeating Firearms Co. 146, 147
Volcanic-Gewehr 146
Vollautomatische Pistolen 118
Vulcanite 76
VZ 52 166
VZ 61 Scorpion 196

W

Walther Modell 9, 102
Walther P 38, 111, 115
Walther PP 106, 113
Walther PPK 107
Walther 161
Walther, Carl 102, 106, 111
Warschauer Pakt 159, 166
Webley & Scott .32in 94
Webley & Scott M 1904, 93
Webley & Scott Mk V 82
Webley & Scott MK VI (.22) 82
Webley & Scott Mk VI 82, 83
Webley Bulldog 59
Webley Burenkriegsmodell, siehe Webley Mk
Webley-Double-Action-Revolver 48
Webley Longspur (Langsporn) 44, 48, 145
Webley Mk I 51, 76
Webley Mk II 77
Webley Mk III 77
Webley Mk IV (1940) 83
Webley Mk IV (Burenkrieg) 77, 82, 83
Webley Modell 1909, 94
Webley New Model 76
Webley No.1 Mk I 94
Webley No.1, 58
Webley R.I.C. No.1, 74
Webley R.I.C. No.2, 74
Webley-Revolvergewehr 145
Webley-Selbstladepistolen 10
Webley 145
Webley-Baureihen 44
Webley-Fosbery-Revolver 80
Webley-Government 76
Webley-Kaufmann-Revolver 75, 76
Webley-Mars-Selbstladepistole 93
Webley-Pryse No.4, 62
Webley-Wilkinson-Revolver 75
Weitschuß, gezielter 233, 234
Weltausstellung (1851) 33, 42
Werndl, Josef 91
Werndl-Gewehr 141
Werndl-Patrone 64
Wesson, Daniel, siehe Smith & Wesson
Westley-Richards-Revolver 47
White, Rollin 56
Whitney Navy 41
Whitney, Eli 29, 41
Whitney, Revolver Typ Navy 41
Whitworth-Gewehr 125
Wilkinson Sword Company 75
Winchester Modell 1866 9, 147
Winchester Modell 1873 65, 147
Winchester, Oliver 147

Z

ZB26, 199, 218, 219
ZB30, 218
ZB33, 218
Zbojovka Brno 218
Zentralfeuersystem 51, 120
Zielfernrohr 125, 151, 157, 162, 167
Zielhilfe, optische 166, 174, 175, 227,
ZK383 183
Zündkapselstreifenrevolver 33
Zündnadelgewehr 33, 50, 120, 138,
Zweisystemrevolver 49
Zweiter Afghanischer Krieg 74
Zylinderverschluß 143

Der Autor bedankt sich bei den vielen Unternehmen und Einzelpersonen, die ihm bei der Erstellung dieses Buches durch Überlassung von Waffen und Bildmaterial geholfen haben. Sein besonderer Dank gilt:

Accuracy International
Armscor
The Armouries, HM Tower of London
Barrett Industries
Beretta SpA
Calico Firearms Company
CETME
Colt Industries
Civil War Library and Museum, Philadelphia, Pa
FN Herstal
GIAT Industries
Glock
Heckler & Koch
Ian V. Hogg
Israeli Military Industries
The Museum of the Confederacy, Richmond, Va
Verteidigungsministerium von Neuseeland
Pattern Room, RO Nottingham
Russ Pritchard
The Royal Military College of Sience, Shrivenham/GB
Royal Ordnance
Saco Industries
Singapore Industries
Steyr-Mannlicher
Britisches Verteidigungsministerium
Verteidigungsministerium der USA
Virginia Historical Society, Richmond, Va
Waffenmuseum, Infanterieschule Warminster/GB